电网与清洁能源关键技术丛书

水电站机组与厂房耦合振动特性及分析方法

宋志强 著

科学出版社

北 京

内 容 简 介

本书在对振源及结构相互作用机理探讨的基础上，通过理论分析、数值模拟和实验等手段，阐述了水电站机组轴系统在多振源耦合作用下的多维振动特性、机组与厂房耦合振动特性等，论述了目前水电站机组与厂房耦合振动理论前沿和工程应用成果。主要内容包括电磁与水力振源耦合作用下机组轴系统振动特性、水电机组轴系统多维耦合振动分析、水电站机组与厂房耦合振动及荷载施加方法研究、水电站机组与厂房振动测试和参数识别以及水电站厂房地震响应分析等。

本书主要为水利水电领域相关科研、设计、运行管理技术人员提供借鉴和参考，也可作为相关专业研究生学习和科研的参考用书。

图书在版编目（CIP）数据

水电站机组与厂房耦合振动特性及分析方法 / 宋志强著. —北京：科学出版社，2018.3
（电网与清洁能源关键技术丛书）
ISBN 978-7-03-056713-0

Ⅰ. ①水… Ⅱ. ①宋… Ⅲ. ①水轮发电机－发电机组－振动－研究 ②水电站厂房－振动－研究 Ⅳ. ①TV731②TV734

中国版本图书馆 CIP 数据核字（2018）第 043963 号

责任编辑：祝 洁 张瑞涛 刘耘彤 / 责任校对：郭瑞芝
责任印制：张 伟 / 封面设计：陈 敬

科 学 出 版 社 出版
北京东黄城根北街 16 号
邮政编码：100717
http://www.sciencep.com

北京凌奇印刷有限责任公司 印刷
科学出版社发行 各地新华书店经销

*

2018年3月第 一 版 开本：720×1000 B5
2019年3月第二次印刷 印张：15 3/4
字数：315 000

定价：95.00元
（如有印装质量问题，我社负责调换）

"电网与清洁能源关键技术丛书"编委会

前　　言

水电作为可再生清洁能源，运行费用低，便于电力调峰，有利于提高资源利用效率和社会综合效益，是我国能源发展和可持续发展的重要组成部分。我国水能资源蕴藏量巨大，水电开发利用前景广阔。一大批在建和拟建的巨型和大型水电站如溪洛渡、向家坝、白鹤滩等，更是将我国水电发展推向一个高峰。随着电站规模、水头和机组容量的提高，机组和厂房尺寸增大，结构刚强度相对降低，机组与厂房结构振动问题日益突出。因此，在设计阶段预防和控制水电站机组和厂房结构振动问题十分必要。

水轮发电机组是由水体驱动的旋转机械通过轴承、机架和厂房钢筋混凝土结构支承，机组振动容易诱发作为支承结构的厂房振动。流体和电磁是水体能量转换为电能的媒介，同时也是机组和厂房结构的振源，加上机组和厂房之间部件耦联和振动传递的非线性特性，使得机组与厂房构成一个复杂的耦合动力学系统。

本书在对振源及结构相互作用机理探讨的基础上，通过理论分析、数值模拟和实验等手段，针对水电站机组与厂房耦合振动特性及分析方法展开了深入的研究，取得了一些学术探索性和工程应用性成果，期待能够为该领域的学术研究、工程实践提供借鉴与参考，为相关专业研究生的学习和科研提供有益帮助。

本书相关的研究是在国家自然科学基金、中国博士后科学基金、陕西省自然科学基金等支持下完成的。在研究过程中得到了大连理工大学马震岳教授、西安理工大学刘云贺教授的悉心指导和帮助，在此向他们表示最诚挚的感谢。研究生苏晨辉、耿聃、王建、刘昱杰、王飞、张鹏、王娟为本书出版做了许多具体工作，在此一并表示由衷的谢意。在本书撰写过程中参考和借鉴了许多专家学者的研究成果和学术观点，在此也向他们表示诚挚的谢意。感谢科学出版社为本书出版给予的大力支持。最后向所有关心和支持作者研究工作的单位和个人表示最诚挚的谢意。

由于作者水平和学识有限，书中难免存在不足和疏漏之处，恳请读者予以批评和指正。

作　者

2017年8月

目　　录

第1章 绪 论

1.1 水电站机组与厂房耦合振动研究背景及意义

水电作为可再生清洁能源，运行费用低，便于电力调峰，有利于提高资源利用效率和社会的综合效益，在全球能源日益紧张的情况下，更应将其摆在优先发展的位置。目前我国水能资源蕴藏量居世界第一，水电装机容量也居世界第一，但开发利用程度仍然不高(40%左右)。水电事业的快速发展为国民经济和社会发展做出了重要贡献，同时还带动了中国电力装备制造业的繁荣。我国水电工程机电设计、制造和安装技术已逐步达到世界一流水平[1]。一大批巨型和大型水电站如三峡、小湾、溪洛渡、龙滩、乌东德和向家坝等规模均达世界级，更是把我国水电建设推向了一个新的高峰[2]。

水电站厂房是水电站建设必不可少的建筑物，是将水能转变为电能的枢纽建筑，主要用来安装水轮发电机组及其他附属机电设备和辅助生产设备，通常由主厂房、副厂房、主变压器场、高压开关站等组成[3]。其中，主厂房是机组设备的安装和检修场所。副厂房一般包括专门布置各种电气控制设备、配电装置、电厂公用设施的车间以及生产管理工作间，主要是为主厂房服务的，与主厂房紧密相连。主厂房按照组成结构可以划分为两大部分。水平面上可分为主机室和安装间。垂直面上根据工程习惯，主厂房以发电机层楼板为界，分为上部结构和下部结构：上部结构与工业厂房基本相似，包括主机室，上、下游墙，吊车梁，屋顶网架；下部结构是大体积混凝土结构，包括风罩、机墩、蜗壳和尾水管等，主要布置过流系统。水电站主厂房具有尺寸大、结构复杂、防渗要求严格、抗振特性好等特征。

由于水电站的开发方式、枢纽布置、水头、流量、装机容量、水轮发电机组形式等因素及水文、地质、地形等条件的不同，厂房的布置形式各不相同。按机组的布置形式及工作特点可分为常规立轴混流式机组厂房、抽水蓄能机组厂房、贯流式机组厂房；按水电站厂房的受力特点并结合在工程枢纽中的布置可分为地面厂房、地下厂房、坝后式厂房和溢流式厂房。

作为水轮发电机组支承结构的水电站厂房，由于承受水电机组运行工况变化频繁的机组振动荷载和水力脉动荷载，厂房振动问题非常普遍[4]。尤其是近 20 年来，随着经济发展对电能的迫切需求，一些早期投入运行的水电站机组不断升级增容改造，一大批无论是单机容量还是厂房结构尺寸都日趋巨型化的在建和已建大型水电站都产生了不同程度的机组及厂房振动问题，引起了人们的高度关注。

委内瑞拉的古里水电站建于 20 世纪 60 年代初，主要考虑到工程量过大和电力需求有限，故分两期建设。一期工程在 1 号厂房内安装了 10 台单机容量为 180~400MW 的立式混流式机组，最后阶段于 80 年代完成。二期工程在 2 号厂房内安装了 10 台 730MW 的机组，最终运行水头为 113~146m。同时对一期机组进行更换，在更换过程中，一期机组不得不在 50%导叶开度范围内工作，尾水管涡动较为突出。若部分负荷运行时间短暂，则破坏较轻，但当低负荷运行频繁时，水流旋转剧烈，作用在尾水管翼片顶部的不稳定压力梯度增大，引起空蚀、高频振动、钢衬和混凝土锚筋上的动应力，翼片与钢衬结合部会出现裂缝，钢衬也会被撕裂而与混凝土脱离。压力脉动的相位差加剧了钢衬破坏和裂缝的扩展[5]。

铜街子水电站单机容量为 150MW，水头为 31m，水轮机型号为 ZZ40-LH-850，发电机型号为 SF150-16/12800，转速为 88.2r/min。11 号机组自 1992 年投入运行后，摆度和振动较大(最大达 1.2mm)，12 个上机架支臂剪断销先后被剪断，影响水电站安全运行。经分析认为：主要问题是运行时转动系统轴心偏移过大，定转子气隙不均匀；初始缺陷为加工质量和安装精度不良[6]。

高坝洲水电站是清江流域开发的最末一级水电站，装有 3 台单机容量为 84MW 的轴流转桨式水轮发电机组，额定水头为 32.5m，设计定转子间隙为 21mm。3 号机在启动试运行时，随转速上升，机组各部位振动幅值略有上升，虽在规范范围内，但转频分量偏大。随着励磁电压的升高，机组各部位振动摆度的转频分量成倍增长，推力轴承处最大摆度达 2.2mm，上机架径向振动达 0.42mm，严重超标。经分析这是由 3 号机转子组装圆度不符合要求引发的电磁不平衡振动[7]。

红石水电站是白山水电站的下游梯级电站，为河床式厂房，单机容量为 50MW，设计水头为 23.3m，额定转速为 107.1r/min。自运行以来，一直存在较为明显的振动，主要表现为大轴摆度过大、噪声和厂房结构振动。经十余年的维护研究处理，难以根治并有日渐加剧的趋势，上下游厂房立柱在发电机层以上 2m 左右断面上出现周边裂缝，主副厂房的门窗及墙壁空洞周边也均有裂缝出现。机组振动不仅直接影响到厂房，而且传递到大坝，引起大坝振动，造成大坝位移监测设备精度降低[8]。这在国内外大中型水电站中均不多见。

由此可见，水力、机械和电磁均是引起机组振动的主要原因。机组振动严重时不仅影响其自身运行稳定性和发电设备使用寿命，而且会与厂房发生共振，危及厂房结构安全，必须加以研究解决。机组振动的最主要振源为水力振源，由于机组周围蜗壳、尾水管混凝土结构流道形状和水机转动现象复杂，因此水力振源难以把握。除了水力振源外，质量偏心及旋转不平衡引起的机械振源、电网运行波动及转子旋转摆动引起的电磁振源同样会引起水轮发电机组的振动，多振源之间的相互作用与影响是不可避免甚至较为强烈的，直接影响系统的振动和稳定性。水机电耦合是当前水电机组振动研究的热点和难点之一[9]。目前的研究成果多关注于水力过渡过程、水力共振和电网的低频振荡，缺乏完善的机组旋转系统本身动力特性及振动控制适用的理论揭示和数学表达。俄罗斯萨扬-舒申斯克水电站重大机组破坏事故初步认定是超负荷或甩负荷等原因引起的，也可能与水力机电系统的失稳有关[10,11]。

　　随着水电站规模、水头和容量的提高，机组和厂房尺寸增大、刚度降低、振动和稳定性问题日益突出，成为设计、制造、运行的关键课题。一方面，我国已投产的一些大型水电站如岩滩、李家峡、二滩、隔河岩、大朝山等都出现了不同程度的机组及厂房结构振动问题[12,13]；在三峡左岸电站机组国际制造过程中，水轮机模型试验发现难以避免的高频脉动区，这成为机组和厂房设计的控制要素[14]。国外几座巨型水电站也存在类似问题，如美国的大古力、委内瑞拉的古里、巴西与巴拉圭合建的伊泰普、巴基斯坦的塔贝拉水电站等[15,16]。另一方面，正在规划和建设中的巨型水电站有的水头变幅很大，有的厂房结构尺寸巨大，导致结构刚度相对降低，而机组容量加大导致动荷载增大，同时应电网需求机组运行工况频繁变化，导致影响机组安全稳定运行的未知因素也会相应增多，预防和解决水电站机组及厂房结构的振动问题变得更加复杂和困难[17-20]。

　　水轮发电机组轴系的转速与其自振频率重合时，将产生强烈的振动，即共振，此时的转速即为临界转速。机组长期在接近临界转速状态下运行，弓状回旋幅值比较大，大轴会因发生塑性变形而遭破坏。若机组转速高于临界转速，机组在开机和停机过程中，通过临界转速时将造成一定困难。因此，临界转速的准确确定对机组轴系的设计和安全稳定运行有着重要意义。而确定临界转速的难点在于机组支承条件，即导轴承及其支承结构动力特性的确定。水轮发电机组靠安装在机架中心体内的导轴承和机架支臂以及机墩混凝土结构约束其水平振动，推力轴承承担竖向力。导轴承间隙过大或推力轴承调整不良均会引起机组的振动。导轴承和推力轴承动力特性如刚度、阻尼系数是整个机组支承结构中的关键因素。轴承结构参数的改变会使机组的支承刚度提高，机组的临界转速也相应提高。但支承刚度高到一定程度会达到"饱和"，临界转速不再提高[21]。因此综合考虑各种因素研究轴承的动力特性，对计算水轮发电机组轴系的临界转速、研究机组轴系的动力特性至关重要。

　　水轮发电机组的布置型式有卧式和立式。通常小水头机组多采用卧式，中高水头多采用立式[22]。立式机组靠推力轴承承担竖向荷载，根据推力轴承位置的不同和导轴承个数的多少,立式机组又可以分为三导悬式、二导悬式、二导半伞式和二导全伞式机组。一般中低转速大容量机组多采用伞式结构,其优点是结构紧凑,机组高度较悬式低,利于稳定,还可以减轻定子和负重机架重量。可见推力轴承是轴系中一个十分重要的部件。以往对机组轴系的研究往往忽略了机组的竖向自由度,即不考虑推力轴承的影响,只考虑机组在导轴承支承下的横向振动。近年来,一些学者研究了汽轮发电机组的推力轴承对转子的横向作用,考虑了推力轴承由大轴弯曲产生的力矩对导轴承的偏载情况的影响[23]。由于其针对的是轴承荷载方向总是竖直向下的卧式汽轮发电机组,导轴承偏载时的动力特性如刚度和阻尼系数可以通过坐标变换直接得到,但对于荷载方向随时间变化的立式水电机组来讲,该方法不一定适用。因为立式水电机组多采用可倾瓦导轴承,当机组荷载方向改变时,导轴承各瓦分担的荷载分量相应改变造成摆动状态和油膜分布的改变,对瓦的油膜刚度和阻尼系数造成了影响,坐标变换的方法不一定适用了。导轴承的动力特性系数需要重新计算,加上推力轴承对横向振动产生影响的力矩大小和方向也是时刻变化的,轴系统的振动分析就更为复杂了,目前尚没有成熟的分析方法。因此,机组轴系通过推力轴承形成的横向和纵向耦合振动是非常值得研究的。

顾名思义,对于水轮发电机组,水是机组工作运行的前提,机组运动的所有能量来自流体,传动介质也是流体,因此水力振动是机组最主要的振源。机组周围蜗壳、尾水管混凝土结构流道形状和水机转动现象复杂,使得水力振源最难把握,研究开展也最早、最多[24,25]。同时机组的水轮机和发电机为大型旋转机械,其振动也属机械振动的范畴,尤其不平衡振动和回转振动是最基本的振源,设计中也要考虑,其研究方法与机械动力学和转子动力学等同[26,27]。水轮机的转动通过轴传递到发电机上,发电机作为机组最重要的部件之一,质量和尺寸最大,与电网连接构成电路系统,电磁振动在机组振动中也很重要。

由此看来,水轮发电机组轴系振动是由水力、机械、电磁三种振源共同耦合作用引起的。过去国内外对机组振动的研究多是针对某一部位的振动状况或考虑某一振源因素[28-31],这对研究和处理一些振源引起的机组振动是非常必要的。但是,机组振动是水力、机械、电磁共同作用的结果,其中某些振源所引起的机组部件和部位的振动往往是相互耦合的,例如,机组轴系的不平衡响应会引发发电机定转子间的空气间隙不均匀,从而引起不平衡磁拉力加大,加剧机组轴系的振动幅值;导轴承间隙不当,大轴弓状回旋会使水轮机密封间隙偏斜,引发水力不平衡力等。因此,以上三种振动之间并不是孤立的,它们组成了一个有机整体,振动之间是必然联系的。当研究某一部件的振动及其振源时,很难将其从周围的关联体中独立出来,例如,有压引水系统的水力振动和不稳定流现象受到机组水力振动的影响，尾水管的压力脉动也可能传递上去，造成管道共振，尾水管的低频涡带可能引起电网的波动，而某些电磁振动的频率可能远高于水轮机和支承结构部分的频率，但由于它们是一个系统，各部位的振动是动态的、相互传递的[18]。因此，研究机组振动问题必须将机组作为一个水力、机械、电磁耦合系统并将轴承支承结构作为整体加以考虑，建立数学模型加以分析。

对机组轴系支承起关键作用的导轴承依靠机架支臂支承在机墩上，轴承中的油膜力对轴系统的稳定性有重要影响。实际上，系统运行时大都不能满足小扰动条件，所以以往八参数的线性化油膜力模型局限性很大。近年来，非线性油膜力及轴承的非线性特性的研究日益得到重视，得到的油膜力是轴颈位移和速度的非线性函数。随着转子转速的提高，油膜层流会发生变化，甚至不再满足层流而变成湍流，同时轴承温度随转速的增大和运行时间的增长而逐渐升高，这样就会导致润滑油动力黏度不再是常数，对油膜的动力特性产生影响[32]。因此采用非线性油膜力模型模拟导轴承支承，对于建立水轮发电机组耦合振动数学模型是必不可少的。

关于水轮发电机组轴系振动的研究，目前有限元法已经逐渐取代了传递矩阵法[33-37]，也有一些转子动力学计算软件出现[38-42]，但这些算法对于支承结构和基础的弹性耦联作用尚无涉及。水电机组轴系是通过轴承—轴承座—机架(风罩、顶盖)支承在厂房机墩钢筋混凝土结构上的。在机组运行中，大轴和轴承之间还存在动力特性计算复杂的导轴承油膜，其刚度和阻尼系数对机组的自振频率和摆度均有重要影响。同时机墩作为机组的最外层支承结构，其刚度的计算为空间结构刚度计算，也不易实现。水电站厂房是水轮发电机组振动的载体，水电站厂房结构所承受的动荷载与水电机组所承受的动态力是作用力与反作用力的关系，因此厂房的振动主要源于机组的振动。厂房振动分析的关键即是对厂房主要振源——机组动荷载和水力脉动荷载的研究，而目前关于这方面的研究还没有成熟的结论。关于各种振源的产生、作用机理和传递途径等至今还缺乏清晰的理解和准确的处理，存在较多的简化和假设。而且，各种振源还是相互影响、相互耦合的。以往水电机组的机组动荷载由机组制造厂家提供，主要是为机组支承基础设计服务，其形式为作用在每一个定子基础或机架基础的分项荷载(一般是最大幅值)，没有考虑荷载的动态特性和旋转效应，也没有考虑厂房结构的整体刚度效应。对于水力振源荷载的表述、模拟和施加也存在一定的简化和假设。

水电站机组与厂房耦合振动研究是一个非常复杂且涉及面很广的课题，研究对象是由水轮发电机主轴、轴承、机架和混凝土支承结构组成的复杂系统，还应考虑水力、机械、电磁等与上述系统之间的相互作用。研究课题涉及结构力学、电磁动力学、流体力学等多学科的交叉。在研究方法上，既要将各部件组成的系统进行综合分析，又要考虑各部件之间的相互作用。再加上水电站厂房结构复杂、荷载和结构参数以及边界条件等的不确定性，所有这些都会给精确分析模型的建立和机组厂房结构振动的预测和评价增加难度。因此，将理论分析、原型观测和有限元数值计算相结合，对机组与厂房耦联结构进行系统的动力分析，探讨其耦合动力特性并深入研究影响其动力特性的因素，为以后水电站机组及厂房的结构设计和实际运行提供有益的参考，是十分有价值的研究课题。

1.2　水电站机组与厂房振动研究发展及现状

1.2.1　水电站机组振动研究发展及现状

水轮发电机组与汽轮发电机组相比最大特点是复杂的水力脉动，水轮发电机组由于多承担调峰调频任务，水力工况变化较为频繁，在非最优工况往往出现严重的水力振动问题，对机组轴系统的稳定性造成影响。目前研究热点主要集中在水力机械内部流场的 CFD 数值模拟预测、转轮振动及叶片损伤等动力特性、水轮机的水力稳定性等，从而指导水力机械的设计和优化，有些成果已经得到了原型试验或真机试验的验证[43-46]。对于将近似随机的水力脉动荷载合理简化为水轮发电机组及厂房结构振动荷载，并探讨合理的施加模拟方式，研究其对水轮发电机组及厂房结构动力特性的影响，目前研究尚不多见。

水轮发电机组的机械振源主要指质量偏心引起的旋转离心力，此外还包括大轴变形、轴线倾斜、电机磁极松动等更为复杂的因素。轴承缺陷、内部阻尼、轴承阻尼及润滑不良及密封结构等均会引起自激振动。

水轮机的水封结构是引起水轮发电机组自激振动的原因之一。早期研究者应用一元流理论研究了水轮机转轮密封处的动力特性，认为可以用一个弹簧刚度来表示水力不平衡力的作用。文献[47]采用二元流理论，考虑水流的旋转和惯性力，动力特性系数不仅是弹簧的刚度，而且有阻尼项、耦合项和附加质量，横向振动的特征值为复数。Thomas 将密封力的流体激振力和动力特性系数与转子振动联系起来，成为后来许多文献研究密封流体激振的基础[48-52]。后来，随着水轮发电机组容量和尺寸的不断增大，转速不断提高，一些学者开始考虑用非线性密封力模型即 Muszynska 模型来研究密封力的激振特性。Muszynska 模型同线性模型相比，主要是采用了平均流速比作为描述密封力的关键，表达出密封对转子的扰动运动具有惯性效应、阻尼效应和刚度效应。该模型具有明确的物理意义，而且得到了实验验证，在密封流体激振问题研究中得到了广泛的应用[53-60]。

发电机电磁力是引起机组振动的另一重要因素。水轮发电机组正常运行时，发电机转子在均匀磁场中转动，定子和转子间气隙沿周边相等，转子径向各点所受的磁拉力是均匀的，这种均匀磁拉力对转子刚度有加强作用。若定子和转子间的间隙不等、转子重量不平衡、轴的初始挠曲及水力不平衡等，则会引起气隙不均匀而产生不平衡磁拉力。不少学者对发电机转子的不平衡磁拉力进行了研究，得到了一些结论[61-66]。文献[67]通过把气隙磁导展开为 Fourier 级数的形式，通过转子或定子表面的 Maxwell 应力积分得到了非线性的不平衡磁拉力的解析表达式，研究了刚性支承转子系统在不平衡磁拉力和质量偏心力作用下的振动响应。张雷克等[68]建立了水电机组转子-轴承系统在不平衡磁拉力作用下定子与转子碰摩模型，研究了励磁电流、转子质量偏心及定子径向刚度对系统非线性振动的影响。文献[69]避开电磁拉力的复杂计算，推导了电磁刚度矩阵表达式，利用非线性振动稳定性理论，研究了机组转子轴承系统非线性振动特性。徐进友等[70]、陈贵清等[71]建立了机电耦联扭转振动模型，分析了电磁作用激发的轴系非线性振动现象，推荐了机组稳定运行区域的电磁参数。Gustavsson 等[72]建立了机电耦联模型，研究了非线性不平衡磁拉力对支架毂偏离磁轭中心的水轮发电机的影响。文献[73]～文献[75]以平衡 Jeffcott 转子为模型，通过能量法及多尺度法，研究了转子偏心所引起的不平衡磁拉力对水轮发电机组非线性振动及失稳的影响。实际上励磁电流引起的不平衡磁拉力会引起轴的摆度变化，进而改变起支承作用的导轴承的动态特性。因此分析不平衡磁拉力时，必须考虑支承刚度的变化，建立考虑电磁和轴承弹性支承的转子振动分析模型。

关于水轮发电机组轴系振动的研究[18,19,76-81]，目前有限单元法已经逐渐取代了传递矩阵法，也有一些专业转子动力学计算软件出现。赵磊等[82]建立了水电机组横-扭耦合振动双质量系统数学模型，探讨了机电参数与转子轴系耦合振动的动力学特性。文献[83]推导了水轮发电机组的扭转电磁力矩和扭转电磁刚度的表达式，建立了水力和电磁力矩耦合作用下的机电耦联扭振模型，揭示了机电耦联振动规律。李兆军等[84]、蔡敢为等[85]建立了混流式水轮发电机组主轴系统非线性全局耦合动力学方程，研究了系统的水力参数、电磁参数和结构参数之间的内在联系，但没有考虑厂房(基础)的耦联。宋志强等[86,87]建立了机组-厂房耦联作用模型，针对油膜的非线性特性对机组轴系统的非线性动力特性进行了研究，但尚未考虑多振源的耦合作用。

水轮发电机组轴系统振动是水力、机械、电磁三种振源共同耦合作用的结果，其中某些振源还与机组部件的振动反应相互耦合，而机组部件的振动反应还与轴承、机架、厂房支承结构状态密切相关。例如，机组轴系的不平衡响应会引发发电机定转子间的空气间隙不均匀，从而引起不平衡磁拉力变大，加剧机组轴系的振动幅值；机墩刚度不足或机架轴承座等螺栓松懈引起导轴承间隙不当，大轴弓状回旋会使水轮机密封间隙偏斜，引发水力不平衡力等；尾水管的低频涡带可能引起电网的波动，而较大电磁扭矩会引起机组的扭转振动进而影响出力等。

随着机组尺寸的增大、支承刚度的相对降低和运行工况的频繁变化，机组水力、机械和电磁三种振源之间的耦合作用越来越强，轴承、机架、厂房支承结构对机组振动反应的影响也越来越受到重视。但目前关于多振源耦合作用机理及其诱发的机组与厂房结构相互作用问题的研究相对滞后，尚缺乏明确机理表达和完善的研究模型。

轴承油膜对机组与厂房连接及振动反应的相互耦合起关键作用，但目前关于油膜特性计算分析以及转子轴承密封系统的研究多针对汽轮发电机组，水轮发电机组动力学问题与其同属于转子动力学范畴，除水轮机水力振动的复杂性之外，轴系的振动有共通之处。

对于机组导轴承的动力特性研究，传统动力学方法一般是由雷诺方程导出油膜压力分布，然后根据不同的边界条件对压力进行积分得出油膜力。在进行稳定性和响应特性分析时，一般用油膜力的线性化表达式，在这个表达式中有 4 个油膜刚度系数和 4 个油膜阻尼系数，统称为油膜动力特性系数。可以通过计算和实验的方法得到不同种类轴承在不同转速工况下的动力特性系数[26]。采用这 8 个线性化的刚度与阻尼系数来模拟导轴承中的油膜力，为研究转子-轴承-基础系统稳定性的问题提供了方便。但由于实际机组运行时大都难以满足小扰动条件，油膜力本质上是一种非线性力。关于非线性油膜力的计算，目前国内外普遍采用的方法主要有如下三类。第一类是采用有限元或者有限差分直接求解雷诺方程[88-90]，该方法精度高，但计算速度慢。王永亮等[91]基于动态油膜边界条件，利用分离变量法求解雷诺方程，推导了圆瓦轴承油膜力近似解析模型，与有限差分法模型、长轴承模型、短轴承模型相比，该模型能适应任意长径比，有较高精度；熊万里等[92]提出了基于纳维-斯托克斯方程的动网格计算轴承刚度阻尼的新方法，该方法能实现轴颈的旋转速度、位移、速度扰动过程中油膜力的计算。第二类是解析法，即采用 π 油膜假设，根据不同的油膜自由边界瞬态特性，得到短轴承油膜力精确解和长轴承油膜力高度近似公式[93-95]，该方法计算速度快，但精度较低。Okabe 等[96]研究了考虑湍流效应基于短轴承假设的可倾瓦分析模型；Castro 等[97]建立了在不平衡激励下复杂转子的模型，考虑了短轴承和层流效应的流体模型，验证了不平衡、滑动轴承参数及转子排列对失稳极限的影响。第三类是数据库及数据库拟合表达式方法、变分法模型[98-100]，该类方法计算精度高，速度快。吕延军等[101]运用 Castelli 法求解雷诺方程，生成了单块轴瓦坐标系下的非线性油膜力数据库，通过检索、插值、拼装获得了固定瓦-可倾瓦组合径向滑动轴承的非线性油膜力；文献[102]运用状态空间 Poincare 变换使径向滑动轴承动力系统的部分状态变量由无限区间变换到有限区间，在变换后的状态空间中求解雷诺方程，建立了径向滑动轴承的非线性油膜力数据库方法；文献[103]提出了求解有限长圆柱型滑动轴承中非线性油膜力的近似解析方法；文献[104]提出了一种短轴承非稳态非线性油膜力的一般数学模型，此模型在动态 π 油膜假设条件下，给出了一种无限短轴承非线性油膜力的具体数学表达式。关于非线性油膜动特性的求解、失稳振荡、影响因素分析也有较多研究[105-108]。

水轮发电机组属于转子动力学范畴，除水轮机水力振动的复杂和低速重载之外，轴系振动有共通之处。随着转子动力学尤其是汽轮发电机组的不断深入研究，转子-轴承-密封及转子-轴承-基础耦合系统动力学问题也得到越来越多的重视[109-116]。崔颖等[117]建立了具有超大规模维数的转子-密封-轴承系统的非线性动力学模型，通过 Newmark 数值求解，得到了系统参数对转子不平衡响应和稳定性的影响规律。文献[118]～[120]利用不同的油膜力模型和迷宫密封模型建立 Jeffcott 转子轴承密封系统，探讨偏心量、转速、轴承支承、密封力等动态因素对系统非线性动力学行为的影响。

文献[121]在无限短转子-轴承的基础上，考虑基础在垂直方向上的变形，通过分析油膜力，建立了转子-轴承-基础非线性动力学模型，结合现代非线性动力学理论和数值方法，研究了系统在临界点附近的复杂动力学行为，针对不同的转速工况，研究了基础的振动，认为基础的刚度与转子的刚度之间产生的共振是机组出现异常振动的原因之一。文献[122]采用了子结构模态综合法，建立一个包括陀螺转子、非稳态非线性油膜轴承、弹性基础、地基基础系统的非线性系统计算模型，通过对系统方程进行分块直接积分求解，得到了不同位置的轴承在不同转速和不同转子偏心量下引起的系统非线性现象，为大型机组的非线性分析和改进提供了理论分析和计算基础。Kang 等[123]和 Cavalca 等[124]利用有限元方法研究了基础或支承结构对转子-轴承系统的影响，并据此提出了旋转机械避免共振和基础减振的设计准则。这些研究基本上是针对汽轮卧式发电机组，机组荷载方向一般是固定不变的，基础也考虑成一个结构比较简单的底座。对于水轮发电机组，从机组荷载不断变化和厂房机墩支承基础结构复杂性两方面来讲，与汽轮机组有所不同，难度也更大，因此对于考虑厂房基础的水电机组转子-轴承系统振动特性研究至今非常少见。

但是，值得注意的是，水电立式机组和汽轮卧式机组的轴承及其支承系统存在本质差异，图 1.1 给出了一般卧式机组和立式机组导轴承轴心运动轨迹图。对于卧式轴承，由于自重作用大于离心力，导轴承的荷载始终竖直向下，支承形式和传力路径简单清晰。从图 1.1(a)中可以看出，轴颈中心运动轨迹表现为在静平衡位置附近的小范围涡动。而对于一般采用分块可倾瓦导轴承的立式水电机组来讲，由于机组的旋转离心力方向时刻变化，轴承油膜的分布也随转动而变化，支承形式和传力路径复杂，包括轴承座、机架、机墩钢筋混凝土基础等。图 1.1(b)显示其轴心运动轨迹不存在静态平衡点，或认为其静态平衡点位于导轴承中心。因此，目前一些成熟的关于卧式机组滑动轴承的设计理论与方法对于立式机组导轴承不一定适用。

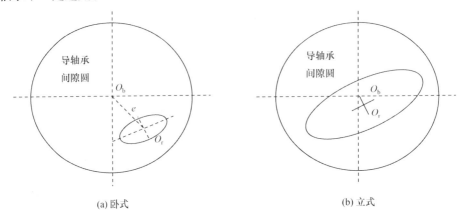

图 1.1 导轴承轴心运动轨迹对比

此外，水轮发电机组密封结构作用在转轮上，对于转轮的支承形式为上部附近由水导轴承支承、下部无支承，与汽轮发电机组适用的转子轴承密封系统模型有较大差异。水轮发电机组转子系统与汽轮发电机组相比在承受荷载特点、密封及支承形式、传力机理上存在明显不同，目前一些成熟的关于卧式机组轴承油膜及转子轴承密封系统的分析设计理论与方法对于立式机组转子轴承系统不一定适用。因此，必须研究建立适合立式水电机组轴系统布置特点的油膜非线性特性及转子轴承密封系统的分析理论及方法。

对于机组推力轴承的动力特性，国内外也已有较为深入的研究，推力轴承会对转子系统的横向振动产生强烈的耦合作用[125]。文献[23]在传递矩阵法的基础上，提出了一种考虑推力轴承影响的轴承-转子系统的动力学通用方法，研究中考虑了以下几个因素：推力盘静态倾斜、径向轴承负荷重新分配、偏载对径向轴承性能的影响及推力轴承对系统稳定性的影响。文献[126]对推力轴承的轴向负荷分配规律及推力瓦的静态工作点进行了研究，为推力轴承广义热弹流分析及推力轴承-转子系统动力学研究提供了参考。文献[127]～[129]提出了推力轴承油膜刚度和阻尼的解析算法。以上是对汽轮发电机组的研究，由于汽轮机的轴承荷载和水轮机动荷载形式差别较大，所以可以借鉴但不能照搬。关于水轮发电机组推力轴承，国内外一些学者也进行了较深入的研究。国外学者 Hueber 对推力轴承油膜润滑问题的研究具有代表性，他采用三维热弹流理论进行分析，考虑了黏温特性和温度沿厚度方向变化的特性，采用有限差分及有限元方法计算[130-132]。大连理工大学针对具有水冷和双层结构的刚性单点球面支撑推力轴承及托瓦支撑推力轴承分别进行了三维热弹流润滑动力计算，计算表明托瓦支撑推力轴承较刚性单点支撑推力轴承具有较好的性能[133,134]。文献[135]针对大型水轮发电机组，计算了推力轴承的油膜刚度，定量分析了推力轴承对轴系固有频率的影响，计算时考虑了推力头平动和摆动两种情况。对导轴承和推力轴承的研究国内外已取得了一定成果，但考虑两个轴承耦合作用对转子系统振动的影响，目前水轮发电机组在这方面的研究还很少。

1.2.2　水电站厂房振动研究发展及现状

考虑厂房基础的水电站机组的振动研究迄今尚不多见，同样，考虑机组耦联作用的厂房结构动力分析也很少见。目前，对于水电站厂房结构的研究主要集中在自振特性、共振复核以及对水力、机械和电磁振源荷载引起的厂房结构的动力反应分析，忽略了厂房和机组之间耦联作用，对二者的连接部件如导轴承油膜、轴承座、机架等的动特性对厂房及机组可能造成的影响研究过少。

早期关于水电站厂房振动的研究是对机墩和蜗壳钢筋混凝土结构多采取沿圆周切取单位宽度，对结构进行动力计算，并且各部位结构也作了较大的简化。很明显，蜗壳、机墩、风罩和楼板是一个空间整体结构，取其中某一结果作平面处理，所得结果难以反映实际情况。随着电子计算机性能的迅速发展及大型有限元软件系统的成功开发，复杂结构的动力计算已由原来的偏重于解析、变分等手段改变为主要偏重于基于有限元的数值模拟方法。近几年大连理工大学马震岳教授和董毓新教授致力于机组和厂房振动分析模型和系统分析方法的研究，在振源机理探讨的基础上，通过振动理论与数值分析，借助国内外大量的机组和厂房水力、电磁和机械等方面的振动实例剖析，分析了各类振动产生的原因，给出了详细具体的处理方案，有效解决了机组和厂房出现的各类振动问题，为机组及厂房的振动理论研究与实际应用奠定了坚实的基础[4,18,136]。天津大学崔广涛教授、练继建教授等利用流固耦合理论，采用模型试验的方法，更加深入地研究了水工结构在高速水流作用下的振动问题，提出了一套预测和模拟水流诱发结构振动的技术路线和方法，包括水力学和结构力学相结合的流激振响应的正分析和反馈分析等[20]。作为水轮发电机组支承结构的水电站厂房，对于其自振频率计算共振校核，对机墩振幅复核、拟静力法和动力法等的厂房振动反应分析，迄今已经进行了相当多的研究[137-143]。也有一些学者采用模型试验的方法或根据实际观测数据对厂房振动进行了研究分析[144-148]，并探讨了厂房结构振动响应的评估问题。文献[149]指出，对于复杂的厂房结构和脉动荷载，必须通过施加各种动力荷载求出厂房结构的振动响应，在此基础上做出定量评估。但是目前关于水电站厂房的振动控制标准，国内外均无明确规定。我国SL 266—2014《水电站厂房设计规范》[150]提出了机墩振幅的控制标准和机墩自振频率复核方法。但提出的算法均是采用简化的单自由度体系推导的自振频率的解析算法和机墩振幅的经验公式，并对厂房机墩结构的荷载组合作了一般性的规定，但并未明确区分静荷载和动荷载。这种算法和规定对于低水头、中小型水电站的结构设计是适用的，但是对于新出现的大型甚至特大型大容量高水头机组的水电站厂房设计，现行的规范还没有明确的规定。国外对水电站厂房的振动研究资料不多，主要也是以有限元数值模拟为主并借助相关振动标准予以预测和评估。

对于水电站厂房振源的研究，主要是考虑如何描述机组水力激振的特性，并将其表达为厂房振动的荷载，合理地施加到厂房结构上，这一跨学科的研究仍然较少。目前的处理方式是根据相似关系，将模型试验脉动压力幅值和频率换算到原型[151,152]。文献[4]对机组振动的现象和发生的原因，以及可能的振源频率，按照水力、机械、电磁三方面进行了详细的分类和总结，针对国内外大量的水电站机组振动实例，分析振动产生的原因并给出了治理措施。文献[153]结合某地下抽水蓄能电站的有限元数值计算和动力监测成果以及国内外蓄能电站振动的实测资料进行了分析研究，通过理论分析和数值计算，对机组和支承结构的振源进行了系统分析，探讨了厂房内各种振源的机理和特性。文献[154]利用模态分析和瞬态动力学方法对无梁厚板和板梁柱方案进行对比，计算分析了不同工程处理措施的作用，并进行了多模型、多工况的三维、动静力分析，给出了机组振动的共振校核、振幅校核和瞬态响应，分析了结构振源。对于土建结构设计人员所关心的问题，即在现有大型机组普遍存在的水力振动的情况下，如何描述机组水力激振的特性，并将其表达为厂房振动的荷载，合理地施加到厂房结构上这一跨学科的研究仍然较少。文献[155]研究了模型水轮机压力脉动的时域和频率特征以及原型与模型间的相似关系，利用动力时程分析法计算了结构在水力激振下的振动反应，分析探讨了压力脉动不同分布特性对振动强度的影响，并进行了压力脉动幅值的敏感性分析。文献[156]设计了多输入多输出系统常相干和偏相干函数的计算程序，并用以分析某大型水电站发电机层楼板等结构发生强烈振动的主要振源(包括水力振源)及其传递路径，取得了较好的效果。文献[157]根据试验资料，利用相关分析原理推求了水流的点-面脉动压力转换系数，采用时程分析法比较了机组动荷载和水流脉动压力对国内某厂顶溢流式厂房的振动响应幅值和频率特性的影响，得到了水流脉动压力影响较小，机组动荷载是引起厂房结构振动的主要因素的结论。徐伟等[158]基于功率流理论，研究了水压脉动在大型水电站厂房内的传导路径和衰减特征及对厂房振动响应的影响。

厂房振动分析的关键是机组旋转效应产生的机组动荷载和水力脉动，电磁荷载的合理描述、表达和施加，而目前关于这方面的研究还没有成熟的结论。水电机组制造厂家提供的基础荷载主要是作用在单个定子基础板或机架基础板的各向荷载幅值，不考虑荷载的动态特性和旋转效应，主要是为机墩支承基础设计服务。实际上，机组转动部分的机械荷载是一种作用点和作用方向均时刻改变的荷载，在某一瞬时通过机组倾斜方向上的油膜、轴瓦、轴承座、机架传递到该方向上的厂房混凝土结构部位上；机组水力脉动荷载在流道内以面压力形式作用并沿机组轴系或蜗壳机墩结构向上传递；电磁荷载主要作用于转子与定子之间，主要为径向和切向作用。各种振源荷载的产生、相互耦合、激发传递与机组运行工况、振动反应直接相关，加之轴承等传力系统的强烈非线性，导致机组及厂房结构的非线性振动反应求解异常困难。

1.2.3　水电站厂房抗震研究现状

近年我国水能资源丰富的西南地区规划和建设了一大批巨型水电站，如溪洛渡、龙潭、锦屏、大岗山、白鹤滩等[159]，水电站地下厂房洞室的纵、横及竖向跨度接近 500m、40m 和 90m，位居世界前列。但该地区强震频发，地震地质特点是活动互动断层多、频度高、强度大、范围广，对巨型水电站厂房构成了严重威胁。例如，大岗山水电站坝址地区设计地震动峰值加速度达 0.557g；2008 年汶川 8.0 级大地震时，实测紫坪铺大坝坝基地震动峰值加速度达 0.50g。汶川地震后，水利行业在震区开展了全面的水利工程震害调查[160]，调查发现，大体积水工结构即使在经历了强震的情况下仍表现出相对令人满意的抗震能力，震后大多基本完好或轻微损坏，通过相对简单的检查、维修和恢复即可继续投入正常运行，而以混凝土梁、柱、墙为主要承力构件的附属建筑物却表现出严重受损，甚至有个别附属建筑物完全破坏的情况发生。水电站厂房一方面上下部结构质量、刚度差异明显，容易产生鞭梢效应导致上部结构动力响应被放大；另一方面上部结构又是主要由墙、柱、梁等相对单薄的构件组成的受力框架体系，因此水电站厂房的上部结构极易在地震中出现损毁。水电站厂房作为水电生产的核心部分，若在地震中出现严重损毁，将直接威胁到其内工作人员的生命安全，同时严重影响震后救灾抢险的电力供应，水电站厂房能否尽快恢复运行并向附近灾区提供电力保障，在分秒必争的救灾抢险工作中起着举足轻重的作用。1967 年印度

Koyna 水电站地下厂房遭受了 6.5 级地震，震后发现水轮机机墩混凝土块体间发生了相对位移，水轮机轴中心线发生了偏转，影响机组的正常运转[161]。以往学者对水工大坝、边坡、隧洞等地震动力反应特性及灾变机理的研究给予了高度重视，积累了丰富的研究成果和经验[162]，但目前对于水电站厂房结构的抗震性能、破坏机理以及厂房结构抗震安全评价研究落后于工程实践，亟待研究解决。

水电站厂房在大地震动作用下的响应有明显区别于其他工业厂房的特点。一方面，其下部为大体积混凝土，上部为以梁、柱、墙为主的钢筋混凝土构件和钢构件，且梁柱体系跨度大、高度高，使得上、下两部分间质量和刚度的差异十分明显，这必然导致厂房在地震荷载作用下极易产生鞭梢效应，造成上部本来相对薄弱的结构响应被显著放大。另一方面，主厂房下游侧通常设有与其整体相连的二层低跨副厂房，提高了主厂房下游侧的结构刚度，造成在地震过程中上、下游侧结构的变形不能同步，导致吊车梁产生大位移、钢屋架出现大变形，严重时可能造成吊车脱轨坠落和屋面板脱落等危险，对工作人员的人身安全和厂房内设备造成很大威胁，且极大地增加了震后抢修的难度。

关于水电站厂房地震响应的研究，目前大多集中在敏感性因素分析，如行波效应、鞭梢效应、辐射阻尼效应、流道内水体等对厂房结构动力响应结果影响程度的大小，限于运算资源相对不足等原因，有限元模型常常不考虑结构的材料和接触等非线性特性，而仅在线弹性范围内研究讨论[163-172]。

陈婧等[167]采用反应谱分析方法，通过计算和比较河床式水电站主副厂房不同的连接形式对水电站厂房地震动响应产生的影响，结合工程实例提出了主副厂房间合理连接高程和结构布置的方案。练继建等[173]取龙滩水电站地下厂房所在埋深位置的水平向地震加速度为地面设计加速度的一半，利用反应谱法计算了厂房机墩的地震位移。喻虎圻等[174]针对河床式水电站厂房进行了基于黏弹性边界的地震响应分析，并将响应与无质量地基固定边界进行对比，认为辐射阻尼效应明显减小了河床式厂房上部结构的地震响应。张雨霆等[175]以映秀湾水电站和渔子溪水电站为研究对象，采用拟静力分析波动场应力法考虑 P 波与 S 波的不利入射方向，对地下厂房结构稳定性进行了评价。张运良等[176,177]基于黏弹性动力人工边界及相应的地震动输入分析方法，探讨了地下厂房在竖向传播剪切波作用下的动力反应特点，指出地下厂房抗震研究的必要性。张启灵等[139,178]针对平面尺寸较大的水电站厂房，分析了行波效应对它的影响，分析结果表明，不考虑行波效应对厂房结构的设计是偏安全的，并建议若地震波速不大时可适当考虑行波效应以期得到更经济合理的设计方案，并研究了水电站厂房的抗震措施。

水电站厂房流道形状复杂，其内水体庞大，水流形态多样且多变，随着水轮机组单机容量的不断提高，流道内水体对厂房结构动力特性和地震响应的影响越发显著，同时对流道内动水压力的精确模拟也越发困难。采用附加质量模拟动水压力可以以方程解耦的方式大幅降低计算成本，NB 35047—2015《水电工程水工建筑物抗震设计规范》[179]给出了进水塔内、外动水压力代表值的建议计算方法。徐国宾等[180]尝试对该部分计算公式进行了修正，并成功应用于水电站厂房的模态分析，得到了具有较高精度的厂房动力特性解，但这种修正并不具普适性，需要谨慎借鉴。附加质量法不能模拟流道内普遍存在的脉冲压力和对流压力，因此在大尺寸流道中的计算精度很低，张存慧等[143]和孙伟等[181]分别讨论了基于线性无穷小速度公式的势流体单元法在水电站厂房动力分析中的应用方式及应用效果，在这方面做出了有价值的探索。针对巨型流道内水体的复杂特性，为得到尽可能精确的计算结果，张辉东等[182]和张燎军等[140]分别提出了强耦合模型和全耦合模型两种方法，前者开创性地将声场理论同有限元方法相结合来分析厂房的动力特性，后者通过建立全流道湍流结构模型来分析厂房动力特性及振动的传递路径，这两种方法都可以实现对流道内水体全面且精确的模拟，但计算代价相对较大。

随着该领域研究的深入，基于性能的抗震设计要求，更符合实际的非线性动力分析必然成为今后研究中不可或缺的一环。目前已有部分学者做了尝试，文献[183]～[185]分别研究了直埋、保压和垫层不同结构形式蜗壳的各种运行工况下的静动力特性及蜗壳外围混凝土材料的非线性特性。文献[186]更是详尽收集了国内外高水头水电站蜗壳结构典型工程实例，介绍了蜗壳结构强度和变形的数值分析和模型试验的方法和成果，提出了创新性的设计原则和方法，反映了当前蜗壳结构设计的水平和成就。

文献[187]和文献[188]基于三峡水电站 15#机组厂房的静力分析结果，计算考虑损伤后的厂房动力特性，得到蜗壳外围混凝土开裂对厂房整体自振特性影响较小的结论。

虽然水电站厂房的动力非线性分析受限于混凝土本构模型和黏结-滑移理论等研究的发展阶段，特别是混凝土在饱水状态及动力作用下力学性能的研究，但就当前来说，结合已有的被广泛认可的研究成果开展结构非线性动力分析无疑更贴近基于性能的抗震设计要求。文献[189]和文献[190]基于时程分析法对水电站厂房整体进行了非线性地震响应分析，并同线性模型计算结果进行了比较，证明非线性分析的实时仿真优势。王海军等[191]建立了基于线性应力-应变关系和William-Warnke 五参数破坏模型的混凝土非线性定义，基于此，通过 ANSYS 软件研究了水电站厂房在地震动作用下的非线性响应情况，给出了厂房结构在时程上的应力和位移响应情况及开裂情况。郝军刚等[192]将水电站厂房上部结构混凝土赋予非线性材料特性,有针对性地分析了上部结构在罕遇地震下的损伤情况。

近断层地震动对结构的影响是当前结构抗震研究的热点之一。在震源距较小的区域内,地震波中的近场项和中场项不能被忽略,此时这个区域内的地震动就被称为近断层地震动[193]。它本身的破裂方向性效应、滑冲效应、上盘效应等重要特性以及它对高层建筑、大坝等结构的严重破坏作用均是地震工程界的难题[194]。由于近断层地震动的研究开展时间并不久,目前还鲜见关于近断层地震动对水电站地面厂房破坏机理影响的文献。文献[195]详述了一种近断层脉冲型地震动的合成方法,并在此基础上对比了地下洞室分别在近断层地震动与远场地震动下的响应情况,得到了在相同峰值加速度和反应谱下近断层地震动对高边墙、大跨度地下工程的破坏远强于远场地震动的结论。可以在此成果的基础上,尽早深入开展近断层地震动对水电站地面厂房的地震响应影响的研究。

国外的冈本舜三总结了印度 Koyna 水电站地下厂房遭受 6.5 级水库诱发地震的震害情况[161]。苏联学者通过实验研究了不同入射方向地震作用下地下电站洞室与衬砌的应力最大值及时程变化[196],但未研究厂房结构的反应特征。Wingkaew 等[197]研究了地下抽水泵站的拟静力法抗震分析,将沿高程变化的剪切波自由场位移施加在结构上,计算了主要构件的内力。Aydan[198]和 Kouretzis 等[199]对国外地下隧洞、洞室等进行了抗震研究,但缺少对水电站厂房结构本身的抗震分析。文献[200]和文献[201]分析了厂房结构和外围围岩不同尺度和量级的自由度离散结构物理响应特征,利用多尺度法解决了厂房结构围岩系统规模庞大、传统计算方法消耗巨大问题。

从国内外研究现状来分析,虽然围绕水电站厂房抗震研究的成果较为丰富,但鲜有对作为水电机组支承结构的水电站厂房在地震作用下的抗震性能及破坏机理方面的研究,虽有一些初步探讨,但没有深入、系统、普适性的规律及经验可供借鉴。水电站厂房损伤破坏机理及抗震安全问题涉及工程地震、工程地质、结构动力学、波动力学、水工结构材料、计算机仿真等多学科的交叉融合,是十分复杂而又需要专门深入研究的综合性课题。强震区水电工程意义重大,对水电站厂房的抗震安全要求日益迫切,因此,开展复杂环境下水电站厂房结构的抗震安全问题研究具有重要的理论意义和工程实践价值。

1.3 本书主要内容

本书共 7 章,第 1 章为绪论;第 2 章为电磁与水力振源耦合作用下机组轴系统振动特性；第 3 章为水电机组轴系统多维耦合振动分析；第 4 章为水电站机组与厂房耦合振动及荷载施加方法研究；第 5 章为水电站机组与厂房振动测试及参数识别；第 6 章为水电站厂房地震响应分析；第 7 章为总结与展望。

第 1 章主要介绍了水电机组与厂房耦合振动研究的必要性，回顾了水电站机组和厂房结构研究理论方法的发展，总结了当前的主要研究现状和发展方向。

第 2 章从发电机偏心转子的气隙磁场能表达式推导电磁刚度矩阵出发，建立了水轮发电机偏心转子振动分析模型，分析了电磁刚度和弹性支承对转子临界转速的影响。在此基础上，研究了电磁与水力密封振源耦合作用下电磁参数、密封参数、轴承刚度及大轴外径等参数对轴系临界转速的影响规律，也研究了电磁和水力转矩耦合激励下轴系扭振受各种振源参数影响特性，探讨揭示了轴系统水机电耦合振动机理。

第 3 章首先通过对导轴承和推力轴承动特性系数进行插值求解，建立了表征导轴承动力特性系数随轴颈偏心距和偏位角的非线性变化和推力轴承动力或动力矩系数随转子倾斜参数的非线性变化的数学模型。其次研究了机组轴系统的横纵耦合、弯扭耦合振动特性，重点分析了电磁振源及轴承集中刚度和阻尼对多维耦合振动的影响机制。最后分析了水轮发电机定、转子弯扭耦合碰摩的非线性振动特性及影响因素。

第 4 章结合导轴承油膜动特性系数非线性表征方法，建立了机组与厂房耦合振动模型，分析提出了机组径向、竖向动荷载的计算、分配和施加方法，讨论并验证了基于流体动力学计算脉动压力的水力振源精细施加方法的可行性及必要性，揭示了厂房作为支承边界其动响应影响机组轴系统动特性，机组轴系统动特性变化导致作为厂房激励的机组电磁、机械、水力振源的变化，以及振源的变化导致作为机组支承边界的厂房结构动响应变化的循环耦合机理。

第 5 章深入分析了机组及厂房结构的联合振动测试数据，讨论了智能算法在参数识别、响应预测方面的理论和改进措施，建立了相关目标函数、识别公式和识别方法，并给出了景洪水电站机组轴系统模态参数识别、轴承油膜动态特性系数识别、水轮机竖向动荷载识别、厂房响应预测等方法及应用算例。

第 6 章提出了适合水电站厂房结构形式特点的地震动时程分析瑞利阻尼系数确定方法，解决了静、动力统一无限元人工边界的地震动简化输入问题，分析了水电站厂房非线性地震动响应特性，研究了基于性能的水电站厂房抗震设计影响因素，探讨了厂房薄弱构件的混凝土损伤演化发展破坏机理。

第 7 章对书中的主要研究内容和成果进行总结，并对水电站机组厂房结构振动研究的未来发展方向提出了参考意见。

参 考 文 献

[1] 李定中. 中国水电工程的机电技术的发展概况[C]. 哈尔滨: 第十六次中国水电设备学术讨论会文集, 2006.

[2] 潘家铮. 中国水利建设的成就、问题和展望[J]. 中国工程科学, 2002, 4(2): 42-51.

[3] 马善定, 汪如泽. 水电站建筑物[M]. 北京: 中国水利水电出版社, 2007.

[4] 马震岳, 董毓新. 水电站机组及厂房振动的研究与治理[M]. 北京: 中国水利水电出版社, 2004.

[5] BIELA V, BELTRAN H, Draft T F. Hydraulic machinery and cavitation[C]. Proceedings of the XIX IAHR Symposium, World Scientific, Singapore, 1998: 454-461.

[6] 胡瑞林, 陈韩禄, 刘全保. 铜街子电站 11 号机组异常振动试验及处理[J]. 水电站机电技术, 2000, (4): 22-28.

[7] 裴大雄, 赵正洪. 高坝洲水电站 3 号机组振动分析及处理[J]. 水力发电, 2002, (3): 61-62.

[8] 马震岳, 王溢波, 董毓新. 红石水电站机组振动及诱发厂坝振动分析[J]. 水力发电, 2000, (9): 52-54.

[9] 周建旭, 索丽生. 水电站水机电系统振动特性和稳定性研究综述[J]. 水利水电科技进展, 2007, 27(3): 86-89.

[10] 杨建东, 赵琨, 李玲. 浅析俄罗斯萨扬-舒申斯克水电站 7 号和 9 号机组事故原因[J]. 水力发电学报, 2011, 30(4): 227-234.

[11] NICOLET C, ALLIGNElliGNE S, KAWKABANI B, et al. Stability study of Francis pump-turbine at runaway [C]. 3rd IAHR International Meeting of the Workgroup on Cavitation and Dynamic Problems in Hydraulic Machinery and Systems, Brno, 2009.

[12] 唐培甲. 岩滩水电站水轮机振动问题的研究[J]. 红水河, 2000, 19(3): 59-62.

[13] 沈可, 张仲卿, 梁政. 岩滩水电站厂房水力振动计算[J]. 水电能源科学, 2003, 21(1):73-75.

[14] 黄源芳. 三峡工程水轮机几个重大技术问题的决策[J]. 水力发电, 1998, (4): 36-39.

[15] ROCHA G, SILLO A. Power swing produced by hydropower unite[C]. Proceedings of IAHR 11th Symposium, Amsterdam, 1982.

[16] ERIKKSON S, ERIKKSON K. Advanced systems detect turbine vibrations [J]. Modern Power System, 1991, 11: 69-73.

[17] OHASHI H. Vibration and Oscillation of Hydraulic Machinery[M]. London: Cambridge University Press, 1991.

[18] 马震岳, 董毓新. 水轮发电机组动力学[M]. 大连: 大连理工大学出版社, 2003.

[19] 周建中, 张勇传, 李超顺. 水轮发电机组动力学问题及故障诊断原理与方法[M]. 武汉: 华中科技大学出版社, 2013.

[20] 练继建, 王海军, 秦亮. 水电站厂房结构研究[M]. 北京: 中国水利水电出版社, 2007.

[21] 杨晓明, 马震岳. 水轮发电机组横向振动的敏感性分析[J]. 振动工程学报, 2004, 17(s): 206-209.

[22] 卜华仁, 范素兰, 胡汉卿, 等. 水力机械[M]. 大连: 大连理工大学出版社, 1988.

[23] 姜培林, 虞烈. 推力轴承对轴承-转子系统的耦合作用研究[J]. 应用力学学报, 1996, 13(4): 46-52.

[24] 中国水利水电科学研究院. 水轮机水力振动译文集[M]. 北京: 中国水利水电出版社, 1979.

[25] 王珂嵩. 水力机组振动[M]. 北京: 水利电力出版社, 1987.

[26] 钟一谔, 何衍宗, 王正, 等. 转子动力学[M]. 北京: 清华大学出版社, 1987.

[27] 闻邦椿, 顾家柳, 夏松波, 等. 高等转子动力学——理论、技术与应用[M]. 北京: 机械工业出版社, 2000.

[28] 郭丹, 何永勇, 褚福磊. 不平衡磁拉力对偏心转子系统振动的影响[J]. 工程力学, 2003, 20(2): 116-121.

[29] 马震岳, 张雷克, 陈婧. 水轮发电机组转子-轴承系统横向振动特性分析[J]. 黑龙江大学工程学报, 2010, 1(1):

17-23.

[30] 党小建, 梁武科, 廖伟丽. 水力机组流固耦合的数学模型[J]. 机械强度, 2005, 27(6): 864-866.

[31] JIYAVAN R. 装在挠性轴承上的水轮发电机组转子由电磁不平衡引起的振动特性[J]. 国外大电机, 1984, 2: 21-24.

[32] 孟光. 转子动力学的回顾与展望[J]. 振动工程学报, 2002, 15(1): 1-9.

[33] 马震岳, 董毓新. 基础、导轴承刚度和磁拉力对机组自振特性的影响[J]. 大电机技术, 1986, (6): 46-53.

[34] 马震岳, 董毓新. 水轮发电机组轴系统的动力反应[J]. 大电机技术, 1988, (5): 6-13.

[35] 荣吉利, 邹经湘, 张嘉钟, 等. 水电机组轴系横向自振特性的有限元计算方法与结果分析[J]. 中国电机工程学报, 1997, 17(1): 33-36.

[36] 荣吉利, 李瑞英. 水轮发电机组轴系横向振动响应的时间有限元法[J]. 北京理工大学学报, 2001, 21(5): 553-557.

[37] 肖黎. 水轮发电机组横向振动研究[J]. 长江科学院院报, 2005, 22(5): 78-80.

[38] 王正伟, 喻疆, 方源, 等. 大型水轮发电机组转子动力特性分析[J]. 水力发电学报, 2005, 24(4): 62-66.

[39] 屈文忠, 江汶. 利用 ANSYS 进行转子动力特性计算[C]. 九寨沟: ANSYS 中国用户论文集, 2004.

[40] 王宁峰, 王桂红. 基于 ANSYS 的转子临界转速计算[J]. 青海大学学报, 2007, 25(10): 18-21.

[41] 谢逸泉. 利用有限元软件 ANSYS 计算轴的刚度[J]. 现代机械, 2005, (1): 55-56.

[42] 李克雷, 谢振宇. 基于 ANSYS 的磁悬浮转子的模态分析[J]. 机电工程, 2008, 25(1): 1-3.

[43] 王福军, 张玲, 黎耀军, 等. 轴流式水泵非定常湍流数值模拟的若干关键问题[J]. 机械工程学报, 2008, 44(8): 73-76.

[44] 王文全, 闫妍, 张立翔. 混流式水轮机跨尺度流道内复杂湍流的数值模拟[J]. 中国电机工程学报, 2012, 32(23): 132-137.

[45] 钱忠东, 杨建东. 湍流模型对水轮机压力脉动数值预测的比较[J]. 水力发电学报, 2007, 26(6): 111-115.

[46] VU T C, NENNEMANN B. Modern trend of CFD application for hydraulic design produce[C]. Proceedings of 23rd IAHR Symposium on Hydraulic Machinery and System, Japan: IAHR, 2006.

[47] 马震岳. 水轮发电机组及压力管道的动力分析[D]. 大连: 大连理工大学博士学位论文, 1988.

[48] W 特劳佩尔. 热力透平机[M]. 郑松宇, 等译. 北京: 机械工业出版社, 1988: 603-609.

[49] VANCE J M, MURPHY B T. Labyrinth seal effects on rotor whirl stability [J]. Journal of Mechanical Engineer, 1980: 369-373.

[50] NORDAMNN R, DIETZEN F J. Calculating rotor dynamic coefficients of seals by finite difference techniques [C]. The 4th Workshop in Rotor Dynamic Instability Problems in High Performance Turbo Machinery, Texas, A&M University, 1986: 77-98.

[51] 任兴民, 顾家柳, 秦卫阳. 具有封严篦齿转子系统的动力稳定性分析[J]. 应用力学学报, 1996, 13(2): 77-83.

[52] 沈庆根, 李烈容, 郑水英. 迷宫密封的两控制体模型与动力特性研究[J]. 振动工程学报, 1996, 9(1): 24-30.

[53] MUSZYNSKA A, BENTLY D E. Frequency swept rotating input perturbation techniques and identification of the fluid force models in rotor /bearing/seal system and fluid handling machines [J]. Journal of Sound and Vibration, 1990, 143(1): 103-124.

[54] MUSZYNSKA A. Model testing of rotor/bearing systems [J]. The International Journal of Analytical and Experimental Modal Analysis, 1996, 1(3): 15-34.

[55] 李松涛, 许庆余, 万方义. 迷宫密封转子系统非线性动力稳定性的研究[J]. 应用力学学报, 2002, 19(2): 27-30.

[56] 陈予恕, 丁千. 非线性转子-密封系统的稳定性和 Hopf 分岔研究[J]. 振动工程学报, 1997, 10(3): 368-374.

[57] 金琰, 袁新. 转子密封系统流体激振问题的流固耦合数值研究[J]. 工程热物理学报, 2003, 524(3): 395-398.

[58] 宫汝志, 王洪杰, 舒峻峰, 等. 水轮发电机转子密封系统转子动力学分析[J]. 水力发电学报, 2013, 32(1): 282-286.

[59] 孔达, 李忠刚, 焦映厚, 等. 水轮机转子-密封系统模型及其非线性动力学特性分析[J]. 水利学报, 2013, 44(4): 462-469.

[60] 宋志强, 马震岳, 张大伟. 电磁与密封作用下水电机组振动的参数敏感性分析[J]. 水力发电学报, 2012, 31(1): 226-231.

[61] 姜培林, 虞烈. 电机不平衡磁拉力及其刚度的计算[J]. 大电机技术, 1998, (4): 32-34.

[62] 陈贵清. 某水轮发电机组不平衡电磁力的计算[J]. 唐山高等专科学校学报, 2001, 12(4): 4-7.

[63] 周理兵, 马志云. 大型水轮发电机组不同工况下不平衡磁拉力[J]. 大电机技术, 2002, 2: 26-29.

[64] 邱家俊, 段文会. 水轮发电机转子轴向位移与轴向电磁力[J]. 机械强度, 2003, 25(3): 285-289.

[65] 邱宇, 邱家俊, 张德栋. 水轮发电机组短路故障时机电耦联的扭振问题研究[J]. 机械强度, 2004, 26(2): 142-148.

[66] 杨志安, 李文兰, 邱家俊. 水轮发电定子磁固耦合激发的分岔与混沌[J]. 天津大学学报, 2005, 38(11): 986-990.

[67] 郭丹, 何永勇, 褚福磊. 不平衡磁拉力及对偏心转子系统振动的影响[J]. 工程力学, 2003, 20(2): 116-120.

[68] 张雷克, 马震岳. 不平衡磁拉力作用下水轮发电机组转子系统碰摩动力学分析[J]. 振动与冲击, 2013, 32(8): 48-54.

[69] 宋志强. 马震岳. 考虑不平衡电磁拉力的偏心转子非线性振动分析[J]. 振动与冲击, 2010, 29(8): 178-182.

[70] 徐进友, 刘建平, 宋轶民, 等. 考虑电磁激励的水轮发电机组扭转振动分析[J]. 天津大学学报, 2008, 41(12): 1411-1416.

[71] 陈贵清, 董保珠, 邱家俊. 电磁作用激发的水电机组转子轴系振动研究[J]. 力学季刊, 2010, 31(1): 108-112.

[72] GUSTAVSSON R, KAIDANPAA J O. The influence of nonlinear magnetic pull on hydropower generator rotors [J]. Journal of Sound and Vibration, 2006, 297(3-5): 551-562.

[73] FAN C C, PAN M C. Active elimination of oil and dry whips in a rotating machine with an electromagnetic actuator [J]. International Journal of Mechanical Sciences, 2011, 53(2): 126-134.

[74] LUNDSTROM N L P, AIDANPAA J O. Dynamic consequences of electromagnetic pull due to deviations in generator shape [J]. Journal of Sound and Vibration, 2007, 301(1-2): 207-225.

[75] YAO D K, ZOU J X, QU D Z, et al. Resonance of electromagnetic and mechanic coupling in hydro-generator [J]. Journal of Harbin Institute of Technology(New Series), 2006, 13(5): 531-534.

[76] 王正伟, 喻疆, 方源, 等. 大型水轮发电机组转子动力学特性分析[J]. 水力发电学报, 2005, 24(4): 62-66.

[77] 徐永, 李朝晖. 基于仿真模型的水电机组振动特性分析[J]. 水力发电学报, 2013, 32(3): 247-251.

[78] 朱毅, 赖喜德, 汪礼发, 等. 混流式水轮发电机组横向振动特性数值分析[J]. 水力发电学报, 2013, 32(1): 287-292.

[79] 阎宗国, 周凌九, 何军兵, 等. 水轮发电机组转子动平衡试验[J]. 水力发电学报, 2012, 31(2): 235-239.

[80] 宋志强, 刘云贺. 水电机组转子轴承系统弯扭耦合振动影响因素研究[J]. 水力发电学报, 2013, 32(4): 226-233.

[81] GUSTAVSSON R K, AIDANPAA J. Evaluation of impact dynamics and contact forces in hydropower rotor due to variations in damping and lateral fluid forces[J]. International Journal of Mechanical Sciences, 2009, 51(9): 653-661.

[82] 赵磊, 张立翔. 水轮发电转子轴系电磁激发横-扭耦合振动分析[J]. 中国农村水利水电, 2010, (3): 136-139.

[83] 宋志强, 马震岳. 考虑水力和电磁激励的水电机组轴系统的扭转振动分析[J]. 水力发电学报, 2012, 31(3): 240-245.

[84] 李兆军, 蔡敢为, 杨旭娟, 等. 混流式水轮发电机组主轴系统非线性全局耦合动力学模型[J]. 机械强度, 2008, 30(2): 175-183.

[85] 蔡敢为, 杨旭娟, 李兆军. 混流式水轮发电机组主轴系统组合共振分析[J]. 振动与冲击, 2008, 27(11): 87-90.

[86] 宋志强, 马震岳, 张运良, 等. 考虑厂房基础耦联作用的水轮发电机组轴系统动力反应分析[J]. 振动与冲击, 2008, 27(6): 158-161.

[87] MA Z Y, SONG Z Q. Nonlinear dynamic characteristics analysis of the shaft system in water turbine generator set [J]. Chinese Journal of Mechanical Engineering, 2009, 22(1): 124-131.

[88] 尚礼. 圆弧瓦径向动压轴承动态特性系数计算(矩阵法)[J]. 浙江大学学报, 1984, 18(5): 125-134.

[89] 马震岳, 董毓新. 水电机组可倾瓦导轴承动力特性系数[J]. 动力工程, 1990, 10(6): 6-11.

[90] EARLESL L, PALAZZOLO A B, ARMENTROUTR W. A finite element approach to pad flexibility in title pad journal bearings parts Ⅰ and Ⅱ [J]. ASME Journal of Tribology, 1990, 112(2): 169-182.

[91] 王永亮, 刘占生, 钱大帅, 等. 有限长椭圆瓦轴承油膜力近似解析模型[J]. 航空动力学报, 2012, 27(2): 265-274.

[92] 熊万里, 侯志泉, 吕浪, 等. 基于动网格模型的液体动静压轴承刚度阻尼计算方法[J]. 机械工程学报, 2012, 48(23): 118-126.

[93] 陈予恕. 非线性转子-轴承系统的分叉[J]. 振动工程学报, 1996, 9(3): 266-275.

[94] 张文, 郑铁生, 马建敏, 等. 油膜轴承瞬态非线性油膜力的力学建模及表达式[J]. 自然科学进展, 2002, 12(3): 255-260.

[95] 杨金福, 杨昆, 于达仁, 等. 滑动轴承非线性油膜力研究[J]. 振动工程学报, 2005, 18(1): 118-123.

[96] OKABE E P, CAVALCA K L. Rotordynamic analysis of systems with a non-linear model of tilting pad bearings including turbulence effects [J]. Nonlinear Dynamics, 2009, (57): 481-495.

[97] CASTRO H F, CAVALCA K L, NORDMANN R. Whirl and whip instabilities in rotor-bearing system considering a nonlinear force model [J]. Journal of Sound and Vibration, 2008, 317(1-2): 273-293.

[98] 王文, 张直明. 油叶型轴承非线性油膜力数据库[J]. 上海工业大学学报, 1993, 4: 299-305.

[99] JIAO Y G, CHEN Z B. Nonlinear dynamics analysis of unbalanced rotor system with arc pad journal bearings [J]. Advances in Vibration Engineering, 2005, 4(1): 23-37.

[100] 陈龙, 郑铁生, 张文, 等. 轴承非线性油膜力的一种变分近似解[J]. 应用力学学报, 2002, 19(3): 90-96.

[101] 吕延军, 张永芳, 于杨冰, 等. 固定瓦-可倾瓦组合径向轴承-柔性转子系统非线性运动分析[J]. 振动与冲击, 2011, 30(5): 257-262.

[102] 孟志强, 徐华, 朱均. 基于Poincare变换的滑动轴承非线性油膜力数据库方法[J]. 摩擦学学报, 2001, 21(3): 223-227.

[103] 陈照波, 焦映厚, 夏松波, 等. 求解有限长圆柱型滑动轴承中非线性油膜力的近似解析方法[J]. 中国电机工程学报, 2001, 21: 6-9.

[104] 徐小峰, 张文. 一种非稳态油膜力模型下刚性转子的分岔和混沌特性[J]. 振动工程学报, 2000, 13(2): 247-253.

[105] XIA Z P, QIAO G, ZHENG T S, et al. Nonlinear modeling and dynamic analysis of the rotor-bearing system [J]. Nonlinear Dynamics, 2009, 57(4): 559-577.

[106] LIU Z S, HUANG S L, SU J X. Nonlinear dynamic analysis of an unsymmetrical generator-bearing system [J]. Journal of Vibration and Acoustics, 2007, 129(4): 448-457.

[107] SCHWEIZERA B, SIEVERT M. Nonlinear oscillations of automotive turbocharger turbines [J]. Journal of Sound and Vibration, 2009, 321(3-5): 955-975.

[108] CASTRO H F D, CAVALCA K L, NORDMANN R. Whirl and whip instabilities in rotor-bearing system considering a nonlinear force mode [J]. Journal of Sound and Vibration, 2008, 317(1-2): 273-293.

[109] LAHA S K, KAKOTY S K. Non-linear dynamic analysis of a flexible rotor supported on porous oil journal bearings [J]. Communications in Nonlinear Science Numerical Simulation, 2010, (6): 1-15.

[110] LAZARUS A, PRABEL B, COMBESCURE D. A 3D finite element model for the vibration analysis of asymmetric rotating machines [J]. Journal of Sound and Vibration, 2010, (329): 3780-3797.

[111] 张新江, 武新华, 夏松波, 等. 弹性转子-轴承-基础系统的非线性振动研究[J]. 振动工程学报, 2001, 4(2): 228-232.

[112] 杨建刚, 蔡霆, 高疆. 转子-轴承耦合系统动力响应问题研究[J]. 中国机电工程学报, 2003, 3(5): 94-97.

[113] 袁振伟, 褚福磊, 林言丽, 等. 考虑流体作用的转子动力学有限元模型[J]. 动力工程, 2005, 25(4): 457-461.

[114] ROUCH K E, MCMAINS T H, STEPHENSON R W, et al. Modeling of complex rotor systems by combining rotor and substructure models [J]. Finite Elements in Analysis and Design, 1991, (10): 89-100.

[115] EDWARDS S, LEES A W, FRISWELL M T. Experimental identification of excitation and support parameters of flexible rotor-bearings-foundation system from a single run down [J]. Journal of Sound and Vibration, 2000, 232(5): 963-992.

[116] CAVALCA K L, CAVALCANTE P F, OKABE E P. An investigation on the influence of the supporting structure on the dynamics of the rotor system [J]. Mechanical Systems and Signal Processing, 2005, 19: 157-174.

[117] 崔颖, 刘占生, 叶建槐. 大型非线性转子-密封-轴承系统的不平衡响应与稳定性[J]. 振动与冲击, 2011, 30(5): 205-207.

[118] 席文奎, 许吉敏, 张宏涛, 等. 迷宫密封对高参数转子系统稳定性的影响分析及公理设计方法应用[J]. 中国电机工程学报, 2013, 33(5): 102-111.

[119] 马辉, 李辉, 牛和强, 等. 滑动轴承-转子系统油膜失稳参数影响分析[J]. 振动与冲击, 2013, 32(23): 100-104.

[120] 沈小要, 赵玫. 转子-轴承-密封系统非线性动力学理论和试验研究[J]. 噪声与振动控制, 2009, (6): 67-71.

[121] 张宇, 陈予恕, 毕勤胜. 转子-轴承-基础非线性动力学研究[J]. 振动工程学报, 1998, 1(1): 24-30.

[122] 沈松, 郑兆昌. 大型转子-基础-地基系统的非线性动力分析[J]. 应用力学学报, 2004, 1(3): 9-12.

[123] KANG Y, CHANF Y P, TSAI J W, et al. An Investigation in stiffness effects on dynamics of rotor-bearing-foundation systems [J]. Journal of Sound and Vibration, 2000, 231(2): 343-374.

[124] CAVALCA K L, CAVALCANTE P F, OKABE E P. An investigation on the influence of the supporting structure on the dynamics of the rotor system [J]. Mechanical Systems and Signal Processing, 2005, 19: 157-174.

[125] 陈渭. 流体动力润滑推力轴承动特性及其对转子横向振动状态的影响[D]. 西安: 西安交通大学博士学位论文, 1991.

[126] 姜培林, 虞烈. 弹性横梁支承的可倾瓦推力轴承的静态分析[J]. 西安交通大学学报, 1997, 31(7): 74-78.

[127] CHU C S. A nonlinear dynamic model with confidence bounds for hydrodynamic bearing [J]. Journal of Tribology, 1998, (7): 595-604.

[128] 李忠, 袁小阳, 朱均. 可倾瓦推力轴承的线性和非线性动特性研究[J]. 中国机械工程, 2000, (5): 560-562.

[129] 邱家俊, 段文会. 推力轴承油膜刚度和阻尼的解析解[J]. 大电机技术, 2002, (2): 5-8.

[130] HUEBER K H, DEWHIRST D L, SMITH D E, et al. The finite element method for the engineers [J]. Applied Mechanics Reviews, 1975, 54(4): 31-34.

[131] HUEBER K H. A three-dimensional thermo-hydrodynamic analysis of sector thrust bearing [J]. ASME Transactions, 1974, 17(1): 62-73.

[132] HUEBER K H. Application of finite element methods to thermo-hydrodynamic lubrication [J]. International Journal for Numerical Methods in Engineering, 1974, 8(1):139-165.

[133] 赵红梅, 董毓新, 马震岳. 水轮发电机托瓦支承推力轴承的润滑计算[J]. 大电机技术, 1994, (1): 8-12.

[134] 赵红梅, 董毓新, 马震岳. 油膜温度呈三维分布的推力轴承润滑计算[J]. 大连理工大学学报, 1994, 34(5): 589-594.

[135] 陈贵清. 推力轴承油膜刚度对发电机转子轴系固有频率的影响[J]. 河北理工学院学报, 2000, 22(4): 48-53.

[136] 董毓新, 李彦硕. 水电站建筑物结构分析[M]. 大连: 大连理工大学出版社, 1995.

[137] 王海军, 涂凯, 练继建. 基于结构声强的水电站厂房振动传递路径研究[J].水利学报, 2015, 46(10): 1247-1252.

[138] 幸享林, 陈建康, 廖成刚, 等. 大型地下厂房结构振动反应分析[J]. 振动与冲击, 2013, 32(9): 21-27.

[139] 张启灵, 伍鹤皋. 行波效应对大型水电站厂房地震响应的影响[J]. 振动与冲击, 2010, 29(6): 76-79.

[140] 张燎军, 魏述和, 陈东升. 水电站厂房振动传递路径的仿真模拟及结构振动特性研究[J]. 水力发电学报, 2012,

31(1): 108-113.

[141] 练继建, 秦亮, 王日宣, 等. 双排机水电站厂房结构动力特性研究[J]. 水力发电学报, 2004, 23(2): 55-60.

[142] 马震岳, 宋志强, 徐伟, 等. 水电站厂房机组动荷载施加方式研究[J]. 水力发电学报, 2009, 28(5): 200-204.

[143] 张存慧, 马震岳, 周述达, 等. 大型水电站厂房结构流固耦合分析[J]. 水力发电学报, 2012, 31(6): 192-197.

[144] 练继建, 秦亮, 何成连. 基于原型观测的水电站厂房结构振动分析[J]. 天津大学学报, 2006, 39(2): 176-180.

[145] 陈静, 马震岳, 刘志明, 等. 三峡水电站主厂房振动分析[J]. 水力发电学报, 2004, 23(5): 36-39.

[146] 欧阳金惠, 陈厚群, 张超然. 156m 水位下三峡水电站厂房振动计算与测试分析[J]. 水力发电学报, 2008, 27(6): 173-177.

[147] 秦亮, 王正伟. 水电站振源识别及其对厂房结构的影响研究[J]. 水力发电学报, 2008, 27(4): 135-140.

[148] 宋志强, 马震岳. 水电站机组与厂房耦联振动测试及有限元数值反馈计算[J]. 水力发电学报, 2012, 31(2): 170-174.

[149] 欧阳金惠, 陈厚群, 李德玉. 三峡电站发电厂房动力特性与低水头振动问题研究[J]. 中国水利水电科学研究院学报, 2004, 2(3): 215-220.

[150] 中华人民共和国水利部. 水电站厂房设计规范: SL 266—2014 [S]. 北京: 中国水利水电出版社, 2001.

[151] 欧阳金惠, 张超然, 陈厚群, 等. 巨型水电站厂房振动预测研究[J]. 土木工程学报, 2008, 41(2): 100-104.

[152] 宋志强, 马震岳, 陈婧, 等. 龙头石水电站厂房振动分析[J]. 水利学报, 2008, 39(8): 916-921.

[153] 孙万泉, 马震岳, 赵凤遥. 抽水蓄能电站振源特性分析研究[J]. 水电能源科学, 2003, 21(4): 78-80.

[154] 王桂平, 肖明. 周宁水电站地下厂房结构振动与结构形式研究[J]. 长江科学院院报, 2004, 21(1): 36-39.

[155] 陈婧, 马震岳, 刘志明, 等. 水轮机压力脉动诱发厂房振动分析[J]. 水力发电, 2004, 30(5): 24-27.

[156] 毛汉领, 熊焕庭, 沈炜良. 偏相干分析在水电站振动传递路径识别的应用[J]. 广西大学学报(自然科学版), 1998, (5): 6-9.

[157] 曹伟, 张运良, 马震岳, 等. 厂顶溢流式水电站厂房振动分析[J]. 水利学报, 2007, 38(9): 1090-1095.

[158] 徐伟, 马震岳, 职保平. 基于功率流理论的大型水电站厂房结构脉动压力频响分析[J]. 水利学报, 2012, 43(5): 615-622.

[159] 国家自然科学基金委员会工程与材料科学部. 学科战略发展研究报告(2006-2010 年)之水利科学与海洋工程卷[M]. 北京: 科学出版社, 2006.

[160] 宴志勇, 王斌, 周建平, 等. 汶川地震灾区大中型水电工程震损调查与分析[M]. 北京: 中国水利水电出版社, 2009.

[161] 冈本舜三. 抗震工程学[M]. 孙伟东, 译. 北京: 中国建筑工业出版社, 1978.

[162] 中国水力发电工程学会抗震防灾专业委员会. 现代水利水电工程抗震防灾研究与进展[M]. 北京: 中国水利水电出版社, 2011.

[163] 裘民川. 水电站厂房的抗震设计问题[J]. 工程抗震, 1997, (2): 1-5.

[164] 马震岳, 董毓新, 郭永刚, 等. 三峡水电站厂房结构动力分析与优化[J]. 水电能源科学, 2000, 18(3): 26-28, 53.

[165] 程恒, 张燎军, 林斌, 等. 水电站厂房钢管混凝土排架结构抗震性能[J]. 河海大学学报(自然科学版), 2009, 37(5): 586-590.

[166] 谷振东. 河床式水电站厂房结构动力特性敏感性研究与抗震分析[D]. 西安: 西安理工大学硕士学位论文, 2009.

[167] 陈婧, 姚锋娟, 马震岳, 等. 河床式水电站主副厂房不同连接形式抗震分析[J]. 水利水电科技进展, 2010, 30(1): 48-51, 67.

[168] GUO T, ZHANG L X, WANG W Q, et al. Anti-seismic analysis for hydropower underground house[J]. Advanced Materials Research, 2011, 255-260: 2618-2621.

[169] 张汉云, 张燎军, 李龙伸, 等. 水电站地面厂房的鞭梢效应及抗震分析[C] // 现代水利水电工程抗震防灾研究与进展. 北京: 中国水力发电工程学会, 2011: 33.

[170] 于倩倩. 河床式水电站厂房结构的地震响应分析方法研究[D]. 天津: 天津大学硕士学位论文, 2012.

[171] ZHANG L J, ZHANG H Y, JI Y X, et al. Whiplash effect on hydropower house during an earthquake[J]. International Journal of Structural Stability & Dynamics, 2014, 14(4): 232-261.

[172] DAI F, LI B, XU N, et al. Deformation forecasting and stability analysis of large-scale underground powerhouse caverns from microseismic monitoring[J]. International Journal of Rock Mechanics & Mining Sciences, 2016, 86: 269-281.

[173] 练继建, 胡志刚, 秦亮, 等. 大型水电站地下厂房机组支撑结构动力特性研究[J]. 水力发电学报, 2004, 23(2): 49-54.

[174] 喻虎圻, 何蕴龙, 曹学兴, 等. 基于粘弹性边界的河床式厂房地震动力响应分析[J]. 武汉大学学报(工学版), 2015, 48(1): 27-33.

[175] 张雨霆, 肖明, 刘波. 高地震烈度区水电站地下厂房结构震损机理分析[J]. 四川大学学报(工程科学版), 2011, (01): 70-76.

[176] 张运良, 韩涛, 侯攀, 等. 大型水电站地下厂房的水力振动数值分析[J]. 水力发电, 2011, 37(8): 35-38.

[177] 张运良, 马艳晶, 刘晋超. 大型水电站地下厂房的地震反应特点初探[J]. 水利水电科技进展, 2011, 31(增1): 1-4.

[178] 张启灵, 伍鹤皋, 李端有. 水电站地面厂房抗震措施研究[J]. 水力发电学报, 2012, 31(05): 184-190.

[179] 中华人民共和国国家能源局. 水电工程水工建筑物抗震设计规范(NB 35047—2015)[S]. 北京: 中国电力出版社, 2015.

[180] 徐国宾, 张婷婷, 王海军, 等. 河床式水电站流道水体附加质量计算方法研究[J]. 水利水电技术, 2012, 43(3): 19-22, 62.

[181] 孙伟, 何蕴龙, 苗君, 等. 水体对河床式水电站厂房动力特性和地震动力响应的影响分析[J]. 水力发电学报, 2015, 34(9): 119-127.

[182] 张辉东, 周颖. 大型水电站厂房结构流固耦合振动特性研究[J]. 水力发电学报, 2007, 26(5): 134-137, 111.

[183] 张存慧. 大型水电站厂房及蜗壳结构静动力分析[D]. 大连: 大连理工大学博士学位论文, 2010.

[184] 许新勇. 水电站厂房保压蜗壳结构施工仿真与温控研究[D]. 大连: 大连理工大学博士学位论文, 2010.

[185] 张启灵. 水电站垫层蜗壳结构特性及厂房结构抗震研究[D]. 武汉: 武汉大学博士学位论文, 2010.

[186] 伍鹤皋, 马善定, 秦继章. 大型水电站蜗壳结构设计理论与工程实践[M]. 北京: 科学出版社, 2009.

[187] 欧阳金惠, 陈厚群, 张超然, 等. 三峡电站15#机组厂房结构动力分析[J]. 中国水利水电科学研究院学报, 2007, 5(2): 137-142.

[188] 张运良, 马震岳, 王洋, 等. 混凝土开裂对巨型水电站主厂房动力特性的影响[J]. 水利学报, 2008, 39(8): 982-986.

[189] 张辉东, 王日宣, 王元丰. 大型水电站厂房结构地震时程响应非线性数值模拟[J]. 水力发电学报, 2012, 26(4): 96-102.

[190] 刘学江, 刘家进. 大型水电站厂房上部结构弹塑性动力分析[J]. 水力发电, 2009, 35(8): 45-48.

[191] 王海军, 练继建, 王日宣. 水电站厂房结构地震响应非线性分析[J]. 水电能源科学, 2008, 26(3): 88-91.

[192] 郝军刚, 胡蕾, 伍鹤皋, 等. 罕遇地震作用下水电站厂房上部结构破坏模式研究[J]. 振动与冲击, 2016, (3): 55-61.

[193] 刘启方, 袁一凡, 金星, 等. 近断层地震动的基本特征[J]. 地震工程与工程振动, 2006, 26(1): 1-10.

[194] 杨迪雄, 赵岩. 近断层地震动破裂向前方向性与滑冲效应对隔震建筑结构抗震性能的影响[J]. 地震学报, 2010, 32(5): 579-587.

[195] 崔臻, 盛谦, 冷先伦, 等. 近断层地震动对大型地下洞室群地震响应的影响研究[J]. 岩土力学, 2013, 34(11): 3213-3220, 3228.

[196] 曹善安. 地下结构力学[M]. 大连: 大连工学院出版社, 1986.

[197] WINGKAEW K, OWYANG M S. Seismic design of a gargantuan underground pump station[J]. Tunnelling and

Underground Space Technology, 2004, 19: 512-515.

[198] AYDAN O. Response and stability of underground structure in rock mass during earthquakes[J]. Rock Mechanics and Rock Engineering, 2010, 43: 857-875.

[199] KOURETZIS G P, SLOAN S W, Carter J P. Effect of interface friction on tunnel linear internal forces due to seismic S-and P-wave propagation[J]. Soil Dynamic and Earthquake Engineering, 2013, 46: 41-51.

[200] COLELLA F, REIN G, BORCHIIELLINI R, et al. Calculation and design of tunnel ventilation systems using a two-scale modeling approach[J]. Building and Environment, 2009, 44: 2357-2367.

[201] NILAKANTAN G, KEEFE M, BOGETTI T, et al. Multiscale modeling of the impact of textile fabrics based on hybrid element analysis[J]. International Journal of Impact Engineering, 2010, 37: 1056-1071.

第2章 电磁与水力振源耦合作用下机组轴系统振动特性

水轮发电机组运行时，定转子间的气隙不均匀，会产生不平衡磁拉力。以往对不平衡磁拉力的考虑是采用近似经验公式计算[1]，用一个线性弹簧刚度来模拟，由于不平衡磁拉力方向是由气隙大的部位指向气隙小的部位，即与转子偏心方向相同，把弹簧的刚度设成负值。近年来，不少学者对不平衡磁拉力进行了深入研究，得到了一些结论。姜培林等[2]采用保角变换简化边界条件得到了磁势的解析表达式，进而对磁通密度进行积分得到了非线性磁拉力及其刚度的解析表达式。陈贵清[3]通过计算磁场气隙能对 X、Y 的偏导数得到两个方向上的电磁拉力，定义电磁力表达式中的 X 或 Y 的一次项系数为电磁刚度，并计算了某实际水电站机组的不平衡电磁力和电磁刚度，得到了电磁刚度与导轴承刚度相差不多的结论。周理兵等[4]在整圆域中利用二维有限元法计算磁场分布及不平衡磁拉力，并以一台实际机组为例，论证了励磁电流的大小及磁路的饱和程度对不平衡磁拉力有较大影响，而在相同偏心度和端电压情况下负载与空载对不平衡磁拉力影响不大。马震岳等[5]给出了某台实际机组的轴承刚度和不均衡磁拉力对轴系统自振特性的影响，认为自振频率随励磁电流的增加而降低，当励磁电流进入饱和区时，励磁电流引起的不平衡磁拉力对自振频率的影响越来越小；不平衡磁拉力较大时，将转子拉向定子，减小了导轴承中的油膜厚度，也改变了轴承的动态特性，因此轴承的动力特性应与转子的每一偏心的动态特性同时分析，即建立考虑不平衡磁拉力和轴承弹性支承的转子振动分析模型。

混流式水轮机的出力超过某一定值时，水轮机转轮有可能出现弓状回转振动，此时水轮机转轮在外水封内沿转动方向作椭圆轨迹的弓状回旋。如果用地球的运动状态来比喻水轮机转轮的运动，那么转轮既同轴一起作"自转"运动(刚体转动)，又以某点为圆心作"公转"运动(刚体平动)。转轮弓状回转振动的频率为转频的 2～4 倍，近似等于弓状回旋的自振频率。水从转轮周围水封间隙进入转轮背面空腔中，该水流是产生振动的根源。漏水量与周围间隙的大小成正比。因此，在空腔中，产生一个随转轮的旋转而改变方向的平衡水流，即产生了一个作用在转轮上的流体动力矩，在转轮上产生一个与旋转方向相同的回转运动。密封间隙不均容易形成不平衡力矩，使位移越来越大，相应也加剧了振动，这种现象即自激振动[5]。

由于结构设计或运行中出现问题，不少电站的机组曾发生过自激振动。文献[6]通过对土耳其卡拉乔仑电站 2 号水轮发电机真机试验，提出了消除振动故障的对策，为以后的机组设计提供借鉴。文献[7]针对部分抽水蓄能电站机组在某些运行区域运行过程中出现的水力-机械振动不稳定，最终导致危害较大的自激振动现象，从水力阻抗的角度研究了可逆式机组可能产生自激振动的判别条件以及相应的不稳定区域。应用非线性振动理论以及相应的解析算法，推导出了抽水蓄能电站自激振动的数学方程，并结合特征线法在时域内进行自激振动分析，给出了相应的自激振动曲线，表明自激振动由多个衰减因子为正的振动模式叠加而成。

为了研究和解决密封处产生的压力脉动和自激振动，应该充分分析水轮机密封处水流的动力特性及其对自振特性的影响。目前分析转子-密封系统主要采用的是八参数模型和 Muszynska 模型。研究主要针对单盘刚性支承的 Jeffcott 转子，应用稳定性理论，借助数值模拟的方法，分析密封和结构参数对系统运动特性的影响[8,9]。而实际上水轮发电机组密封结构作用在水轮机转轮上，对于转轮的支承形式为上部附近由水导轴承支承，下部无支承，支承形式与 Jeffcott 转子有较大差异。此外，水轮发电机组的振动除受密封影响外，转子处还有电磁拉力的影响，支承为复杂的油膜轴承，整个轴系统的结构和受力形式复杂，简单的刚性支承的 Jeffcott 转子的计算模型不足以说明问题。

避开不平衡电磁拉力的复杂计算，从水轮发电机偏心转子的气隙磁场能表达式入手，推导电磁刚度矩阵表达式，利用拉格朗日方程建立考虑电磁刚度和短轴承弹性支承的水轮发电机偏心转子振动分析模型。利用数值方法计算了转子的临界失稳转速和轴心轨迹，并对影响临界转速的系统参数进行了敏感性分析。由于振动微分方程的非线性，研究中采用了李雅普诺夫非线性稳定性理论，通过判断 Jacobi 矩阵的特征值来判断系统的稳定性。在此基础上，研究了电磁刚度和水轮机密封刚度同时作用对机组振动特性的影响。水轮机转轮密封分别采用线性八参数模型和非线性 Muszynska 模型，采用类似电磁刚度的形式，以密封刚度来模拟水轮机转轮密封对轴系统的作用。建立综合考虑电磁刚度和密封刚度的机组轴系统的三维有限元模型，分析电磁参数、密封参数、导轴承刚度和大轴外径等参数对轴系临界失稳转速的影响。

2.1　考虑电磁刚度的机组轴系统振动分析

2.1.1　电磁刚度及系统运动微分方程

1. 转子的动能和弹性势能

如图 2.1 所示，O 为定子内圆中心，Oz 为机组大轴中心线，大轴不振动时 O 和 S 重合，转子的质量偏心距为 $e_0 = SG$，G 为转子的重心，m_r 为转子的质量，大轴旋转偏心为 $e = OS$，则发电机转子的动能和弹性势能可以分别表示为

$$T = \frac{1}{2} m_r \left(\dot{x}_G^2 + \dot{y}_G^2 \right) \tag{2.1}$$

$$V_1 = \frac{1}{2} K_e \left(x^2 + y^2 \right) = \frac{1}{2} K_e e^2 \tag{2.2}$$

其中，x_G、y_G 为转子重心在 x、y 向的位移；x、y 为转子中心在 x、y 向的位移；$x_G = x + e_0 \cos \omega t$，$y_G = y + e_0 \sin \omega t$，$\omega$ 为旋转角速度，t 为时间；K_e 为轴抗弯刚度。

2. 发电机转子的气隙磁场能

发电机转子气隙偏心示意图如图 2.2 所示，其中点 O_1 为转子外圆几何中心，以 O 为坐标原点，则 O_1 的坐标为(x, y)，δ 为气隙大小，气隙偏心即大轴的旋转偏心 $e = \sqrt{x^2 + y^2}$，其中，x、y 分别为偏心在 x 轴和 y 轴上的分量。

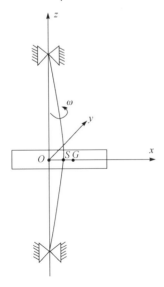

图 2.1　转子的回旋振动示意图

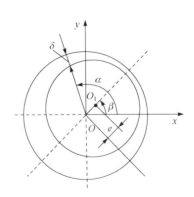

图 2.2　发电机转子气隙偏心示意图

发电机转子的气隙磁场能为[10]

$$V_2 = \frac{R_g L'}{2} \int_0^{2\pi} \Lambda_0 \sum_{n=0}^{\infty} \varepsilon^n \cos^n(\alpha - \beta) \left[F_{sm} \cos(\omega_f t - p\alpha) \right.$$
$$\left. + F_{jm} \cos\left(\omega_f t - p\alpha + \theta + \varphi + \frac{\pi}{2} \right) \right] d\alpha \tag{2.3}$$

其中，F_{sm} 为发电机定子绕组磁势基波的幅值；F_{jm} 为发电机转子绕组磁势基波的幅值。定子和转子磁势基波的相位不同，由于实际转子是旋转着的，即转子磁势和气隙磁导都同步旋转，其函数为行波形式，不能按照静止状态单独计算。根据凸极机的电势向量图，转子磁势基波相位应超前定子磁势基波相位 $\theta + \varphi + \pi/2$ 的电角度，其中 θ 为内功率角，φ 为功率因数角。式(2.3)中其他参数的物理意义分别如下：R_g 为发电机定子内圆半径；L' 为转子的有效长度；ε 为有效相对偏心，且 $\varepsilon = \dfrac{e}{k_\mu \delta_0}$，其中 δ_0 为均匀气隙大小，k_μ 为饱和度；n 为泰勒级数展开阶数；α 为气隙宽度等于 δ 的周向位置与 x 轴之间的夹角；Λ_0 为发电机均匀气隙磁导，且 $\Lambda_0 = \dfrac{\mu_0}{k_\mu \delta_0}$，$\mu_0$ 为空气导磁系数；β 为最小气隙的位置与 x 轴之间的夹角；ω_f 为发电机的同步转速，且 $\omega_f = \dfrac{2\pi f}{p}$，其中 f 为电网电流频率；p 为合成磁场磁极对数；t 为时间。

式(2.3)中，$n=0$ 的分量最大，占主导作用；$n \neq 0$ 的各项都是因气隙偏心引起的，而且各分量所占的比重不同，由于 $\varepsilon \ll 1$，因此随着 n 的增大，该分量数值迅速减小，故仅对式(2.3)取前三项(即 $n=0$，1，2)整理得

$$V_2 = \frac{R_g L' \Lambda_0}{2} \int_0^{2\pi} \left(1 + \frac{x^2 + y^2}{2\sigma^2} + \frac{x}{\sigma}\cos\alpha + \frac{y}{\sigma}\sin\alpha + \frac{x^2 - y^2}{2\sigma^2}\cos 2\alpha + \frac{xy}{\sigma^2}\sin 2\alpha \right)$$
$$\times \left[F_{sm}\cos(\omega_f t - p\alpha) + F_{jm}\cos(\omega_f t - p\alpha + \theta + \varphi + \frac{\pi}{2}) \right]^2 d\alpha \tag{2.4}$$

其中，$\sigma = k_\mu \delta_0$，将式(2.4)简化为矩阵形式为

$$V_2 = \frac{1}{2} \boldsymbol{u}^T \boldsymbol{K} \boldsymbol{u} + \boldsymbol{u}^T \overline{\boldsymbol{K}}, \quad \boldsymbol{u} = \{x, y\}^T \tag{2.5}$$

其中，$\boldsymbol{K}$ 为电磁刚度矩阵：

$$K_{11} = \frac{R_g L' \Lambda_0}{2\sigma^2} \int_0^{2\pi} \left\{ (1 + \cos 2\alpha)[F_{sm}\cos(\omega_f t - p\alpha) + F_{jm}\cos(\omega_f t - p\alpha + \theta + \varphi + \frac{\pi}{2})]^2 \right\} d\alpha$$

$$K_{12} = K_{21} = \frac{R_{\mathrm{g}} L' \Lambda_0}{2\sigma^2} \int_0^{2\pi} \left\{ \sin 2\alpha [F_{\mathrm{sm}} \cos(\omega_{\mathrm{f}} t - p\alpha) + F_{\mathrm{jm}} \cos(\omega_{\mathrm{f}} t - p\alpha + \theta + \varphi + \frac{\pi}{2})]^2 \right\} \mathrm{d}\alpha$$

$$K_{22} = \frac{R_{\mathrm{g}} L' \Lambda_0}{2\sigma^2} \int_0^{2\pi} \left\{ (1 - \cos 2\alpha)[F_{\mathrm{sm}} \cos(\omega_{\mathrm{f}} t - p\alpha) + F_{\mathrm{jm}} \cos(\omega_{\mathrm{f}} t - p\alpha + \theta + \varphi + \frac{\pi}{2})]^2 \right\} \mathrm{d}\alpha$$

$\bar{\boldsymbol{K}}$ 为与气隙磁场能 V_2 相关的向量：

$$\bar{K}_1 = \frac{R_{\mathrm{g}} L' \Lambda_0}{2\sigma} \int_0^{2\pi} \left\{ \cos \alpha [F_{\mathrm{sm}} \cos(\omega_{\mathrm{f}} t - p\alpha) + F_{\mathrm{jm}} \cos(\omega_{\mathrm{f}} t - p\alpha + \theta + \varphi + \frac{\pi}{2})]^2 \right\} \mathrm{d}\alpha$$

$$\bar{K}_2 = \frac{R_{\mathrm{g}} L' \Lambda_0}{2\sigma} \int_0^{2\pi} \left\{ \sin \alpha [F_{\mathrm{sm}} \cos(\omega_{\mathrm{f}} t - p\alpha) + F_{\mathrm{jm}} \cos(\omega_{\mathrm{f}} t - p\alpha + \theta + \varphi + \frac{\pi}{2})]^2 \right\} \mathrm{d}\alpha$$

3. 转子的运动微分方程

单元的总势能 V 由弹性势能 V_1 和发电机气隙磁场能 V_2 组成，即

$$V = V_1 + V_2 \tag{2.6}$$

将转子的动能和势能表达式代入拉格朗日方程，得

$$\frac{\mathrm{d}}{\mathrm{d}t}\left(\frac{\partial T}{\partial \dot{q}_{\mathrm{s}}}\right) - \frac{\partial T}{\partial q_{\mathrm{s}}} - \frac{\partial V}{\partial q_{\mathrm{s}}} = F \tag{2.7}$$

得到刚性支承转子的运动方程为

$$\begin{cases} m_{\mathrm{r}} \ddot{x} + D_{\mathrm{r}} \dot{x} + (K_e + K_{11})x + K_{12} y = F_x - \bar{K}_1 \\ m_{\mathrm{r}} \ddot{y} + D_{\mathrm{r}} \dot{y} + K_{21} x + (K_e + K_{22})y = F_y - \bar{K}_2 \end{cases} \tag{2.8}$$

其中，F_x、F_y 为转子质量偏心和转轴弓状回旋引起的 x、y 方向上的水平离心力；D_{r} 为阻尼。

同理得到轴承弹性支承的转子运动方程为

$$\begin{cases} m_{\mathrm{r}} \ddot{x}_{\mathrm{r}} + D_{\mathrm{e}} \dot{x}_{\mathrm{r}} + K_{11} x_{\mathrm{r}} + K_{12} y_{\mathrm{r}} + K_{\mathrm{e}}(x_{\mathrm{r}} - x_{\mathrm{b}}) = F_x - \bar{K}_1 \\ m_{\mathrm{r}} \ddot{y}_{\mathrm{r}} + D_{\mathrm{e}} \dot{y}_{\mathrm{r}} + K_{22} y_{\mathrm{r}} + K_{21} x_{\mathrm{r}} + K_{\mathrm{e}}(y_{\mathrm{r}} - y_{\mathrm{b}}) = F_y - \bar{K}_2 \\ m_{\mathrm{b}} \ddot{x}_{\mathrm{b}} + \dfrac{K_{\mathrm{e}}}{2}(x_{\mathrm{b}} - x_{\mathrm{r}}) = -f_x \\ m_{\mathrm{b}} \ddot{y}_{\mathrm{b}} + \dfrac{K_{\mathrm{e}}}{2}(y_{\mathrm{b}} - y_{\mathrm{r}}) = f_y \end{cases} \tag{2.9}$$

其中，D_{e} 为阻尼，f_x、f_y 表示具有解析解的短轴承在 x、y 方向上的油膜力[11]：

$$\begin{pmatrix} f_x \\ f_y \end{pmatrix} = \begin{pmatrix} -P_\varepsilon \sin\psi + P_\psi \cos\psi \\ P_\varepsilon \cos\psi + P_\psi \sin\psi \end{pmatrix} = \frac{1}{\sqrt{X_{\mathrm{b}}^2 + Y_{\mathrm{b}}^2}} \begin{bmatrix} -P_\varepsilon & -P_\psi \\ P_\psi & -P_\varepsilon \end{bmatrix} \begin{pmatrix} X_{\mathrm{b}} \\ Y_{\mathrm{b}} \end{pmatrix} \tag{2.10}$$

P_ε 和 P_ψ 为油膜径向和切向反力，即

$$\begin{cases} P_\varepsilon = \dfrac{\eta L R_{\mathrm{b}}^2}{2c_{\mathrm{b}}^2}\left(\dfrac{L}{R_{\mathrm{b}}}\right)^2\left[(\omega - 2\dot\psi)G_1(\varepsilon) + 2\dot\varepsilon G_2(\varepsilon)\right] \\[3mm] P_\psi = \dfrac{\eta L R_{\mathrm{b}}^2}{2c_{\mathrm{b}}^2}\left(\dfrac{L}{R_{\mathrm{b}}}\right)^2\left[(\omega - 2\dot\psi)G_3(\varepsilon) + 2\dot\varepsilon G_4(\varepsilon)\right] \end{cases} \tag{2.11}$$

其中，$\dfrac{L}{R_{\mathrm{b}}}$ 为长径比；$\varepsilon = \dfrac{e}{c_{\mathrm{b}}}$，表示的是偏心率，$c_{\mathrm{b}}$ 为轴颈间隙，$e = \sqrt{X_{\mathrm{b}}^2 + Y_{\mathrm{b}}^2}$，为轴颈位移；$\psi = \arctan\dfrac{X_{\mathrm{b}}}{-Y_{\mathrm{b}}}$，表示的是极角；$\sin\psi = \dfrac{X_{\mathrm{b}}}{\sqrt{X_{\mathrm{b}}^2 + Y_{\mathrm{b}}^2}}$；

$\cos\psi = \dfrac{-Y_{\mathrm{b}}}{\sqrt{X_{\mathrm{b}}^2 + Y_{\mathrm{b}}^2}}$；$\dot e = \dfrac{X_{\mathrm{b}}\cdot\dot X_{\mathrm{b}} + Y_{\mathrm{b}}\cdot\dot Y_{\mathrm{b}}}{e}$；$\dot\psi = \dfrac{X_{\mathrm{b}}\dot Y_{\mathrm{b}} - Y_{\mathrm{b}}\cdot\dot X_{\mathrm{b}}}{e^2}$；$G_1(\varepsilon) = \dfrac{2\varepsilon^2}{(1-\varepsilon^2)^2}$；

$G_2(\varepsilon) = \dfrac{\pi(1+2\varepsilon^2)}{2(1-\varepsilon^2)^{\frac{5}{2}}}$；$G_3(\varepsilon) = \dfrac{\pi\varepsilon}{2(1-\varepsilon)^3}$；$G_4(\varepsilon) = \dfrac{2\varepsilon}{(1-\varepsilon^2)^2}$。

　　式(2.8)所示刚性支承模型运动方程中，由于电磁刚度的存在，使得转子的刚度矩阵中出现了交叉耦合项 K_{12} 和 K_{21}；此外，水平偏心力 F_x、F_y 是转子两个方向上振动幅值 x、y 的非线性函数。在弹性支承模型的运动方程式(2.9)中同样存在电磁刚度的交叉耦合项，而且除水平离心力 F_x、F_y 外，轴颈处的油膜力 f_x、f_y 还是轴颈位移的非线性函数。因此，无论式(2.8)还是式(2.9)均存在强烈的非线性特征，不能用常规的方法求解，必须采用非线性振动理论来进行分析。

2.1.2　运动微分方程无量纲化

　　令

$$x_1 = \frac{X_{\mathrm{r}}}{\delta_0},\quad y_1 = \frac{Y_{\mathrm{r}}}{\delta_0},\quad x_2 = \frac{X_{\mathrm{b}}}{c_{\mathrm{b}}},\quad y_2 = \frac{Y_{\mathrm{b}}}{c_{\mathrm{b}}},\quad \tau = \omega t$$

$$\frac{\mathrm{d}}{\mathrm{d}t} = \omega\frac{\mathrm{d}}{\mathrm{d}\tau},\quad \frac{\mathrm{d}^2}{\mathrm{d}t^2} = \omega^2\frac{\mathrm{d}^2}{\mathrm{d}\tau^2}$$

并记

$$x' = \frac{\mathrm{d}x}{\mathrm{d}\tau} = \frac{1}{\omega}\frac{\mathrm{d}x}{\mathrm{d}t} = \frac{1}{\omega}\dot x,\quad x'' = \frac{\mathrm{d}^2x}{\mathrm{d}\tau^2} = \frac{1}{\omega^2}\frac{\mathrm{d}^2x}{\mathrm{d}t^2} = \frac{1}{\omega^2}\ddot x,\quad y' = \frac{1}{\omega}\dot y,\quad y'' = \frac{1}{\omega^2}\ddot y$$

则轴颈偏心率 $\varepsilon = \sqrt{x_2^2 + y_2^2}$，极角 $\psi = \arctan\dfrac{-x_2}{y_2}$，可得

$$\varepsilon' = \frac{x_2 \cdot x_2' + y_2 \cdot y_2'}{\sqrt{x_2^2 + y_2^2}} , \quad \psi' = \frac{x_2 \cdot y_2' - y_2 \cdot x_2'}{x_2^2 + y_2^2} 。$$

引入 Sommerfeld 参数 $S = \dfrac{\eta \omega R_{\mathrm{b}} L}{\pi} \left(\dfrac{R_{\mathrm{b}}}{c_{\mathrm{b}}} \right)^2$，令 $S_0 = \dfrac{S}{\omega}$，记

$$\overline{P}_\varepsilon = (1 - 2\psi')G_1(\varepsilon) + 2\varepsilon' G_2(\varepsilon)$$

$$\overline{P}_\psi = (1 - 2\psi')G_3(\varepsilon) + 2\varepsilon' G_4(\varepsilon)$$

将水平离心力 F_x、F_y 及非线性油膜力 f_x、f_y 代入式(2.8)和式(2.9)，得到刚性支承和轴承弹性支承的无量纲运动微分方程分别为

$$
\begin{bmatrix} 1 & 0 \\ 0 & 1 \end{bmatrix} \begin{pmatrix} x'' \\ y'' \end{pmatrix} + \begin{bmatrix} \dfrac{D_{\mathrm{e}}}{m_{\mathrm{r}}\omega} & 0 \\ 0 & \dfrac{D_{\mathrm{e}}}{m_{\mathrm{r}}\omega} \end{bmatrix} \begin{pmatrix} x' \\ y' \end{pmatrix}
$$

$$
+ \begin{bmatrix} \dfrac{K_{11}+K_{\mathrm{e}}}{m_{\mathrm{r}}\omega^2} & \dfrac{K_{12}}{m_{\mathrm{r}}\omega^2} \\ \dfrac{K_{21}}{m_{\mathrm{r}}\omega} & \dfrac{K_{22}+K_{\mathrm{e}}}{m_{\mathrm{r}}\omega^2} \end{bmatrix} \begin{pmatrix} x \\ y \end{pmatrix} = \begin{pmatrix} \dfrac{F_x}{m_{\mathrm{r}}\delta_0\omega^2} \\ \dfrac{F_y}{m_{\mathrm{r}}\delta_0\omega^2} \end{pmatrix} - \begin{pmatrix} \dfrac{\overline{K}_1}{m_{\mathrm{r}}\delta_0\omega^2} \\ \dfrac{\overline{K}_2}{m_{\mathrm{r}}\delta_0\omega^2} \end{pmatrix} \tag{2.12}
$$

$$
\begin{bmatrix} 1 & 0 & 0 & 0 \\ 0 & 1 & 0 & 0 \\ 0 & 0 & 1 & 0 \\ 0 & 0 & 0 & 1 \end{bmatrix} \begin{pmatrix} x_1'' \\ y_1'' \\ x_2'' \\ y_2'' \end{pmatrix} + \begin{bmatrix} \dfrac{D_{\mathrm{e}}}{m_{\mathrm{r}}\omega} & 0 & 0 & 0 \\ 0 & \dfrac{D_{\mathrm{e}}}{m_{\mathrm{r}}\omega} & 0 & 0 \\ 0 & 0 & 0 & 0 \\ 0 & 0 & 0 & 0 \end{bmatrix} \begin{pmatrix} x_1' \\ y_1' \\ x_2' \\ y_2' \end{pmatrix}
$$

$$
+ \begin{bmatrix} \dfrac{K_{11}+K_{\mathrm{e}}}{m_{\mathrm{r}}\omega^2} & \dfrac{K_{12}}{m_{\mathrm{r}}\omega^2} & -\dfrac{K_{\mathrm{e}}\beta}{m_{\mathrm{r}}\omega^2} & 0 \\ \dfrac{K_{21}}{m_{\mathrm{r}}\omega^2} & \dfrac{K_{22}+K_{\mathrm{e}}}{m_{\mathrm{r}}\omega^2} & 0 & -\dfrac{K_{\mathrm{e}}\beta}{m_{\mathrm{r}}\omega^2} \\ -\dfrac{K_{\mathrm{e}}}{2m_{\mathrm{b}}\beta\omega^2} & 0 & \dfrac{K_{\mathrm{e}}}{2m_{\mathrm{b}}\omega^2}+xs\overline{P}_\varepsilon & \dfrac{K_{\mathrm{e}}}{2m_{\mathrm{b}}\omega^2}+xs\overline{P}_\psi \\ 0 & -\dfrac{K_{\mathrm{e}}}{2m_{\mathrm{b}}\beta\omega^2} & \dfrac{K_{\mathrm{e}}}{2m_{\mathrm{b}}\omega^2}-xs\overline{P}_\psi & \dfrac{K_{\mathrm{e}}}{2m_{\mathrm{b}}\omega^2}+xs\overline{P}_\varepsilon \end{bmatrix} \begin{pmatrix} x_1 \\ y_1 \\ x_2 \\ y_2 \end{pmatrix}
$$

$$= \begin{pmatrix} \dfrac{F_x}{m_r \delta_0 \omega^2} \\ \dfrac{F_y}{m_r \delta_0 \omega^2} \\ 0 \\ 0 \end{pmatrix} - \begin{pmatrix} \dfrac{\bar{K}_1}{m_r \delta_0 \omega^2} \\ \dfrac{\bar{K}_2}{m_r \delta_0 \omega^2} \\ 0 \\ 0 \end{pmatrix} \tag{2.13}$$

其中，$\beta = \dfrac{c_b}{\delta_0}$；$xs = \dfrac{\pi S_0}{2m_b c_b \omega \sqrt{x_2{}^2 + y_2{}^2}} \left(\dfrac{L}{R_b} \right)^2$。

2.1.3　系统稳定性判别

一个非线性系统往往有几个平衡状态和周期解，其中有些是稳定的，即可以实现的，而另一些是不稳定的，即不可以实现的。因此，研究非线性振动解的形式和研究解的稳定性是不可分离的。

运动稳定性理论是著名学者李雅普诺夫创立的。李雅普诺夫非线性稳定性理论[12]是研究系统初始条件受到微小干扰时系统将来的运动变化情况。

考虑非自治系统

$$\dot{x} = f(t, x) \tag{2.14}$$

设式(2.14)的扰动微分方程为

$$\dot{y} = F(t, y) \tag{2.15}$$

扰动微分方程式(2.15)的平凡解(零解)对应于微分方程式(2.14)未扰运动的解 $x = \psi(t)$，这样就把运动稳定性研究转化为扰动方程平衡点的稳定性研究。

将扰动方程在原点 $y = 0$ 处展开为一次近似式

$$\dot{y} = Ay, A = (a_{ij})_{n \times n} \tag{2.16}$$

定理 1　如果一次近似式(2.16)的所有特征根都具有负实部，则原非线性系统的原点是渐近稳定的。

定理 2　如果一次近似式(2.16)至少有一个特征根具有正实部，则原非线性系统的原点是不稳定的。

定理 3　如果一次近似式(2.16)有实部为零的特征根，而其余的特征根实部为负，则原非线性系统式(2.14)原点的稳定性还取决于高次项，即原点可能稳定，也可能不稳定，称此为临界情况。

将式(2.12)和式(2.13)写为状态方程:

$$\begin{cases} f_1 = x'' = -\dfrac{D_e}{m_r \omega} x' - \dfrac{K_{11} + K_e}{m_r \omega^2} x - \dfrac{K_{12}}{m_r \omega^2} y + \dfrac{F_x}{m_r \delta_0 \omega^2} - \dfrac{\overline{K}_1}{m_r \delta_0 \omega^2} \\[3mm] f_2 = y'' = -\dfrac{D_e}{m_r \omega} y' - \dfrac{K_{21}}{m_r \omega^2} x - \dfrac{K_{22} + K_e}{m_r \omega^2} y + \dfrac{F_y}{m_r \delta_0 \omega^2} - \dfrac{\overline{K}_2}{m_r \delta_0 \omega^2} \\[3mm] f_3 = x' \\[2mm] f_4 = y' \end{cases} \tag{2.17}$$

$$\begin{cases} f_1 = x_1'' = -\dfrac{D_e}{m_r \omega} x_1' - \dfrac{K_{11} + K_e}{m_r \omega^2} x_1 - \dfrac{K_{12}}{m_r \omega^2} y_1 + \dfrac{K_e \beta}{m_r \omega^2} x_2 + \dfrac{F_x}{m_r \delta_0 \omega^2} - \dfrac{\overline{K}_1}{m_r \delta_0 \omega^2} \\[3mm] f_2 = y_1'' = -\dfrac{D_e}{m_r \omega} y_1' - \dfrac{K_{21}}{m_r \omega^2} x_1 - \dfrac{K_{22} + K_e}{m_r \omega^2} y_1 + \dfrac{K_e \beta}{m_r \omega^2} y_2 + \dfrac{F_y}{m_r \delta_0 \omega^2} - \dfrac{\overline{K}_2}{m_r \delta_0 \omega^2} \\[3mm] f_3 = x_2'' = -\dfrac{K_e}{2m_b \omega^2} x_2 - xs(\overline{P}_\varepsilon x_2 + \overline{P}_\psi y_2) + \dfrac{K_e}{2m_b \beta \omega^2} x_1 \\[3mm] f_4 = y_2'' = -\dfrac{K_e}{2m_b \omega^2} y_2 - xs(\overline{P}_\varepsilon y_2 - \overline{P}_\psi x_2) + \dfrac{K_e}{2m_b \beta \omega^2} y_1 \\[3mm] f_5 = x_1' \\[2mm] f_6 = y_1' \\[2mm] f_7 = x_2' \\[2mm] f_8 = y_2' \end{cases} \tag{2.18}$$

系统平衡时，状态方程中的加速度和速度均为零，将它们分别代入式(2.17)和式(2.18)可得到平衡点方程，通过迭代求解即可得到平衡点的位置。将状态方程在平衡点作一次近似展开，得到 Jacobi 矩阵。

Jacobi 矩阵可表示为如下两种形式:

$$\boldsymbol{J} = \boldsymbol{D}f \Big|_{(0,0,x_0,y_0)} = \begin{vmatrix} \dfrac{\partial f_1}{\partial x'} & \dfrac{\partial f_1}{\partial y'} & \dfrac{\partial f_1}{\partial x} & \dfrac{\partial f_1}{\partial y} \\[3mm] \dfrac{\partial f_2}{\partial x'} & \dfrac{\partial f_2}{\partial y'} & \dfrac{\partial f_2}{\partial x} & \dfrac{\partial f_2}{\partial y} \\[3mm] 1 & 0 & 0 & 0 \\[2mm] 0 & 1 & 0 & 0 \end{vmatrix}_{(0,0,x_0,y_0)} \tag{2.19}$$

$$
\boldsymbol{J} = \boldsymbol{D}f\Big|_{(0,0,0,0,x_{10},y_{10},x_{20},y_{20})} = \begin{bmatrix} \dfrac{\partial f_i}{\partial x_1'} \\[2mm] \dfrac{\partial f_i}{\partial y_1'} \\[2mm] \dfrac{\partial f_i}{\partial x_2'} \\[2mm] \dfrac{\partial f_i}{\partial y_2'} \\[2mm] \dfrac{\partial f_i}{\partial x_1} \\[2mm] \dfrac{\partial f_i}{\partial y_1} \\[2mm] \dfrac{\partial f_i}{\partial x_2} \\[2mm] \dfrac{\partial f_i}{\partial y_2} \end{bmatrix}^{\mathrm{T}} \quad (i=1,2,\cdots,8) \tag{2.20}
$$

如果 Jacobi 矩阵的全部特征值都具有负实部，则系统在平衡点处于渐近稳定状态；如果 Jacobi 矩阵有一对实部为零的特征值，其他特征根具有非零实部，则系统处于临界状态。到达临界状态时，系统在平衡点处开始失稳，产生周期涡动，涡动幅度随转速的增大而增大，当转子转速提高到一定程度将导致转子与定子摩碰。

2.1.4　数值算例与分析

所研究系统的参数为转子质量 m_r=600t，转子阻尼 D_e=0.5×10^{6}N·s/m，转轴刚度 K_e=0.5×10^{10}N/m，轴颈质量 m_b=1000kg，轴承长径比 L/R_b=1，轴颈间隙 c_b=0.25mm，S_0=0.001，水轮发电机额定转速为 ω = 13.1rad/s，发电机定子内圆半径 R_g = 6.24 m，转子的有效长度 L'=2.1 m，均匀气隙大小 δ_0 =18 mm，空气导磁系数 $\mu_0 = 4\pi \times 10^{-7}$ H/m，饱和度 k_μ=1.102，内功率角 θ=30.64°，功率因数 $\cos\varphi = 0.875$，发电机定子绕组基波磁势幅值 F_{sm} =19210At，发电机转子绕组基波磁势幅值 F_{jm} = 24214At。

计算得到转子在刚性支承条件下考虑电磁刚度作用时的临界转速为 ω_{cg} = 71.17rad/s，不计电磁刚度为 ω_{cg}' = 94.2rad/s，在弹性支承条件下考虑或不考虑电磁刚度作用时的临界转速分别为 ω_{ct} = 52.64rad/s 和 ω_{ct}' = 64.37rad/s。可见电磁刚度和弹性支承均使转子的临界转速下降，使系统的稳定性降低。4 个临界转速的关系为 $\omega'_{cg} > \omega_{cg} > \omega'_{ct} > \omega_{ct}$，可见弹性支承对临界转速的影响大于电磁刚度的影响，在电磁刚度存在时，弹性支承使得临界转速降低 26%；在电磁刚度不存在时，弹性支承使临界转速降低 31.6%。此外，在弹性支承条件下电磁刚度对临界转速的影响程度相对较小。

图 2.3 给出了在两种支承条件下，是否考虑电磁刚度作用对转子在临界失稳转速下轴心运动轨迹的影响。从图中可以看出，无论何种支承，电磁刚度的存在均使转子轴心运动轨迹增大，即使系统趋向不稳定状态，也与临界失稳转速的计算结果相符；弹性支承使得转子的幅值增大作用大于电磁刚度的作用。

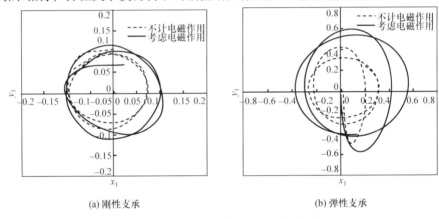

(a) 刚性支承　　　　　　　　　　　(b) 弹性支承

图 2.3　刚性和弹性支承下转子轨迹图

图 2.4 给出了系统参数对临界失稳转速的影响。由图 2.4(a)可知，转轴刚度增大使得临界失稳转速上升，有利于转子的稳定。图 2.4(b)中的电磁参数是指 $\dfrac{R_g L' \Lambda_0}{2\sigma^2}$，从图中可见随着发电机定子内圆半径 R_g 及转子有效长度 L' 的增大，转子的临界失稳转速非线性下降，下降至最小时已接近转子的飞逸转速(额定转速的 2.5 倍)，因此电磁刚度对失稳转速的影响是需要引起重视的；而随着均匀气隙大小 δ_0 的增大，转子的电磁参数减小，临界失稳转速上升，说明均匀气隙大小也对临界失稳转速起着重要作用，均匀气隙的增大有利于转子的稳定，但也不能过大，应在设计范围内合理优化取值。图 2.4(c)和图 2.4(d)分析了轴承长径比 L/R_b 和轴颈间隙 c_b 对临界失稳转速的影响。轴承长径比增加，轴承处的非线性油膜力变大，即系统的支承刚度增大，则临界失稳转速升高，而且有长径比越大转速升高越快的趋势，在长径比小于 1 的范围内临界失稳转速变化不明显。轴颈间隙的增加导致了非线性油膜力的变小，系统在轴承处的支承刚度降低，临界失稳转速降低，随着轴颈间隙的增大，转速降低得越来越慢。

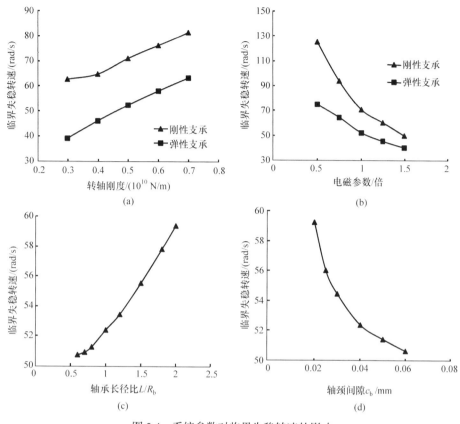

图 2.4　系统参数对临界失稳转速的影响

2.2　电磁与水力振源耦合作用下机组轴系统弯振特性

电磁刚度表达式如 2.1 节所示，下面简要给出线性和非线性密封刚度的表达式，以及导轴承刚度的取值范围的计算方法。

2.2.1　线性密封刚度

转轮在中心平衡位置小扰动时，密封力呈线性特性，具有横向对称性，可表示为[13]

$$\begin{Bmatrix} F_x \\ F_y \end{Bmatrix} = \begin{vmatrix} K_{XX} & K_{XY} \\ K_{YX} & K_{YY} \end{vmatrix} \begin{Bmatrix} X \\ Y \end{Bmatrix} - \begin{vmatrix} D_{XX} & D_{XY} \\ D_{YX} & D_{YY} \end{vmatrix} \begin{Bmatrix} \dot{X} \\ \dot{Y} \end{Bmatrix} - \begin{vmatrix} m_{XX} & 0 \\ 0 & m_{YY} \end{vmatrix} \begin{Bmatrix} \ddot{X} \\ \ddot{Y} \end{Bmatrix} \quad (2.21)$$

其中，

$$K_{XX} = \frac{\lambda l^2}{2c^2}\rho\frac{\pi v^2 R}{2}\frac{1+\xi}{2\left(1+\xi+\frac{\lambda l}{2c}\right)}, \quad K_{YX} = -\frac{R\omega}{2}\cdot\frac{\pi\rho v l^2}{2c}\left(1+\xi+\frac{\lambda l}{6c}\right), \quad K_{YY} = K_{XX},$$

$$K_{XY} = -K_{YX}$$

$$D_{XX} = \frac{\rho v l^2}{2c}\pi R\left(1+\xi+\frac{\lambda l}{6c}\right), \quad D_{YX} = -\frac{R\omega}{2}\cdot\frac{\pi\rho\alpha_0 l^3}{c}\cdot\frac{2(1+\xi)+\frac{\lambda l}{4c}}{3(1+\xi)+\frac{\lambda l}{2c}}, \quad D_{YY} = D_{XX},$$

$$D_{XY} = -D_{YX}$$

$$m_{xx} = \frac{\pi R\rho\alpha_0 l^3}{c}\cdot\frac{2(1+\xi)+\frac{\lambda l}{4c}}{3(1+\xi)+\frac{\lambda l}{2c}}, \quad m_{YY} = m_{xx}$$

其中，F_x、F_y 为密封力；X、Y 为转轮的水平、垂直位移；K_{XX}、K_{YY}、K_{XY}、K_{YX}、D_{XX}、D_{YY}、D_{XY}、D_{YX}、m_{xx} 和 m_{YY} 分别为密封刚度、阻尼和惯性系数，系统动力系数均为常数；α_0 为动量修正系数；ρ 为液体密度；λ 为沿程损失系数；ξ 为局部损失系数；ω 为水轮机旋转角速度；c 为密封间隙；R 为密封半径；l 为密封长度；v 为液体轴向流速。

此密封力即为八参数模型，从式中可以看出，动力系数和密封的结构尺寸 R、l、c 以及水力损失系数 λ 和 ξ 有关。

2.2.2 非线性密封刚度

Muszynska 认为流体作用力与流体一起以平均角速度 $\tau_f\omega$ 旋转，τ_f 是流体周向平均流速比，是反映流体动力特性的关键量。Muszynska 模型反映了流体激振力的非线性特性，其密封力表达式为[14]

$$\begin{Bmatrix}F_x\\F_y\end{Bmatrix} = -\begin{vmatrix}K-m_f\tau_f^2\omega^2 & \tau_f\omega D\\-\tau_f\omega D & K-m_f\tau_f^2\omega^2\end{vmatrix}\begin{Bmatrix}X\\Y\end{Bmatrix} - \begin{vmatrix}D & 2\tau_f m_f\omega\\-2\tau_f m_f\omega & D\end{vmatrix}\begin{Bmatrix}\dot{X}\\\dot{Y}\end{Bmatrix} - \begin{vmatrix}m_f & 0\\0 & m_f\end{vmatrix}\begin{Bmatrix}\ddot{X}\\\ddot{Y}\end{Bmatrix}$$

(2.22)

其中，ω 是转轮的旋转角速度；K、D、m_f 分别为密封力的当量刚度、当量阻尼、当量质量。K、D、τ_f 均为扰动位移 X、Y 的非线性函数，可表达为

$$K = K_0(1-e^2)^{-n}, \quad D = D_0(1-e^2)^{-n}, \quad \tau_f = \tau_0(1-e)^b, \quad \frac{1}{2}<n<3, \quad 0<b<1$$

其中，$e = \sqrt{X^2+Y^2}/c$，为转轮的相对偏心距，c 为密封间隙；n、b、τ_0 用来描述具体密封，一般 $\tau_0<0.5$。其他参数如下：

$$K_0 = \mu_0 \mu_3 , \quad D_0 = \mu_1 \mu_3 T , \quad m_{\mathrm{f}} = \mu_2 \mu_3 T^2$$

$$\mu_0 = \frac{2\sigma^2}{1+\xi+2\sigma} E(1-m_0) , \quad \mu_1 = \frac{2\sigma^2}{1+\xi+2\sigma} \left| \frac{E}{\sigma} + \frac{B}{2}(\frac{1}{6}+E) \right|$$

$$\mu_2 = \sigma(\frac{1}{6}+E) \bigg/ (1+\xi+2\sigma) , \quad \mu_3 = \frac{\pi R \Delta P}{\lambda}$$

$$T = \frac{l}{v} , \quad \sigma = \frac{\lambda l}{c} , \quad E = \frac{1+\xi}{1+\xi+2\sigma}$$

$$B = 2 - \frac{(R_V/R_{\mathrm{a}})^2 - m_0}{(R_V/R_{\mathrm{a}})^2 + 1} , \quad R_V = \frac{Rc\omega}{\gamma} , \quad R_{\mathrm{a}} = \frac{2vc}{\gamma} , \quad \lambda = n_0 R_{\mathrm{a}}^{m_0} [1 + (R_V/R_{\mathrm{a}})^2]^{\frac{1+m_0}{2}}$$

其中，ΔP 是密封压降；ξ 是进口损失系数；l 是密封长度；c 是径向密封间隙；v 是轴向流速；γ 是流体动力黏性系数；R 是密封半径；ω 是转轮旋转角速度；m_0、n_0 为经验系数，由实验和具体密封结构决定。

2.2.3　导轴承刚度

当研究导轴承刚度变化对轴系统稳定性影响时，导轴承刚度不能随意取值，只能在导轴承刚度的可能取值范围内研究。对于水轮发电机组的立式滑动导轴承而言，随着荷载的变化和轴系的运动，导轴承刚度非线性变化范围很大。因此需要从流体动压滑动轴承油膜力的非线性表达式出发，找到导轴承轴颈中心处于不同位置即不同偏心率时导轴承刚度变化规律，以确定导轴承刚度变化范围。

导轴承刚度的解析表达式可以从短轴承油膜力的解析表达式得到[15]：

$$K = \left(\frac{L}{D'}\right)^2 \frac{4\varepsilon\left[\pi^2 + \left(\pi^2 + 32\right)\varepsilon^2 + 2\left(16 - \pi^2\right)\varepsilon^4\right]}{\left(1-\varepsilon^2\right)^3 \left[16\varepsilon^2 + \pi^2\left(1-\varepsilon^2\right)\right]} \tag{2.23}$$

其中，K 为导轴承无量纲刚度系数；L 为导轴承长度；D' 为导轴承直径；$\varepsilon = e/C$，为轴颈中心的偏心率，其中 e 为轴颈偏心，C 为轴承半径间隙，导轴承刚度的有量纲表达式为

$$k = K \frac{\mu \omega L}{\psi^3} \tag{2.24}$$

其中，μ 为润滑油黏度；ω 为轴颈转速；ψ 为轴承间隙比，$\psi = C/R$，其中 R 为轴颈半径。

据此可计算某实际机组导轴承刚度，相关参数分别为：润滑油黏度 $\mu = 0.0255 \mathrm{N} \cdot \mathrm{s/m}^2$，导轴承长径比 $L/R = 1$，导轴承半径间隙为 C=0.25mm，机组额定转速为 125r/min。计算得到当偏心率在 0～0.7 范围变化时，导轴承刚度变化曲线如图 2.5 所示。

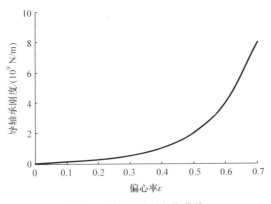

图 2.5　导轴承刚度变化曲线

2.2.4　数值算例与分析

以某实际水电站机组的水轮机为例。密封形式为台阶式，转轮线性密封刚度计算采用前述八参数模型，相关参数如表 2.1 所示。

表 2.1　转轮线性密封系统参数

α_0	ρ	λ	ξ	m/t	$\omega/(\text{rad/s})$	R/m	l/m	$v/(\text{m/s})$	c/mm	$K_e/(\text{N/m})$	$D_e/(\text{N·s/m})$
1.0	1000	0.1	1.5	300	13.1	2.925	0.43	3.537	2.5	0.5×10^{10}	0.5×10^5

非线性密封力的特征系数计算采用前述 Muszynska 模型，计算模型的数据见表 2.2。

表 2.2　转轮非线性密封系统参数

b	n	n_0	m_0	τ_0	ξ	m/t	$\omega/(\text{rad/s})$
0.2	2.5	0.079	−0.25	0.5	1.5	300	13.1

R/m	l/m	$v/(\text{m/s})$	c/mm	$\gamma/(\text{Pa·s})$	$\Delta P/\text{Pa}$	$K_e/(\text{N/m})$	$D_e/(\text{N·s/m})$
2.925	0.43	3.537	2.5	1.3×10^{-3}	0.5×10^6	0.5×10^{10}	0.5×10^5

综合考虑电磁、水力、机械三种因素后，临界转速不只与大轴本身和轴承等的结构参数有关，电磁和水力参数对临界转速也有重要影响。

1.电磁刚度的影响

图 2.6 给出了无密封、线性密封和非线性密封三种情况下一阶和二阶临界转

速随电磁参数的变化曲线，其中电磁参数是指 $\dfrac{R_g L' A_0}{2\sigma^2}$。一阶临界转速主要是转
轮的振型，二阶主要是转子的振型。从图 2.6(a)中可见，三种情况下一阶临界转
速均随着电磁参数的增大而非线性减小，考虑线性密封时，一阶转速整体下降，
非线性密封则下降更多。因此，电磁刚度虽然作用在转子处，但对转轮振动也有
一定影响。从图 2.6(b)可以看出，二阶临界转速主要受电磁刚度的影响，随着电
磁参数的增大，转速下降较快，下降幅度较大；而转轮密封作用对转子的振动影
响甚微。

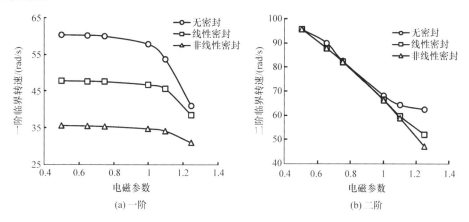

图 2.6   临界转速随电磁参数变化曲线

2. 密封参数对临界转速的影响

讨论轴向流速、密封长度、密封半径和密封间隙对一阶和二阶临界转速的影
响，分别改变上述参数(其他参数不变)得到系统一阶和二阶临界转速图如图 2.7～
图 2.10 所示。

由一阶转速图可知：无论是否考虑电磁作用，一阶临界转速均随着轴向流
速、密封长度和密封半径的增大而减小，说明转轮的稳定性下降，而密封间隙的
情况则刚好相反，密封间隙的增大反而有利于转轮稳定，但可能会减弱阻止流体
泄漏的作用，降低机组效率；无论是否考虑电磁作用，各密封参数对一阶临界转
速的影响趋势相同，但同线性密封比较，非线性密封作用使一阶临界转速降低幅
度更大，转轮失稳提前。

由二阶转速图可知：无论是否考虑电磁刚度，各密封参数对二阶临界转速几
乎没有影响，与图 2.6(b)的结论是一致的；而电磁刚度对转子的振动有重要影
响，使得二阶临界转速下降接近 40%。

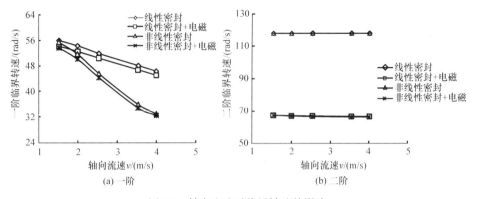

图 2.7 轴向流速对临界转速的影响

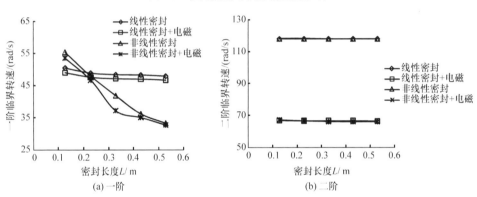

图 2.8 密封长度对临界转速的影响

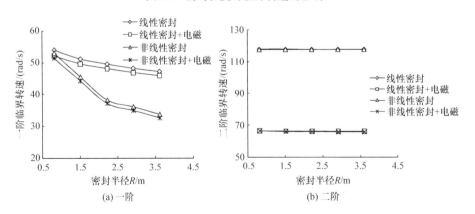

图 2.9 密封半径对临界转速的影响

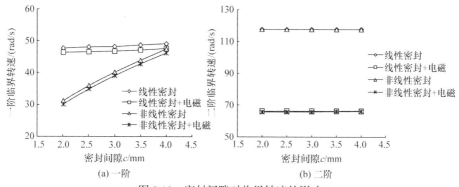

图 2.10　密封间隙对临界转速的影响

3. 导轴承刚度对临界转速的影响

各导轴承刚度根据前面所述按照可能取到的范围(假定三个导轴承的结构形式完全相同)，分别只改变上导、下导或水导轴承的刚度(其他轴承刚度不变)，得出一阶和二阶临界转速随导轴承刚度的变化曲线，如图 2.11～图 2.13 所示。

从一阶临界转速图中可以看出：在无电磁无密封情况下，上导、下导轴承刚度的改变均对一阶临界转速没有影响，水导轴承刚度对一阶临界转速起主要作用；而考虑电磁刚度后，上导、下导轴承刚度均在小于 1×10^9N/m 时，难以平衡电磁产生的较大负刚度，造成一阶临界转速下降；考虑密封后，一阶临界转速在任意一个导轴承刚度较小时均略有下降。

从二阶临界转速图中可以看出：在无电磁无密封情况下，上导、下导轴承均在刚度较小时，使二阶临界转速下降，而水导轴承刚度变化对二阶临界转速几乎没有影响；考虑电磁刚度后，二阶临界转速同样在任意一个导轴承刚度较小时均略有下降；此外从二阶图中可以看出，提高导轴承刚度并不能有效抵抗电磁刚度引起的二阶临界转速下降。

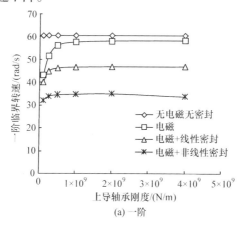

(a) 一阶

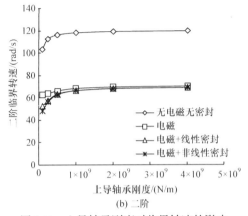

(b) 二阶

图 2.11　上导轴承刚度对临界转速的影响

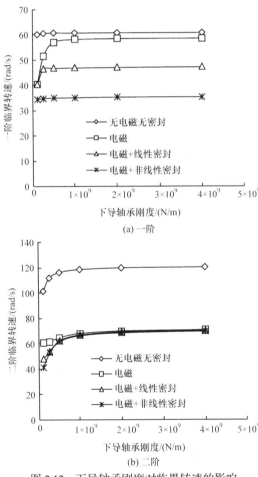

(a) 一阶

(b) 二阶

图 2.12　下导轴承刚度对临界转速的影响

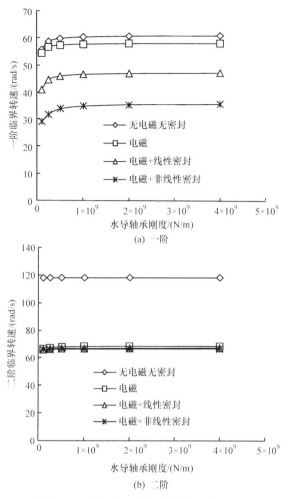

图 2.13　水导轴承刚度对临界转速的影响

4. 大轴外径对临界转速的影响

大轴外径的变化是指大轴内、外径同时变化而保持壁厚不变。图 2.14 给出了几种情况下轴系一阶和二阶临界转速随大轴外径的变化规律。从图中可以看出，各种情况下，一阶临界转速均随着大轴外径的增加而增大，两种密封均使得升高幅度降低。在各种情况下，二阶临界转速也随着大轴外径的增大而增大，只是考虑电磁作用后，整体下降较大。从图 2.14(b) 可以看出，为了补偿电磁刚度造成的二阶临界转速较大幅度的降低，增加大轴外径的办法是比较可行的。在本算例中，大轴外径保持 0.65m 不变时，电磁使得二阶临界转速下降达 42%，而当外径增加至 0.75m 时，电磁刚度仅使二阶临界转速下降 22%(与无电磁无密封外径 0.65m 时相比)。

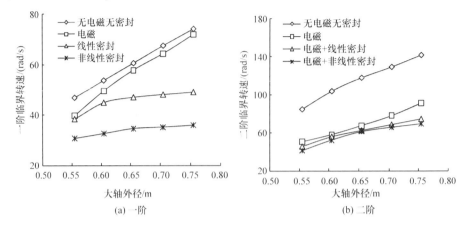

(a) 一阶　　　　　　　　　　　　　(b) 二阶

图 2.14　大轴外径对临界转速的影响

2.3　电磁与水力振源耦合作用下机组轴系统扭振特性

水轮发电机组转子轴系产生扭振的主要原因是其受到的转动力矩失去平衡，产生了周期性变化，如果忽略机械摩擦作用，转动力矩主要是水轮机转轮处的水流驱动力矩和发电机转子处气隙磁场引起的电磁转矩。一方面由于随机性干扰因素诸如水流作用的随机分量和工况变化而引起的电磁转矩里的随机分量等；另一方面是由于一些周期性干扰因素诸如水流作用、机械作用和电磁转矩的周期分量等会引起不同程度的轴系扭振。

水轮发电机组是典型的机电耦联系统，电磁力是影响系统动力学特性的重要因素之一[16,17]。尽管水轮发电机组转速较低，但因电磁力的存在及系统的非线性特性，仍可能激发轴系扭振和弯扭耦合振动。因此，水轮发电机组转子轴系扭转振动是不容忽视的。随着水轮发电机组向大型化发展，转子轴系在复杂水力激励和电磁荷载作用下的振动问题将更加突出。

关于大型水轮发电机组轴系扭转振动的研究，大都只关注电磁力矩[18,19]，通过解析法、能量法等研究电磁力矩及其引起的轴系零阶频率，提出了零频的计算方法及影响因素，探讨了零阶共振；以往研究中对于转轮处的复杂水力激励，或者不考虑或者作为不变荷载，距离实际情况较远。实际上近似随机的水力激励是一种频率非常丰富且极有可能含有某阶或某些阶轴系扭振固有频率的荷载。水力荷载的周期分量和随机分量都可能因工况变化等原因而随时发生改变。同时，电磁力矩不仅是转子扭振角的函数，还决定于激磁电流、内功率角等因素，而转子扭振角又与水力荷载和电磁力矩的相互关系、转子支臂刚度、转速等很多因素相关。因此，考虑水力、电磁和机械多振源耦合作用下的轴系扭振特性的研究显得十分必要。

本书从气隙磁场能量推导电磁力矩及电磁刚度的表达式，建立了考虑转子支臂刚度并在水力转矩和电磁力矩耦合作用下的轴系统机电耦联扭振模型，研究了轴系统扭振特性随转子转动惯量、支臂刚度、转轮水体附加质量的变化规律，分析了不同频率的水力激励对转子扭振响应的影响规律，得出了轴系最大扭矩内力、扭振角和电磁力矩的频响曲线。研究水力激励频率等于零频和一阶频率时的机电耦联共振特性，给出了激磁电流和内功率角对扭振的影响，揭示了机电耦联振动规律，为水电机组的设计与安全稳定运行提供了理论依据。同时，为进一步进行网机耦联振动的分析打下了基础。

2.3.1　扭转电磁刚度及扭振模型

在考虑转子偏心并略去高阶分量时，气隙磁导可表示为[20]

$$\Lambda(\alpha,t)=\Lambda_0\left[\left(1+\frac{x^2+y^2}{2\sigma^2}\right)+\frac{x}{\sigma}\cos\left(\frac{\alpha}{p}\right)+\frac{y}{\sigma}\sin\left(\frac{\alpha}{p}\right)\right.$$
$$\left.+\frac{x^2-y^2}{2\sigma^2}\cos\left(\frac{2\alpha}{p}\right)+\frac{xy}{\sigma^2}\sin\left(\frac{2\alpha}{p}\right)\right] \tag{2.25}$$

其中，$x=e\cos\gamma$；$y=e\sin\gamma$；$\sigma=k_\mu\delta_0$；k_μ 为饱和度，δ_0 为等效气隙；$\Lambda_0=\mu_0/\sigma$；μ_0 为空气导磁系数；α 为偏位角；e 为偏心；γ 为转子角位移。略去转子磁势和定子磁势中的高次谐波，只保留基波分量，转子磁势和定子磁势为

$$f_s(\alpha,t)=F_{sm}\sin(\alpha-\omega t) \tag{2.26}$$

$$f_r(\alpha,t)=F_{rm}\cos(\alpha-\Psi-\omega t) \tag{2.27}$$

其中，F_{sm} 和 F_{rm} 分别为与定子三相平均电流和转子激磁电流有关的基波磁势幅值；$\Psi=\theta+\varphi+p\phi$；$\omega$ 为角频率；磁极对数 $p=44$；ϕ 为转子扭振角；θ 为内功率角；φ 为功率因数角。

则气隙磁场能量为

$$W=\frac{RL}{2}\int_0^{2p\pi}\Lambda(\alpha,t)\left[f_s(\alpha,t)+f_r(\alpha,t)\right]^2\mathrm{d}\alpha \tag{2.28}$$

将气隙磁场能量对 ϕ 求偏导数，假设电磁转矩的非线性项幅值较小，略去 ϕ 的高阶项，可得电磁转矩为

$$M_e=\frac{\partial W}{\partial(p\phi)}=-2\pi R_0\cos\theta+\left[R_0R_1-\frac{R_0}{2}\sin(2\omega t+\theta)\right]\phi+\frac{R_0}{2p}\cos(2\omega t+\theta) \tag{2.29}$$

其中，$R_0 = \dfrac{RLp\varLambda_0 R_{\mathrm{m}}}{2}\left(1 + \dfrac{e^2}{2\sigma^2}\right)$；$R_1 = 2p\pi\sin\theta$；$R_{\mathrm{m}} = F_{\mathrm{sm}}F_{\mathrm{rm}}$。

取 ϕ 的一次项系数为扭转电磁刚度：

$$K_{\mathrm{te}} = R_0 R_1 - \frac{1}{2}R_0 \sin(2\omega t + \theta) \tag{2.30}$$

从式(2.30)可以看出，电磁刚度是关于激磁电流和内功率角的时变函数。经分析可得，当内功率角在 $(-\pi, 0]$ 内变化时，电磁刚度随着激磁电流的增大而减小(电磁刚度和定子转子的基波磁势幅值成正比，而磁势幅值是激磁电流的正比函数)；当内功率角在 $(0, \pi]$ 内变化时，电磁刚度随着激磁电流的增大而增大，电磁刚度随着内功率角的变化呈正弦规律变化。

水轮发电机组轴系统的主要部件包括大轴、励磁机、发电机转子、支架中心体和水轮机转轮等。励磁机和转轮视为集中质量，转子的质量集中在中心体和磁轭两端，支臂则为无重梁，只考虑其刚度，分析模型如图 2.15 所示。

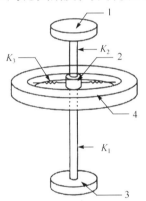

图 2.15　水电机组扭转振动模型

1-励磁机；2-转子支架中心体；3-转轮；4-转子磁极；K_1-主轴扭振刚度；K_2-上端轴扭振刚度；K_3-转子支臂刚度

用有限元法建立轴系统的数值模型。将大轴离散为二结点杆单元，每个结点的自由度为其扭振角。考虑集中惯性力和支臂的作用列出轴系的动力平衡方程[5]：

$$\boldsymbol{K\beta} + \boldsymbol{C\dot{\beta}} + \boldsymbol{J\ddot{\beta}} = \boldsymbol{F} \tag{2.31}$$

其中

$$\boldsymbol{K} = \left\{ \begin{matrix} K_{11} & \cdots & K_{1b} & \cdots & K_{1n} & 0 \\ \vdots & & \vdots & & \vdots & \vdots \\ K_{b1} & \cdots & K_{bb}+K_z & \cdots & k_{bn} & -K_z \\ \vdots & & \vdots & & \vdots & \vdots \\ K_{n1} & \cdots & K_{nb} & \cdots & K_{nn} & 0 \\ 0 & \cdots & -K_z & \cdots & 0 & K_z \end{matrix} \right\} \tag{2.32}$$

其中，K 为刚度阵，在转子结点位置处以集中刚度的形式施加电磁刚度和转子支臂刚度，其中转子支臂刚度 $K_z = S(\bar{K}R_b + \bar{K}l - A)(R_b + l)$，$S$ 为支臂数，$\bar{K}$ 为支臂切向刚度，l 为支臂长度，R_b 为转子中心体半径，A 为系数；β 为轴系统扭振角位移向量矩阵，$\beta = (\theta_1 \quad \cdots \quad \theta_i \quad \cdots \quad \theta_n \quad \alpha)^T$，其中，$\theta_1$、$\theta_i$、$\theta_n$ 分别是励磁机、支架中心体和转轮的扭振角，α 为转子磁极扭振角；C 为阻尼矩阵，包括结构阻尼和材料滞后等因素产生的阻尼，此外，轴承处由于摩擦作用还将产生集中阻尼；J 为考虑了励磁机、转子支架中心体、转轮、转子磁极的集中转动惯量的转动惯量矩阵；F 为荷载向量，$F = (0 \quad \cdots \quad 0 \quad M_n \quad M_e)^T$，$M_n$ 为水轮机转轮力矩，可考虑为多个简谐荷载叠加的形式；M_e 为转子电磁转矩，计算方法如式(2.29)所示。

2.3.2　数值算例与分析

在自振特性计算中，电磁刚度不考虑其时变特性，作为集中刚度考虑，水力作用以水体对转轮的附加转动惯量形式考虑。图 2.16 给出了轴系扭转自振频率随转子转动惯量、转轮水体附加转动惯量和转子支臂刚度的变化规律。从图中可看出，转子转动惯量、水体对转轮附加转动惯量、转子支臂刚度都是机组扭转振动的影响因素。其影响主要体现在一阶和二阶自振频率上。随着转子转动惯量及转轮水体附加转动惯量的增大，机组的自振频率降低；而转子支臂刚度的增加会提高机组的自振频率。在实际的机组设计中，可以通过改变转子转动惯量和转子支臂刚度改变机组的扭振特性。转轮水体附加转动惯量对机组自振频率的影响也很大，值得引起重视。

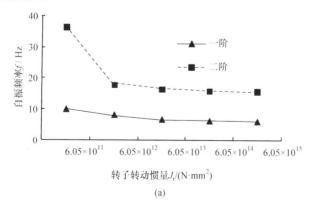

(a)

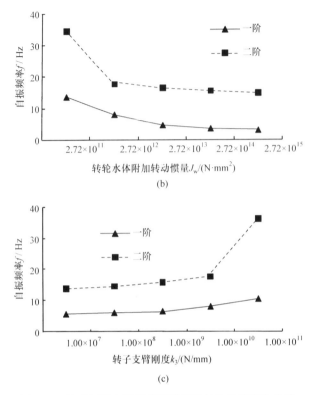

图 2.16　轴系扭转自振频率随轴系统结构参数变化曲线

轴系统扭振零阶频率的存在已经得到了实验验证[18]，零阶频率是指轴系在扭转振动时，由于受到电磁约束的作用而产生的一个较小的固有频率。为了简化零频的计算，可以将发电机转子和水轮机转轮视为一个刚性转子，扭振电磁刚度作用在转子上，将系统简化为一个单自由度系统，则有

$$\omega_0 = \sqrt{\frac{K_{te}}{J}} \tag{2.33}$$

其中，J 为转子轴系的总转动惯量。

由式(2.29)可见，电磁激励是与激磁电流、内功率角等诸多电磁参数及转速、转子扭振角位移等参数相关的时变函数。同时，水轮发电机组的水力转矩激励的频率成分极为丰富，尤其尾水管涡带引起的低频脉动极易与零阶频率重合，易引起机组的低频扭转共振。因此，当水力激励频率与轴系的某阶扭振频率相接近或重合时，机组轴系在水力、机械和电磁多振源耦合作用下的扭转共振就非常值得关注。转轮水力转矩是频率很宽的近似随机性质的荷载，为了研究简便，将转轮水力转矩简化成一系列简谐荷载的叠加形式，针对某一频率研究轴系的扭转共振特性。

对转子扭振模型进行瞬态响应分析，考虑转轮力矩、电磁刚度和电磁力矩的时变特性，根据前一时间步的转子扭振角位移动态调整电磁力矩，进行下一时间步的计算，直至系统达到平衡状态。设水轮机转轮力矩为

$$\begin{cases} M_{n1} = 1.0085 + 0.1\sin(2\pi \cdot 1.16t) \\ M_{n2} = 1.0085 + 0.1\sin(2\pi \cdot 8t) \\ M_{n3} = 1.0085 + 0.1\sin(2\pi \cdot 1.16t) + 0.1\sin(2\pi \cdot 8t) \end{cases} \tag{2.34}$$

式(2.34)中两个外激励频率一个等于电磁产生的零阶频率 1.16Hz，一个等于转子轴系的一阶扭转自振频率，此时，对应以上三种情况，研究发电机耦合机械扭振系统中各变量时间响应。

图 2.17 给出了转子扭振幅值、电磁力矩和大轴最大扭矩幅值随水流激励频率的变化曲线。可以看出，当激励频率与零阶频率重合时，扭振幅值和电磁力矩均有较大峰值，说明产生了扭转共振。从图 2.17(c)可以看出，当水流激励频率为零阶频率时，大轴最大扭矩幅值没有明显峰值，主要由于转子支臂刚度的存在，造成转子支架中心体和转子磁极之间的相对转动较大，所以转子扭振角较大，而支架中心体扭振不大，所有大轴最大扭矩幅值内力值没有峰值。而当激励频率等于一阶扭振频率时，扭振幅值、电磁力矩和大轴最大扭矩幅值都出现了明显峰值，说明此时共振较为强烈，大轴最大扭矩幅值内力发生在转子下部附近轴段。

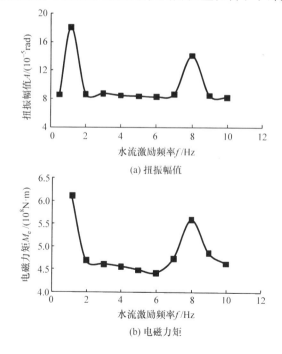

(a) 扭振幅值

(b) 电磁力矩

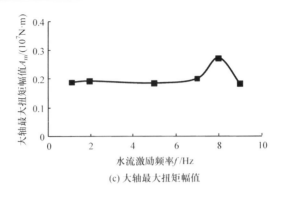

(c) 大轴最大扭矩幅值

图 2.17 水流激励的频响曲线

图 2.18 给出了转子扭振角在各种工况下的时程曲线。非共振工况下的最大扭转角为 0.86×10^{-5} rad，当水流激励频率与轴系扭转振动零阶频率或一阶振动频率重合时，轴系发生了扭转共振，产生较大的扭振角，分别为非共振情况下的 2.2 倍和 1.6 倍，而图 2.18(d)表明当水流激励同时含有两种共振频率时共振放大，达到非共振时扭转位移的 3.5 倍。

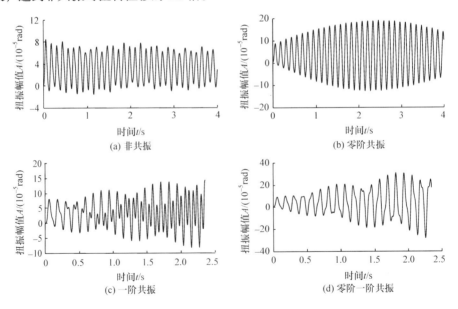

图 2.18 转子扭振角时程曲线

各种工况下的电磁力矩时程如图 2.19 所示。非共振工况下的电磁力矩幅值为 4.8×10^{8} N·m，零阶共振和一阶共振时，电磁力矩幅值均有不同程度的增大，而当两种共振同时发生时，电磁力矩幅值最大达到了 8.16×10^{8} N·m，为非共振工况的 1.7 倍。可见当零阶和一阶的水流激励频率成分同时存在时，与前两种情况相比，各变量的最大幅值增加较多，扭振角和电磁力矩与非共振工况相比分别放大了 3.5 倍和 1.7 倍。机械量的共振会造成部件疲劳损伤，产生裂纹，降低使用寿命；电气量的共振会使发电机发热过大，绝缘失效，也会使电机的电压产生振荡，造成对电网供电不稳。可见共振的产生无论是对电路的稳定还是机械的平稳运行都造成了很大的危害。因此，应该在设计中充分考虑水轮机与发电机参数的相互协调适应性，进行机电耦联作用分析，避免轴系产生扭转共振。

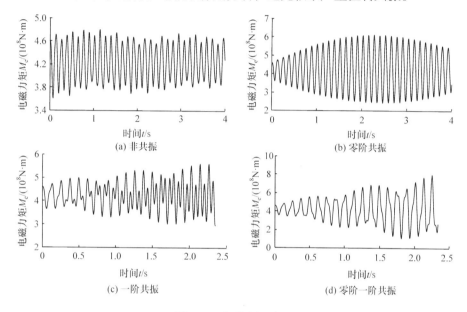

图 2.19　电磁力矩时程

由图 2.20 可见转子扭振幅值随激磁电流比变化的曲线，当其他参数保持不变时(内功率角为 30°)，随着激磁电流比的增大，扭振幅值变小；主要是由于激磁电流比的增大使得转子电磁刚度变大，转子的扭振幅值变小。但是激磁电流比的增大不利于转子的横向振动，所以应取合适值。图 2.21 给出了共振工况下扭振幅值随内功率角变化的曲线，当内功率角在 0°～90°时，内功率角的增大有利于扭振的稳定，当内功率角超过 90°，继续增大扭振幅值反而会增大。如前所述，在其他参数不变的情况下，电磁刚度随内功率角呈正弦规律变化，当内功率角为 90°时，电磁刚度最大，因而扭振角最小。

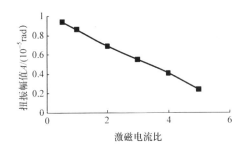 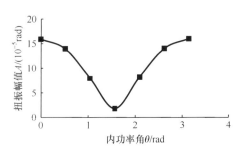

图 2.20　转子扭振幅值随激磁电流比变化曲线　　图 2.21　转子扭振幅值随内功率角变化曲线

2.4　本 章 小 结

本章基于水轮发电机转子的气隙磁场能表达式推导出电磁刚度矩阵，建立了考虑电磁刚度和短轴承弹性支承的水轮发电机偏心转子振动分析模型，分析了电磁刚度和弹性支承对转子临界转速和弯振幅值的影响，推导了扭转电磁刚度表达式，研究了轴系统机电耦合扭转振动特性。具体内容如下。

(1) 电磁刚度和轴承弹性支承均使系统的临界失稳转速有所降低，且弹性支承使临界转速的降低幅度比电磁刚度大；转轴刚度和轴承长径比的增大使临界失稳转速升高，而电磁参数和轴颈间隙的增大则会导致系统的临界失稳转速降低。进而综合考虑电磁刚度、密封刚度进行了机组轴系统临界转速研究：密封参数中轴向流速、密封长度和密封半径的增大均使一阶临界转速降低，而密封间隙则刚好相反；非线性密封模型比线性模型使一阶转速降低幅度更大；在无电磁无密封情况下，一阶临界转速主要受水导轴承刚度影响；考虑电磁刚度后，一阶临界转速在上导、下导刚度较小时均略有下降；增加大轴外径比增大导轴承刚度更有利于抵抗电磁刚度引起的二阶临界转速下降。

(2) 建立了考虑转子支臂刚度的机组轴系统机电耦联扭振分析模型，对电磁、水力振源引起的零阶和一阶扭转共振现象进行分析，对扭振幅值随水力转矩和电磁参数等的变化规律进行了探讨：①转子转动惯量、转轮水体附加转动惯量的减小及转子支臂刚度的升高，均会引起扭转自振频率的增大；②转子扭振幅值和电磁扭矩在水力激励的频率为零阶频率和一阶频率时均引起共振，轴系最大扭矩内力出现在一阶频率共振，在水力激励同时含有零阶和一阶共振频率时，各参数与扭振幅值耦合更为强烈；③扭振幅值随激磁电流的增大而减小，随内功率角的增大先减小后增大，内功率角为 90° 时，扭振幅值响应最小。

参 考 文 献

[1] 白延年. 水轮发电机设计与计算[M]. 北京: 机械工业出版社, 1982.

[2] 姜培林, 虞烈. 电机不平衡磁拉力及其刚度的计算[J]. 大电机技术, 1998, (4): 32-34.

[3] 陈贵清. 某水轮发电机组不平衡电磁力的计算[J]. 唐山高等专科学校学报, 2001, 12(4): 4-7.

[4] 周理兵, 马志云. 大型水轮发电机组不同工况下不平衡磁拉力[J]. 大电机技术, 2002, 2: 26-29.

[5] 马震岳, 董毓新. 水轮发电机组动力学[M]. 大连: 大连理工大学出版社, 2003.

[6] 姚大坤, 李至昭, 曲大庄. 混流式水轮机自激振动分析[J]. 大电机技术, 1998, (5): 43-47.

[7] 周建旭, 索丽生, 胡明. 抽水蓄能电站水力-机械系统自激振动特性研究[J]. 水利学报, 2007, 38(9): 1080-1084.

[8] 李松涛, 许庆余, 万方义. 迷宫密封转子系统非线性动力稳定性的研究[J]. 应用力学学报, 2002, 19(2): 27-30.

[9] 陈予恕, 丁千. 非线性转子-密封系统的稳定性和 Hopf 分岔研究[J]. 振动工程学报, 1997, 10(3): 368-374.

[10] 李兆军, 蔡敢为, 杨旭娟, 等. 混流式水轮发电机组主轴系统非线性全局耦合动力模型[J]. 机械强度, 2008, 30(2): 175-183.

[11] 钟一谔, 何衍宗, 王正, 等. 转子动力学[M]. 北京: 清华大学出版社, 1987.

[12] 朱因远, 周纪卿. 非线性振动和运动稳定性[M]. 西安: 西安交通大学出版社, 1992.

[13] 马震岳. 水轮发电机组及压力管道的动力分析[D]. 大连: 大连理工大学博士学位论文, 1988.

[14] 李松涛, 许庆余, 万方义. 迷宫密封转子系统非线性动力稳定性的研究[J]. 应用力学学报, 2002, 19(2): 27-30.

[15] 乔卫东. 水轮发电机组轴系动力特性分析及轴线精度检测方法研究[D]. 西安: 西安理工大学博士学位论文, 2006.

[16] YAO D K, ZOU J X, QU D Z, et al. Resonance of electromagnetic and mechanic coupling in hydro-generator[J]. Journal of Harbin Institute of Technology, 2006, 13(5): 531-534.

[17] GUSTAVASSON R K, AIDANPAA J O. The influence of nonlinear magnetic pull in hydropower generator rotors[J]. Journal of Sound and Vibration, 2006, 297(3/4/5): 551-562.

[18] 陈贵清, 杨翊仁, 邱家俊. 水电机组转子轴系扭振零频的计算和共振分析[J]. 西南交通大学学报, 2002, 37(1): 44-48.

[19] 徐进友, 刘建平, 宋轶民, 等. 考虑电磁激励的水轮发电机组扭转振动分析[J]. 天津大学学报, 2008, 41(12): 1411-1416.

[20] 邱家俊. 机电分析动力学[M]. 北京: 科学出版社, 1992.

第 3 章　水电机组轴系统多维耦合振动分析

3.1　水电机组轴系统横纵耦合振动分析

立式水轮发电机组轴系在径向通过导轴承、机架等支承在混凝土机墩上，推力轴承传递竖向荷载。以往对水轮发电机组振动的研究，往往忽略了推力轴承对机组轴系横向振动特性的影响，更没有研究横向和纵向振动通过推力轴承的耦合特性。陈贵清[1]利用简化算法，假设推力轴承各瓦承受的压力相同，即各瓦的油膜形状、压力分布均是相同的，计算了推力头平动和摆动两种情况下推力轴承产生的油膜力和油膜力矩刚度对转子系统横向固有频率的影响，认为油膜力刚度影响很小，而油膜力矩刚度影响显著。姜培林等[2]通过传递矩阵法研究了在推力盘倾斜和径向导轴承偏载时推力轴承对径向轴承动特性及系统稳定性的影响，同样得到了推力轴承影响显著的结论。但由于其针对的是卧式机组，导轴承采用的是全圆 360°轴承，与立式水轮发电机组可倾瓦导轴承的承载情况差别很大，故对于立式水轮发电机组导轴承的动力特性系数，不能照搬卧式机组的分析方法，即通过荷载在某一个方向(如垂直承载)时的动力特性系数进行坐标变换得到。杨晓明[3]利用复模态分析法，研究了是否考虑推力轴承作用对三导悬式、两导悬式和两导伞式立式水电机组自振特性的影响。

本章采用有限元方法分别计算导轴承和推力轴承的动力特性系数。由于导轴承和推力轴承的动力特性系数分别和轴颈偏心距、偏位角以及转子倾斜参数、轴向扰动等密切相关，不再孤立探讨推力轴承对导轴承动力特性系数的影响，而是直接对导轴承和推力轴承利用有限单元进行模拟，建立考虑导轴承和推力轴承非线性特性的水轮发电机组轴系有限元模型。分析导轴承和推力轴承动特性参数随上述变量变化而变化的非线性特性，研究机组轴系统横向和纵向振动通过推力轴承的耦合特性，探讨推力轴承对机组轴系横向振动响应和稳定性的影响。

3.1.1　导轴承动力特性的计算

采用有限元方法分析立式导轴承的动力特性，利用压力参数和偏导数法直接推求各瓦块的动力系数[4]。水轮发电机组的导轴承几何简图如图 3.1 所示，其转速一般较低，油膜流场均处于层流区。如果不考虑挤压膜效应，稳态流场的广义雷诺方程为

$$\frac{\partial}{\partial x}\left(\frac{h^3}{\mu}\frac{\partial p}{\partial x}\right)+\frac{\partial}{\partial z}\left(\frac{h^3}{\mu}\frac{\partial p}{\partial z}\right)=6U\frac{\partial h}{\partial x} \tag{3.1}$$

其中，$U=R\omega$ 为周向线速度。令 $x=R\varphi$；$\lambda=z/(L/2)$，边界为 $\lambda=\pm1$；$\bar{h}=h/c$；$\bar{p}=p(c/R)^2/\mu\omega$；$\gamma=(D/L)^2$。其中，$c$ 为轴承间隙；R 为轴颈的半径；D 为其直径；L 为轴瓦宽度；h 为油膜厚度。采用上述变换将雷诺方程化为如下无量纲形式：

$$\frac{\partial}{\partial\varphi}\left(\bar{h}^3\frac{\partial\bar{p}}{\partial\varphi}\right)+\gamma^2\frac{\partial}{\partial\lambda}\left(\bar{h}^3\frac{\partial\bar{p}}{\partial\lambda}\right)=6\frac{\partial\bar{h}}{\partial\varphi} \tag{3.2}$$

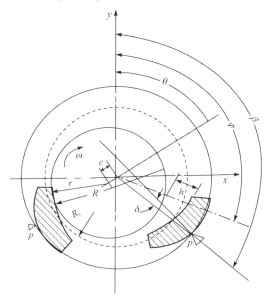

图 3.1 导轴承几何简图

油膜厚度的无量纲表达式为

$$\bar{h}=1+\varepsilon\cos(\varphi-\theta)-(1-c'/c)\cos(\beta-\varphi)+\delta(\beta-\varphi)/\xi \tag{3.3}$$

其中，定义 $\xi=c/R$ 为间隙比；δ 为瓦块摆动角度。如果油膜的轴向和径向速度分别为 u 和 v，则动态雷诺方程为

$$\frac{\partial}{\partial\varphi}\left(\bar{h}^3\frac{\partial\bar{p}}{\partial\varphi}\right)+\gamma^2\frac{\partial}{\partial\lambda}\left(\bar{h}^3\frac{\partial\bar{p}}{\partial\lambda}\right)=6\frac{\partial\bar{h}}{\partial\varphi}+6(u\sin\varphi+v\cos\varphi) \tag{3.4}$$

引入压力参数 Π 函数

$$\Pi=\bar{h}^{1.5}\bar{p} \tag{3.5}$$

其中，$\bar{h}$ 与 $\bar{p}$ 为油膜厚度与压力的无量纲形式。

则雷诺方程变化为

$$\frac{\partial \Pi}{\partial \varphi} + \gamma^2 \frac{\partial \Pi}{\partial \lambda} - \alpha \Pi = \bar{h}^{-1.5}\left[6\frac{\partial \bar{h}}{\partial \varphi} + 6(u\sin\varphi + v\cos\varphi)\right] \tag{3.6}$$

其中：

$$\alpha = \frac{3}{4}\left[\left(\frac{\partial \bar{h}}{\partial \varphi}\Big/ \bar{h}\right)^2 + \frac{2}{\bar{h}}\frac{\partial^2 \bar{h}}{\partial \varphi^2}\right] \tag{3.7}$$

采用三角形平面单元进行有限元方法的推导，可得到油膜承载力在两个方向的承载力分量为

$$\begin{cases} f_x = -2\displaystyle\int_0^1\int_{\varphi_a}^{\varphi_b} \bar{h}^{-1.5}\Pi \sin\varphi \,\mathrm{d}\varphi \,\mathrm{d}\lambda \\ f_y = -2\displaystyle\int_0^1\int_{\varphi_a}^{\varphi_b} \bar{h}^{-1.5}\Pi \cos\varphi \,\mathrm{d}\varphi \,\mathrm{d}\lambda \end{cases} \tag{3.8}$$

由承载力对位移、速度求偏导数得到刚度系数和阻尼系数为

$$K_{is} = \frac{\partial f_i}{\partial s}, C_{is} = \frac{\partial f_i}{\partial \dot{s}} \qquad (i = x, y; s = x, y) \tag{3.9}$$

在动态下各瓦的动力特性系数经过坐标变换，可得到局部坐标系下的表达式：

$$k_q = \boldsymbol{\Phi} k_d \boldsymbol{\Phi}^{\mathrm{T}}, \quad c_q = \boldsymbol{\Phi} c_d \boldsymbol{\Phi}^{\mathrm{T}} \tag{3.10}$$

其中 k_d、c_d 为每块瓦的动力特性系数；k_q、c_q 为局部坐标下的动力特性系数；$\boldsymbol{\Phi}$ 为坐标变换矩阵。

3.1.2 推力轴承动力特性的计算

推力轴承几何简图如图 3.2 所示，第 k 块推力瓦上的油膜压力 P 的分布满足广义雷诺方程[2]：

$$\frac{\partial}{\partial x}\left(\frac{h^3}{12\mu}\frac{\partial p}{\partial x}\right) + \frac{\partial}{\partial y}\left(\frac{h^3}{12\mu}\frac{\partial p}{\partial y}\right) = \frac{\omega}{2}\frac{\partial h}{\partial \theta} + \frac{\partial h}{\partial t} \tag{3.11}$$

其中，μ 为润滑油动力黏度；ω 为轴的角速度；h 为油膜厚度：

$$h = h_0 + \alpha_0 r\sin(\theta_p - \theta) - \psi_k r\cos\theta - \varphi_k r\sin\theta \tag{3.12}$$

式(3.12)表明油膜厚度不仅是瓦块结构的参数，而且还与转子的倾斜参数 ψ, φ 有关，而转子的倾斜参数与分配到第 k 块瓦上的倾斜分量 ψ_k, φ_k 之间的关系满足

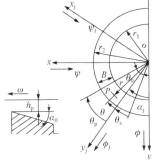

图 3.2　推力轴承几何简图

$$\begin{bmatrix} \varphi_k \\ \psi_k \end{bmatrix} = \begin{bmatrix} \cos\alpha_k & -\sin\alpha_k \\ \sin\alpha_k & \cos\alpha_k \end{bmatrix} \begin{bmatrix} \varphi \\ \psi \end{bmatrix} \tag{3.13}$$

其中，α_k 为第 k 块瓦的位置角。

$$r = B\overline{r}, \quad x = B\overline{x}, \quad y = B\overline{y}, \quad h = h_e\overline{h}, \quad \mu = \mu_0\overline{\mu}, \quad t = \frac{\overline{t}}{\omega}, \quad p = \overline{p}\left(\frac{\omega B^2\mu_0}{h_e^2}\right),$$

$$\alpha_0 = \overline{\alpha}_0\left(\frac{h_e}{B}\right), \quad \psi_0 = \overline{\psi}_0\left(\frac{h_e}{B}\right), \quad \varphi_0 = \overline{\varphi}_0\left(\frac{h_e}{B}\right), \quad h_0 = h_e\overline{h}_0 \,\circ$$

其中，B 为瓦块宽度；μ_0 为参考润滑油动力黏度；h_e 为参考油膜厚度。利用上述关系将式(3.11)和式(3.12)两式无量纲化，对水轮发电机组推力轴承 $\partial h/\partial t$ 项可以忽略不计[4]：

$$\frac{\partial}{\partial\overline{r}}\left(\frac{\overline{r}\overline{h}^3}{\overline{\mu}}\frac{\partial\overline{p}}{\partial\overline{r}}\right) + \frac{\partial}{\partial\theta}\left(\frac{\overline{h}^3}{\overline{\mu}\overline{r}}\frac{\partial\overline{p}}{\partial\theta}\right) = 6\overline{r}\frac{\partial\overline{h}}{\partial\theta} \tag{3.14}$$

无量纲油膜厚度为

$$\overline{h} = \overline{h}_0 + \overline{\alpha}_0\overline{r}\sin\left(\theta_p - \theta\right) - \overline{\psi}_k\overline{r}\cos\theta - \overline{\varphi}_k\overline{r}\sin\theta \tag{3.15}$$

应用伽辽金法得到刚度矩阵为

$$\boldsymbol{K} = \frac{1}{4\varDelta_e}\left(C_1 A^{\mathrm{T}}A + C_2 B^{\mathrm{T}}B\right) \tag{3.16}$$

右端向量矩阵为

$$\boldsymbol{F} = C_3\varDelta_e \tag{3.17}$$

式(3.16)和式(3.17)中，$\varDelta_e$ 为单元面积；$C_1 = \dfrac{\overline{r}\overline{h}^3}{\overline{\mu}}$；$C_2 = \dfrac{\overline{h}^3}{\overline{\mu}\overline{r}}$；$C_3 = 6\overline{r}\dfrac{\partial\overline{h}}{\partial\theta}$，取单元 e 上的平均值；N 为单元形函数；A 和 B 分别为形函数对两个坐标的偏导数。单元的平衡方程为

$$\boldsymbol{K}\overline{p} = \boldsymbol{F} \tag{3.18}$$

把所有单元合成进行求解即可得到无量纲油膜压力 $\overline{p}$。

推力轴承油膜的承载力以及推力盘倾斜产生的力矩为

$$\begin{Bmatrix} W_x \\ W_y \\ W_z \end{Bmatrix} = \begin{Bmatrix} \varphi_k\iint_{\varOmega}pr\mathrm{d}r\mathrm{d}\theta \\ \psi_k\iint_{\varOmega}pr\mathrm{d}r\mathrm{d}\theta \\ \iint_{\varOmega}pr\mathrm{d}r\mathrm{d}\theta \end{Bmatrix} \tag{3.19}$$

$$\left\{ \begin{array}{c} M_x \\ M_y \end{array} \right\} = \left\{ \begin{array}{c} \iint_\Omega pr^2 \cos\theta \mathrm{d}r\mathrm{d}\theta \\ \iint_\Omega pr^2 \sin\theta \mathrm{d}r\mathrm{d}\theta \end{array} \right\} \tag{3.20}$$

$$\left\{ \begin{array}{c} \Delta W_x \\ \Delta W_y \\ \Delta W_z \\ \Delta M_x \\ \Delta M_y \end{array} \right\} = \left[\begin{array}{ccccc} k_{xx,W} & k_{xy,W} & 0 & k_{x\psi,W} & k_{x\varphi,W} \\ k_{yx,W} & k_{yy,W} & 0 & k_{y\psi,W} & k_{y\varphi,W} \\ 0 & 0 & k_{zz,W} & k_{z\psi,W} & k_{z\varphi,W} \\ k_{xx,M} & k_{xy,M} & k_{xz,M} & k_{x\psi,M} & k_{x\varphi,M} \\ k_{yx,M} & k_{yy,M} & k_{yz,M} & k_{y\psi,M} & k_{y\varphi,M} \end{array} \right] \left\{ \begin{array}{c} \Delta x \\ \Delta y \\ \Delta h_0 \\ \Delta \psi \\ \Delta \varphi \end{array} \right\}$$

$$+ \left[\begin{array}{ccccc} c_{xx,W} & c_{xy,W} & 0 & c_{x\psi,W} & c_{x\varphi,W} \\ c_{yx,W} & c_{yy,W} & 0 & c_{y\psi,W} & c_{y\varphi,W} \\ 0 & 0 & c_{zz,W} & c_{z\psi,W} & c_{z\varphi,W} \\ c_{xx,M} & c_{xy,M} & c_{xz,M} & c_{x\psi,M} & c_{x\varphi,M} \\ c_{yx,M} & c_{yy,M} & c_{yz,M} & c_{y\psi,M} & c_{y\varphi,M} \end{array} \right] \left\{ \begin{array}{c} \Delta \dot{x} \\ \Delta \dot{y} \\ \Delta \dot{h}_0 \\ \Delta \dot{\psi} \\ \Delta \dot{\varphi} \end{array} \right\} \tag{3.21}$$

在推力盘平动、轴向扰动以及摆动情况下根据动力特性系数的定义得到式(3.21)。从式(3.21)中可见，刚度和阻尼系数矩阵存在非对角线元素，为非对称矩阵，其耦合机理如下(以刚度矩阵为例，阻尼矩阵类似)：

(1) 推力头平动与摆动的相互耦合，由于刚度矩阵中系数 $k_{xx,M}$、$k_{yy,M}$ 等的存在，当发生水平扰动 Δx、Δy 时，会产生竖直平面内的弯矩 ΔM_x、ΔM_y 而影响摆动，反过来，由于刚度矩阵中系数 $k_{x\psi,W}$、$k_{y\varphi,W}$ 等的存在，当发生摆动 $\Delta \psi$、$\Delta \varphi$ 时，会产生水平面内的力 ΔW_x、ΔW_y 而影响平动自由度 Δx、Δy；

(2) 推力头轴向运动和摆动的相互耦合，同样由于系数 $k_{xz,M}$、$k_{yz,M}$ 的存在，当发生纵向扰动 Δh_0 时，会产生竖直平面内的弯矩 ΔM_x、ΔM_y 影响推力头的摆动自由度 $\Delta \psi$、$\Delta \varphi$；反过来，由于系数 $k_{z\psi,W}$、$k_{z\varphi,W}$ 的存在，当发生摆动 $\Delta \psi$、$\Delta \varphi$ 时，会产生竖直平面内的力 ΔW_z 而影响轴向扰动 Δh_0。

推力头平动与轴向运动之间不存在耦合。可见，横纵耦合是通过纵向自由度和弯曲自由度之间的耦合实现的。根据文献[1]可知，推力头平动对转子的横向动特性影响很小，而且平动对横纵耦合不产生影响，这里主要研究推力轴承对横纵耦合的影响，所以对式(3.21)进行简化，不再考虑推力头的平动：

$$\left\{ \begin{array}{c} \Delta W_z \\ \Delta M_x \\ \Delta M_y \end{array} \right\} = \left[\begin{array}{ccc} k_{zz,W} & k_{z\psi,W} & k_{z\varphi,W} \\ k_{xz,M} & k_{x\psi,M} & k_{x\varphi,M} \\ k_{yz,M} & k_{y\psi,M} & k_{y\varphi,M} \end{array} \right] \left\{ \begin{array}{c} \Delta h_0 \\ \Delta \psi \\ \Delta \varphi \end{array} \right\} + \left[\begin{array}{ccc} c_{zz,W} & c_{z\psi,W} & c_{z\varphi,W} \\ c_{xz,M} & c_{x\psi,M} & c_{x\varphi,M} \\ c_{yz,M} & c_{y\psi,M} & c_{y\varphi,M} \end{array} \right] \left\{ \begin{array}{c} \Delta \dot{h}_0 \\ \Delta \dot{\psi} \\ \Delta \dot{\varphi} \end{array} \right\} \tag{3.22}$$

由此得到推力轴承承载力和力矩的刚度与阻尼系数表达式为

$$k_{zi,W} = \frac{\partial W}{\partial i} , \quad c_{zi,W} = \frac{\partial W}{\partial i'} , \quad k_{si,M} = \frac{\partial M_s}{\partial i} , \quad c_{si,M} = \frac{\partial M_s}{\partial i'} \tag{3.23}$$

其中，$i = z, \varphi, \psi$；$s = x, y$；i' 表示速度扰动。

为求解上述动力特性系数，除了需要求解油膜压力分布 p 之外，还须确定 $\frac{\partial p}{\partial i}$ 和 $\frac{\partial p}{\partial i'}$ 的分布。对式(3.11)两边关于 i 及 i' 求导，并引入变量 $a = \bar{\mu}^{-\frac{1}{3}}\bar{h}$，$u = a^{\frac{3}{2}}\bar{p}$，$a_j = \frac{\partial a}{\partial j}$，$\bar{p}_j = \frac{\partial \bar{p}}{\partial j}$，$u_j = a^{\frac{3}{2}}\bar{p}_j + \frac{3}{2}a^{\frac{1}{2}}a_j\bar{p}$（其中 $j = i, i'$），则有如下形式的泊松方程：

$$\frac{\partial^2 u_j}{\partial \bar{x}^2} + \frac{\partial^2 u_j}{\partial \bar{y}^2} - g_j u_j = f_j \tag{3.24}$$

其中，

$$f_j = \begin{cases} -\dfrac{3}{2}\bar{\mu}^{-\frac{1}{3}}a^{-2}\left\{a^{-1}\left[\left(\dfrac{\partial a}{\partial \bar{x}}\right)^2 + \left(\dfrac{\partial a}{\partial \bar{y}}\right)^2\right] + \dfrac{\partial^2 a}{\partial \bar{x}^2} + \dfrac{\partial^2 a}{\partial \bar{y}^2}\right\}u_0 - 9a^{\frac{5}{2}}\dfrac{\partial a}{\partial \theta} & (j = \bar{h}_0) \\[2em] \dfrac{3}{2}\bar{\mu}^{-\frac{1}{3}}a^{-2}\left\{\bar{r}\sin\theta a^{-1}\left[\left(\dfrac{\partial a}{\partial \bar{x}}\right)^2 + \left(\dfrac{\partial a}{\partial \bar{y}}\right)^2\right] - \dfrac{\partial a}{\partial \bar{x}} + \bar{r}\sin\theta\left(\dfrac{\partial^2 a}{\partial \bar{x}^2} + \dfrac{\partial^2 a}{\partial \bar{y}^2}\right)\right\}u_0 \\[1.5em] \quad + 6\bar{r}a^{\frac{3}{2}}\left(\dfrac{3}{2}a^{-1}\sin\theta\dfrac{\partial a}{\partial \theta} - \cos\theta\right) & (j = \bar{\varphi}) \\[2em] \dfrac{3}{2}\bar{\mu}^{-\frac{1}{3}}a^{-2}\left\{\bar{r}\cos\theta a^{-1}\left[\left(\dfrac{\partial a}{\partial \bar{x}}\right)^2 + \left(\dfrac{\partial a}{\partial \bar{y}}\right)^2\right] - \dfrac{\partial a}{\partial \bar{y}} + \bar{r}\cos\theta\left(\dfrac{\partial^2 a}{\partial \bar{x}^2} + \dfrac{\partial^2 a}{\partial \bar{y}^2}\right)\right\}u_0 \\[1.5em] \quad + 6\bar{r}a^{\frac{3}{2}}\left(\dfrac{3}{2}a^{-1}\sin\theta\dfrac{\partial a}{\partial \theta} + \cos\theta\right) & (j = \bar{\psi}) \\[1.5em] 12a^{-\frac{3}{2}} & (j = \bar{h}_0') \\[1em] -12a^{-\frac{3}{2}}\bar{r}\sin\theta & (j = \bar{\varphi}') \\[1em] -12a^{-\frac{3}{2}}\bar{r}\cos\theta & (j = \bar{\psi}') \end{cases}$$

$g_j = \dfrac{3}{4}a^{-2}\left[\left(\dfrac{\partial a}{\partial \bar{x}}\right)^2 + \left(\dfrac{\partial a}{\partial \bar{y}}\right)^2\right] + \dfrac{3}{2}a^{-1}\left(\dfrac{\partial^2 a}{\partial \bar{x}^2} + \dfrac{\partial^2 a}{\partial \bar{y}^2}\right)$，$(j = 0, i, i')$；$f_0 = 6a^{-\frac{3}{2}}\dfrac{\partial a}{\partial \theta}\bar{\mu}^{-\frac{1}{3}}$；

$u_0 = a^{\frac{3}{2}}p_0$。

式(3.24)可采用前面所述伽辽金法求解，不同的是二次项系数为常数。得到

u_j 后，代入油膜压力 p，即可求得 $\dfrac{\partial p}{\partial i}$ 和 $\dfrac{\partial p}{\partial i'}$，在整个瓦面积分得到各瓦动力特性系数。整个推力轴承的动力特性系数可以由各瓦块的系数在整体坐标系中进行叠加得到。

3.1.3　导轴承和推力轴承动力特性系数的非线性

　　导轴承油膜动力特性系数的非线性可以从轴心位移、速度及动态油膜破裂边界条件等方面的因素来考虑。所提及的"非线性特性"只考虑了轴心位移这个最主要的因素，而考虑轴心速度因素的影响时，借助文献[5]，由于一般大型水轮发电机组的转速都很低，多在 100r / min 左右，激振荷载主要是水力和质量不平衡力，它们是与工作转速同步的。因此，可以预计把速度对动力特性系数的影响做线性化处理是比较合理的。

　　姜培林等认为当径向轴承为 360°全圆轴承时，偏载情况下的动力特性系数可以由垂直承载时得到的数据经过坐标转换得到。其前提是卧式机组导轴承在一般情况下导轴承的承载始终是竖直向下的。而对于一般采用分块可倾瓦导轴承的立式水轮发电机组来讲，荷载的方向不再固定，而是随机组的旋转时刻变化的，同一瓦块在不同时刻的摆角可能不同，油膜的动力系数是轴颈偏心距和偏位角的非线性函数，所以不能简单地由一个方向的系数通过坐标变换得到。

　　乔卫东同样认为立式机组滑动轴承和卧式机组滑动轴承存在本质区别[6]。图 3.3(a)为一般卧式预加负荷滑动轴承间隙圆和轴心轨迹示意图，图中 O_b 为导轴承间隙圆中心，O_r 为轴颈静平衡位置，e 为 O_r 距离 O_b 的偏心距，从图中可以看出轴颈中心运动轨迹表现为在静平衡位置附近的小范围涡动。图 3.3(b)为立式动负荷滑动轴承间隙圆和轴心轨迹示意图，其轴心运动轨迹不存在静态平衡点，或认为其静态平衡点位于导轴承中心。因此，目前一些成熟的关于卧式机组滑动轴承的设计理论与方法对于立式机组导轴承不一定适用。

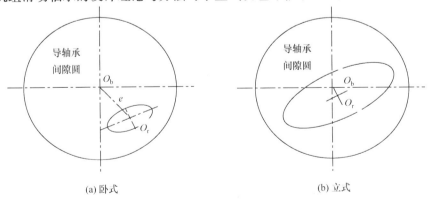

(a) 卧式　　　　　　　　　　　　　　(b) 立式

图 3.3　滑动轴承轴心轨迹

对于转子-轴承系统非线性油膜力的计算，目前数据库方法具有精度高、计算速度快的优点[7]，因此采用类似数据库的方法，所不同的是不求解油膜力，而是采用油膜的刚度和阻尼系数来表达。如图 3.4 所示，大轴导轴承处结点的位移幅值及轴心轨迹在坐标系 x-y 内计算，称 x-y 为整体坐标系；导轴承各瓦的动力特性系数在 X-Y 内计算，称 X-Y 为局部坐标系；OY 轴与 Oy 轴的夹角为动荷载的偏位角 Ψ。动荷载的方向随时间变化，因而局部坐标系 OY 轴在整体坐标系中的方向即 Ψ 角也随时间改变。在 X-Y 坐标系内，承载能力和动力特性系数仅是轴颈偏心率 ε 的一维函数，在 x-y 坐标内它们是轴颈偏心率 ε 和偏位角 Ψ 的二维函数。轴颈偏心过大和偏位角时间变化是造成动态油膜力非线性的主要因素。轴心的几何位置可用偏心率 ε 及其方位角 α 表示，应当注意，整体坐标系中轴心的方位角 α 与局部坐标系的偏位角 θ 的意义是不同的，前者仅表示偏心的方位，而后者与偏心率 ε 之间存在确定的函数关系。

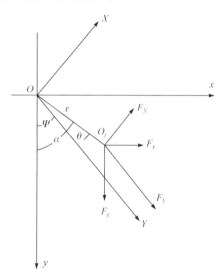

图 3.4　整体和局部坐标系

利用上述导轴承动力特性系数计算有限元程序。以轴颈位置参数偏心率 ε 和偏位角 Ψ 足够小的步长，在机组导轴承每个小安装间隙范围内，使预加载的方向以足够小的步长沿着圆周旋转一周，同时调整各瓦的位置参数(入油边、出油边角度和支点位置角)相对于局部坐标系 OY 轴的值，即可算得导轴承轴颈运动到任意偏心和任意角度时各瓦的动力特性系数，建立一个二维数据文件。在机组轴系统动力响应计算程序运行时，调用这个文件，通过插值处理，即可得到轴颈运动到任意位置时的导轴承动力特性系数。这种做法使导轴承非线性特性得到了充分反映。

本章注重研究推力轴承对机组的横纵耦合作用，推力盘平动对横向振动影响很小，且对横纵耦合振动无影响，因此对推力轴承动力特性系数进行了合理的简化，只考虑与推力盘竖向自由度和绕两个水平轴的摆动自由度相关的 18 个动力或动力矩刚度与阻尼系数。对推力轴承这些动力或动力矩特性系数非线性特性的实现与导轴承相似，即在可能的推力轴承的竖向扰动和摆动范围内，以足够小的间隙步长，分别计算上述 18 个参数，得到一个关于竖向扰动和两个摆动自由度的三维的数据文件，供插值调用。与导轴承不同，推力轴承在两个方向上的摆动具有一定的对称性，使得某些系数具有对称性，利用这个特点可以减少建立插值文件的工作量。对于导轴承，由于轴颈荷载方向时刻变化，不同时刻各瓦的摆角以及承载贡献不一样，因此采用各瓦的动力特性系数单独模拟的办法。而推力轴承的荷载方向固定不变，且本章采用算例中取固定瓦推力轴承，所以推力轴承动力特性系数采用各瓦叠加后整体模拟的办法。

3.1.4 数值算例与分析

以某水电站两导全伞式机组为例。下导和水导轴承支承形式为 5 瓦可倾瓦导轴承，推力轴承位于下导处，有 5 个固定扇形瓦。以某水电站两导全伞式机组为例，轴承形式分别为 5 瓦可倾瓦导轴承和 5 瓦固定扇形瓦推力轴承，有关参数如表 3.1 所示。转轴可以看作是均匀分布的等截面梁用 Beam 梁单元模拟，发电机转子和转轮可以作为具有集中质量和转动惯量的单圆盘考虑。

表 3.1 轴系统的相关计算参数

转子		转轮		转速		大轴材料			
直径	质量	直径	质量	额定	飞逸	弹模	泊松比	密度	半径
D_r/m	W_r/kg	D_t/m	W_t/kg	$n/(r/min)$	$n_r/(r/min)$	E/Pa	μ	$\rho/(kg/m^3)$	R/m
16.6	3.2×10^5	8.3	2.7×10^5	125	187.5	2.1×10^{11}	0.3	7×10^3	1.62

导轴承轴瓦				推力轴承轴瓦				润滑油动力黏度
内径	外径	包角	间距	内径	外径	包角	间距	$\mu/(N \cdot s/m^2)$
r_{11}/m	r_{o1}/m	$\theta_1/(°)$	$\theta_{01}/(°)$	R_{i2}/m	r_{o2}/m	$\theta_2/(°)$	$\theta_{02}/(°)$	
1.62036	1.685	60	12	1.62036	1.685	60	12	2.55×10^{-2}

导轴承采用 Combine14 单元模拟，对可倾瓦导轴承每一块瓦而言，在达到

其静态平衡位置时，油膜力矩为零，且油膜力的作用方向一定通过瓦的支点，由于大型商业软件 ANSYS 支持柱坐标系统，所以各瓦动力特性系数可不经坐标变换直接以径向作为刚度和阻尼的方向施加到模型中。同时通过 APDL 语言进行判断，使得模拟导轴承的弹簧单元只能承受压力而不能承受拉力。推力轴承对轴系统的作用是限制轴的弯曲，而 Combine14 只能模拟在单元拉伸方向上的作用，因此采用 ANSYS 单元库中提供的功能更为丰富的 Matrix27 单元模拟推力轴承，该单元每个节点有 3 个平动和 3 个转动共 6 个自由度，可以模拟质量、刚度、阻尼作用。在插值过程中利用了 ANSYS 中的表类型数组参数，这种参数数组最大的特点就是元素下标可以是非整数，从而可以方便地实现提供按行、列、页的下标进行线性插值的功能。

　　由于导轴承动力特性系数随轴颈水平偏心率和偏位角的强烈非线性变化特征，这里不再孤立地分析推力轴承对导轴承动力特性系数的影响，而直接建立考虑导轴承和推力轴承非线性特性的轴系统的三维有限元模型，研究轴系统通过推力轴承的横纵耦合振动特性。整个非线性的计算流程是：①假定轴系初始位移值(包括导轴承处偏心距、偏位角和转子倾斜参数等)；②根据位移值通过插值计算导轴承和推力轴承的动力特性系数并赋给模拟轴承的单元；③施加横向动荷载(大小和方向随时间变化)和竖向静荷载计算轴系统的动力反应；④提取相关计算位移值，取代①的假设值，返回到②；⑤增加时间步，返回到③，直到计算反应达到平衡。在整个计算过程中，竖向静荷载保持不变，横向动荷载简化为正弦荷载。

　　图 3.5(a)给出了导轴承某一块主要承载瓦的动力特性系数在偏位角为 0 弧度时随偏心率的变化情况。导轴承刚度和阻尼系数在偏心率较小的情况下呈近似线性，但是随着偏心率的增大，刚度系数迅速增大，表现出强烈的非线性特征，而阻尼系数的非线性特征不是很明显。

　　图 3.5(b)描述了该瓦的动力特性系数在偏心率为 0.14 时随偏位角变化规律。随着偏位角的增大，刚度和阻尼系数都是先减小再增大，大致符合线性规律。但刚度和阻尼系数为零时的偏位角范围值得研究。如果按照前面提到的坐标变换方法计算动力特性系数，当偏位角 $\Psi \in [1.57, 4.71]$ 时，该瓦系数均应为零，而按照本章前面提出的插值方法计算出来的结果显然不是这样，即刚度和阻尼系数随偏位角的变化并不是完全线性的，不能通过坐标变换得出。造成这种现象的原因是立式水轮发电机组轴颈上荷载的方向是不断变化的，而可倾瓦导轴承各瓦的摆角也随之相应变化，同一瓦块不同时刻的摆角可能不同。

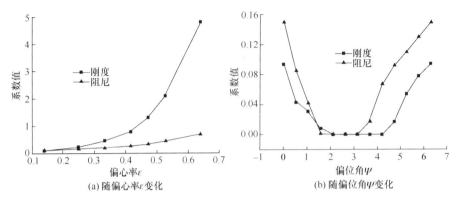

(a) 随偏心率ε变化　　　　　　　　(b) 随偏位角Ψ变化

图 3.5　动力特性系数的变化曲线

图 3.6 给出了水轮发电机组转子在前 4 个机组动荷载旋转周期即 1.92s 内 X 方向上的动力响应曲线，为方便起见，两种方法均未计入推力轴承的影响。从图中可以看出，坐标变换方法与本章所提出的方法相比动力响应最大相差达到 20%。说明对于立式水轮发电机组，导轴承动力特性系数不能通过坐标变换的方法获得。

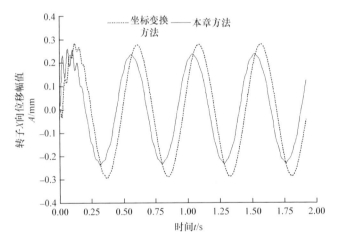

图 3.6　转子 X 向动位移时程图

图 3.7(a)为 $\bar{\varphi} = -0.5$ 时，X 向各动力特性系数随 $\bar{\psi}$ 从 –0.5 到 0.5 的变化规律。从图中可见，动力特性系数 $k_{xz,W}$ 和 $c_{xz,W}$ 随 $\bar{\psi}$ 的增大先减小后增大，呈近似二次曲线关系，系数 $k_{x\psi,W}$ 和 $c_{x\psi,W}$ 随 $\bar{\psi}$ 的增大而近似线性减小，而系数 $k_{x\varphi,W}$ 和 $c_{x\varphi,W}$ 则随 $\bar{\psi}$ 角的增大无明显变化。

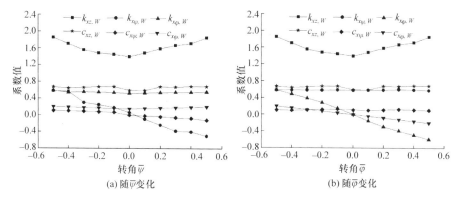

图 3.7 动力特性系数随 $\overline{\psi}$ 和 $\overline{\varphi}$ 变化曲线

图 3.7(b)为当 $\overline{\psi}=-0.5$ 时，X 向各动力特性系数随 $\overline{\varphi}$ 的变化规律，与图 3.7(a)相比可以看出，系数 $k_{xz,W}$ 和 $c_{xz,W}$ 随两个转角的变化规律完全相同，而系数 $k_{x\psi,W}$、$c_{x\psi,W}$ 和 $k_{x\varphi,W}$、$c_{x\varphi,W}$ 正好呈对称性，这是由于瓦的结构在 x 和 y 方向上是完全对称的。

图 3.7(a)和图 3.7(b)共同说明了与某个转角自由度有关的动力特性系数随这个转角的变化而变化明显，随另一个转角的变化而变化不明显。而与竖向自由度有关的系数则随两个转角的变化规律是完全一样的。

图 3.8(a)给出了 X 向动力矩特性系数在 $\overline{\varphi}=-0.5$ 时随 $\overline{\psi}$ 的变化。从图中可以看出，系数 $k_{xz,M}$、$c_{xz,M}$ 和 $k_{x\psi,M}$、$c_{x\psi,M}$ 随着 $\overline{\psi}$ 的增大近似线性减小，系数 $k_{x\varphi,M}$、$c_{x\varphi,M}$ 随 $\overline{\psi}$ 的增大先减小再增大，也是呈近似二次曲线关系。

图 3.8(b)为当 $\overline{\psi}=-0.5$ 时，X 向各力矩特性系数随 $\overline{\varphi}$ 的变化规律，比较两图可以看出，力矩特性系数 $k_{x\varphi,M}$ 和 $c_{x\varphi,M}$ 随两个转角的变化规律完全相同。系数 $k_{x\psi,M}$ 和 $c_{x\psi,M}$ 随 $\overline{\psi}$ 变化明显，系数 $k_{xz,M}$ 和 $c_{xz,M}$ 随 $\overline{\varphi}$ 变化明显。

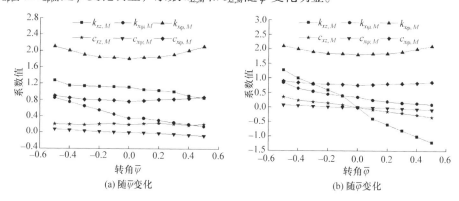

图 3.8 动力矩特性系数随 $\overline{\psi}$ 和 $\overline{\varphi}$ 变化曲线

当 $\bar{\varphi}$ 取其他数值时，各力或力矩系数随 $\bar{\psi}$ 的变化趋势与图 3.7(a)和图 3.8(a) 相似，只是具体数值不同。同样对于 $\bar{\psi}$ 情形也成立。Y 向力和力矩特性系数与 X 向的规律相似，不再赘述。另外，各系数随 $\bar{h_0}$ 的增大也均有不同程度的增大。

图 3.9 为某水轮发电机组施加横向动荷载($F_h = 240\sin(2\pi\omega t)$kN ，$\omega$ 为机组转频)和竖向静荷载时，转子水平 X 向动力响应曲线。系数 $k_{xz,M}$、$k_{yz,M}$ 等的存在使得推力轴承在发生竖向扰动 Δh_0 时，产生了竖直平面内的弯矩 ΔM_x 和 ΔM_y。从图中可见这种弯矩的耦合作用使得转子的横向振动响应幅值大幅降低，最多达 27.4%，说明推力轴承对转子横向弯曲振动响应有不可忽视的影响，对机组稳定性起到了有利的约束作用。

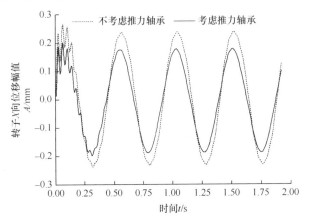

图 3.9　转子在 X 方向动位移时程曲线图

图 3.10 为轴系施加横向动荷载和竖向静荷载时推力轴承轴向间隙的变化(推力轴承轴向间隙定义为推力头不发生摆动时的平面中心到瓦块某高度处假定平面的距离)。从图中可以看出，横向动荷载会通过推力轴承引起竖向动力响应，但是响应幅值较小，即横向动荷载造成推力轴承的轴向间隙围绕一个固定值上下波动，波动范围较小，与轴向静荷载产生的轴向间隙(即该固定值)相比在 1% 以内，是可以忽略的。

轴系统的前 6 阶自振频率和前 2 阶振型图分别如图 3.11 和图 3.12 所示。从图 3.11 中可以看出，考虑推力轴承作用后，各阶自振频率除第二阶外均有不同程度的提高，第一阶相对提高最大为 68.7%。不考虑推力轴承作用时第一阶临界转速为 180.6r/min，与机组的飞逸转速相接近，机组不能安全运行，而考虑推力轴承后，机组第一阶临界转速升高到 304.8r/min，为工作转速的 2.44 倍。说明在机组稳定性分析中，应该考虑推力轴承对于提高机组轴系横向刚度的有利作用。第二阶频率没有提高，主要是因为轴系统的前 2 阶振型主要表现为转子和转轮的振动。从图 3.12 给出的振型图可以看出，当转轮发生振动时，轴系在转子附近即推力轴承位置无明显变形，即推力轴承此时没起到约束轴系横向振动的作用。

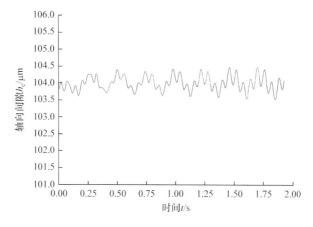

图 3.10　轴系的竖向不平衡响应

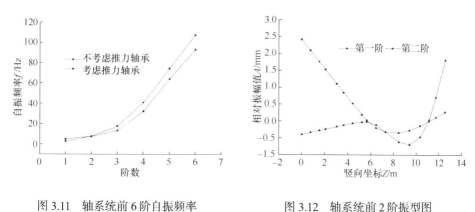

图 3.11　轴系统前 6 阶自振频率　　　　图 3.12　轴系统前 2 阶振型图

3.2　水电机组轴系统弯扭耦合振动分析

目前关于转子轴承系统弯扭耦合振动的研究多针对汽轮发电机组，且主要集中在对转子非线性动态特性的探讨上。林海英等建立了非线性油膜力作用下转子轴承弯扭耦合振动模型，得到了转子弯曲振动的三维谱图和分岔图，认为转子弯曲振动会发生倍周期和概周期等复杂的非线性动力学行为[8]。李朝峰等对转子轴承系统离散模型和有限元模型的非线性动力学行为进行了比较分析，考虑了转子的剪切效益、惯量分布效益、横向扭转以及系统结构参数等因素，认为有限元考虑的因素增加，结果更为可信[9]。何成兵建立了轴颈和一般轴段两种基于分布质量的弯扭耦合振动方程，利用增量传递矩阵法和 Riccati 法，计算了汽轮发电机组轴系的弯扭耦合振动响应[10]。而对于水轮发电机组轴系弯扭耦合振动的研究，目前尚不多见。随着水轮发电机组容量的日益增大，发电机转子直径和质量都空前加大，轴系加长且柔性增大，这对稳定性提出了更高的要求，因而弯扭耦合振动的分析成为必要。实际上旋转轴系需要轴承支承，轴承的刚度和阻尼又是随着轴颈运动引起轴承间隙变化而变化的，加之陀螺力矩等影响因素的作用，转子轴承系统的运动变得十分复杂。因此，有必要考虑轴承弹性支承，建立转子-轴承系统的弯扭耦合振动数学模型。以某实际水轮发电机组为例，建立转子轴承系统弯扭耦合振动分析模型，通过求解不同导轴承刚度和阻尼情况下转子的弯振和扭振响应时程曲线，研究了轴承集中刚度和阻尼、转子的陀螺力矩及转动惯量等对系统弯扭耦合振动的影响。

3.2.1　轴系统弯扭耦合运动微分方程

假设水轮发电机组转子可简化为质量为 m 的轮盘，大轴简化为弯扭柔性无质量轴，如图 3.13 所示，转子在 xOy 平面上旋转，将 z 轴旋转 $90°$ 放平，如图 3.14 所示，旋转中心 S 点坐标为 (x, y)，转子重心点 G 的坐标为 (x_G, y_G)。大轴旋转时，偏离竖直线的水平距离为 $OS=r$。

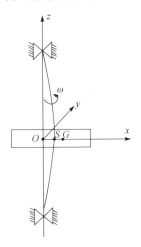
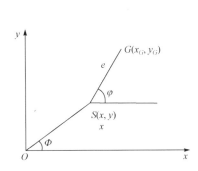

图 3.13　转子轴系弓状回旋振动　　　　　　图 3.14　转子质量不平衡

回转向量与 x 轴的夹角为 φ，OS 与 x 轴的夹角为 $\varPhi$。则根据质心运动定理和动量矩定理可得

$$\begin{cases} m\ddot{x}_G + c_1\dot{x}_G + k_1(x_G - e\cos\varphi) = 0 \\ m\ddot{y}_G + c_2\dot{y}_G + k_2(y_G - e\sin\varphi) = 0 \\ I_p\ddot{\varphi} + c_3\dot{\varphi} + k_3\Delta\varphi = k_2 ye\cos\varphi - k_1 xe\sin\varphi + M_n \end{cases} \tag{3.25}$$

其中，k_1 和 k_2 分别为转轴在 x 和 y 方向上的抗弯刚度；e 为质量偏心；c_1 和 c_2 为 x 和 y 方向上弯曲振动的结构阻尼；c_3 为扭转振动的结构阻尼；k_3 为转轴的抗扭刚度；$\Delta\varphi$ 为转子的扭振角；M_n 为驱动力矩；φ 为转子的瞬时角度；I_p 为转子转动惯量。设 $\varPhi$ 为机组大轴的瞬时角度，当轴系发生扭转振动时有

$$\varPhi = \varphi - \Delta\varphi \tag{3.26}$$

着重分析弯扭耦合振动的机理，假设 M_n 不引起轴系扭转，即不考虑 M_n 对轴系扭转的影响，只考虑弯曲振动激发的扭振振动。则有

$$I_p\ddot{\varPhi} + c_3\dot{\varPhi} = M_n \tag{3.27}$$

并且

$$\begin{cases} x_G = x + e\cos\varphi \\ y_G = y + e\sin\varphi \end{cases} \tag{3.28}$$

把式(3.26)~式(3.28)代入式(3.25)即得到刚性支承下转子的运动微分方程组：

$$\begin{cases} m\ddot{x} + c_1\dot{x} + k_1 x = me(\dot{\varphi}^2\cos\varphi + \ddot{\varphi}\sin\varphi) + c_1 e\dot{\varphi}\sin\varphi \\ m\ddot{y} + c_2\dot{y} + k_2 y = me(\dot{\varphi}^2\sin\varphi - \ddot{\varphi}\cos\varphi) - c_2 e\dot{\varphi}\cos\varphi \\ I_p\Delta\ddot{\varphi} + c_3\Delta\dot{\varphi} + k_3\Delta\varphi = e(k_2 y\cos\varphi - k_1 x\sin\varphi) \end{cases} \tag{3.29}$$

同理，设转子两端采用滑动轴承支承，m' 为轴颈质量，x'、y' 为轴颈位移，c_1'、c_2' 为 x 和 y 方向上轴颈处的结构阻尼，f_x、f_y 是 x 和 y 方向上的油膜力，则可得到弹性支承情况下转子的弯扭耦合运动微分方程组：

$$\begin{cases} m'\ddot{x}' + c_1'\dot{x}' + \dfrac{1}{2}k_1(x' - x) = f_x \\ m'\ddot{y}' + c_2'\dot{y}' + \dfrac{1}{2}k_2(y' - y) = f_y \\ m\ddot{x} + c_1\dot{x} + k_1(x - x') = m_2 e(\dot{\varphi}^2\cos\varphi + \ddot{\varphi}\sin\varphi) + c_1 e\dot{\varphi}\sin\varphi \\ m\ddot{y} + c_2\dot{y} + k_2(y - y') = m_2 e(\dot{\varphi}^2\sin\varphi - \ddot{\varphi}\cos\varphi) - c_2 e\dot{\varphi}\cos\varphi \\ I_p\Delta\ddot{\varphi} + c_3\Delta\dot{\varphi} + k_3\Delta\varphi = e[k_2(y - y')\cos\varphi - k_1(x - x')\sin\varphi] \end{cases} \tag{3.30}$$

从式(3.29)和式(3.30)可以看出如下性质：①转子的弯曲振动和扭转振动之间

的耦合关系是与不平衡量的大小有密切关系的，即不平衡量越大，耦合性越强。②弯曲振动与扭转振动之间的耦合作用是相互的，弯曲振动的幅值会对扭转振动的激励扭矩产生影响，而扭转角则影响着弯曲振动的激励：当轴系发生扭转时，转子转过的瞬时角度 $\varphi = \Phi + \Delta\varphi$，由于扭转角的存在，转子转过的瞬时角度与转轴转过的瞬时角度不再一致，同时转子的角速度 $\dot{\varphi}$ 不再是常数，也就是转子存在了角加速度 $\ddot{\varphi}$，转子的弯曲振动激励变为关于 φ 及其一、二阶导数的复杂函数，即弯曲振动受扭转振动响应 $\Delta\varphi$ 的影响；反之，对于扭转振动而言，扭振激励是弯曲振动响应 x 向和 y 向位移分量及转子瞬时角度 φ 的函数，其中 φ 又是由转子轴系瞬时角度与扭转角加和得到，即扭振振动激励与弯振幅值和扭转角有关。③在轴承弹性支承条件下，轴颈与转子的弯曲位移存在耦合。目前，对于轴颈处油膜力的处理方法有三种，一是把油膜力考虑成短轴承非线性油膜力模型，将油膜力表示成轴颈位移的复杂函数，但该方法似乎不好考虑轴承处的集中刚度和阻尼，因为集中刚度和阻尼应该是短轴承非线性油膜力对轴颈位移和速度的函数，而集中刚度和阻尼对转子轴系统的弯扭耦合的影响是研究内容之一；二是考虑用润滑方程计算瞬时油膜力，轴承集中刚度和阻尼是润滑计算得出的油膜力对轴颈位移和速度的导数，这样是比较合理的，难点在于每一步计算都要进行润滑计算；三是本章采用的方法：将油膜力考虑成轴颈位移和速度的线性化八参数模型，在轴颈发生小扰动时，轴承刚度和阻尼可以认为是恒定值，这样可以方便地考虑轴承刚度和阻尼发生的变化。

3.2.2 轴承支承条件的影响

以某实际的水轮发电机组转子轴系为例。系统相关参数为：大轴内径为 0.15m，外径为 0.65m；转轴材料弹性模量为 2.1×10^{11}Pa，剪切模量 8×10^{10}Pa；抗弯刚度 $k_1 = k_2 = 7.08 \times 10^9$ N/m，抗扭刚度 $k_3 = 5.76 \times 10^9$N·m/rad；轴颈质量 $m' = 1.48 \times 10^4$ kg；转子质量 $m = 2.77 \times 10^5$ kg；转子直径转动惯量为 6.05×10^6kg·m²；偏心距 $e = 0.5 \times 10^{-3}$m；轴系转动频率为 2.083Hz。

图 3.15 给出了不同支承条件以及是否考虑弯扭耦合情况下转子轴心轨迹，其中刚支耦合振幅最小，弹支不耦合次之，弹支耦合最大。在同样考虑弯扭耦合情况下，弹性支承振幅大约是刚性支承的 4 倍，可见是否考虑轴承弹性支承对转子振幅影响作用是很大的，在同等支承条件下，弯扭耦合对振幅的影响同样不可忽视。当弹性支承中导轴承刚度和阻尼变化时，加之弯扭耦合作用，系统的运动将变得更加复杂，因此，将着重分析支承条件即导轴承刚度、阻尼及其他影响因素对转子轴承系统弯扭耦合振动的影响。

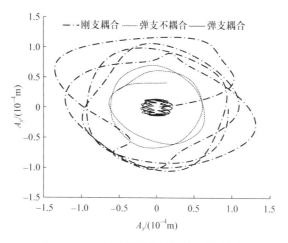

图 3.15　不同条件下的转子轴心轨迹图

3.2.3　轴承集中刚度和阻尼的影响

弯曲方向上的集中刚度和阻尼主要是指导轴承的刚度和阻尼。它们随着轴颈运动及导轴承间隙变化而非线性变化，而且刚度和阻尼系数之间是有一定的相互关系的，即当导轴承的刚度发生变化时阻尼也随之相应变化。如图 3.16 所示，其中：$\lambda_k = K_{xx} / \left[\mu n l \left(R / C \right)^3 \right]$；$\lambda_c = \omega C_{xx} / \left[\mu n l \left(R / C \right)^3 \right]$；$\mu$ 为轴承内油的黏度；n 为机组额定转速；l 为轴瓦的轴向长度；R 为导轴承轴瓦半径；C 为导轴承间隙；C' 为轴瓦在支承点处的间隙；ω 为大轴旋转圆频率。

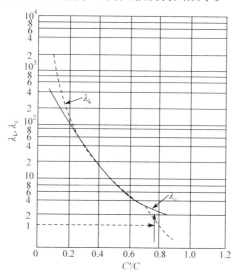

图 3.16　导轴承刚度和阻尼系数关系

图 3.16 中 λ_k 和 λ_c 是 C'/C 的函数，由上述公式可以得出导轴承刚度和阻尼之间的相互关系。本算例中，导轴承轴瓦半径 $R=0.77$m，转速 $n=125$r/min，$\omega=13.08$rad/s，取导轴承间隙 $C=0.02$cm，黏度 $\mu=0.33\times10^{-5}$N · s/cm^2。代入上述数据后，可得 $K_{xx}=1.57\times10^6\lambda_k$，$C_{xx}=1.2\times10^6\lambda_c$，如果取导轴承刚度为 $K_{xx}=2\times10^9$N / m，则 $\lambda_k=1.273$，由图查得 $C'/C=0.78$，得 $\lambda_c=2.2$，导轴承阻尼系数为 $C_{xx}=2.64\times10^9$N · s/m。

扭转方向上的集中刚度主要是轴本身的抗扭刚度，而扭转方向上的集中阻尼则包括导轴承和推力轴承阻尼。

导轴承在扭转方向上的集中阻尼采用文献[4]中的推荐公式，导轴承与轴的摩擦力为

$$F_c = \frac{\mu}{C'}2\pi RBv \tag{3.31}$$

其中，$C' = R - r$ 为轴承间隙，其余符号意义同前。总阻尼力矩为

$$M_c = F_c R = \frac{2\pi R^3 \mu B}{C'} \cdot \dot{\theta} = C\dot{\theta} \tag{3.32}$$

得阻尼系数为

$$C = \frac{2\pi R^3 \mu B}{C'} \tag{3.33}$$

推力轴承单块轴瓦在扭转方向上与轴的摩擦力为[4]

$$F_c' = \frac{\mu LB}{(\alpha-1)h_2}\left[4\ln\alpha - \frac{6(\alpha-1)}{\alpha+1}\right]v \tag{3.34}$$

其中，μ 为润滑油动力黏度；L 为轴瓦长度；B 为轴瓦宽度；h_2 为最小油膜厚度；$\alpha = h_1 / h_2$ 为最大与最小油膜厚度之比；v 为镜板与轴瓦的相对运动速度。由于 $v=R\dot{\theta}$，R 为轴承半径，所以对大轴中心的阻尼力矩为 $M_c' = F_c'R$，设推力轴瓦总数为 n，则总阻尼力矩为

$$M_c = M_c' n_c = C\dot{\theta} \tag{3.35}$$

因此得推力轴承在扭转方向上的集中阻尼为

$$C = nR^2 \frac{\mu LB}{(\alpha-1)h_2}\left[4\ln\alpha - \frac{6(\alpha-1)}{\alpha+1}\right] \tag{3.36}$$

则扭转方向上的集中阻尼为导轴承与推力轴承阻尼叠加之和。

图 3.17 和图 3.18 分别给出了在不考虑阻尼、只考虑弯曲阻尼、只考虑扭转阻尼和考虑两种阻尼四种情况下的弯振和扭振幅值随导轴承刚度变化曲线。从图 3.17 中可以看出，四种情况下转子弯振幅值均随着导轴承刚度的增大而减小，并且在不考虑阻尼情况下，弯振幅值随导轴承刚度变化较大，考虑两种阻

尼情况下，弯振幅值随导轴承刚度变化相对较小。在同一刚度时，无阻尼时弯振幅值最大，其次是扭转阻尼，最后是弯曲阻尼和两种阻尼，说明对于弯曲振动幅值，弯曲方向上的集中阻尼对幅值影响较大，而扭转方向上的集中阻尼影响较小。图 3.18 中扭振幅值随导轴承刚度变化的规律与弯振幅值类似，对于扭转振动同样是弯曲阻尼对幅值影响较大，而扭转阻尼对幅值影响较小，弯曲阻尼主要是通过影响转子弯振幅值，由于弯扭耦合作用的存在，影响扭振激励，进而影响扭振幅值的。

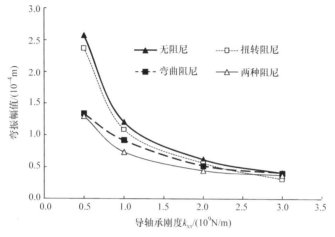

图 3.17　弯振幅值随导轴承刚度变化

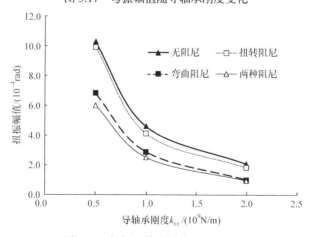

图 3.18　扭振幅值随导轴承刚度变化

　　图 3.19(a)~(c)分别给出了导轴承刚度 K_{xx} 在 $0.5×10^9$N/m、$1.0×10^9$N/m 和 $2.0×10^9$N/m 时阻尼对转子弯曲振动响应的影响曲线。从图 3.19(a)可以看出，无阻尼曲线和扭转阻尼曲线波形相似，数值接近，弯曲阻尼和两种阻尼曲线波形接

近，说明扭转阻尼对弯曲振动影响微小，仅使得弯振幅值下降 8%，而弯曲阻尼使得弯振幅值下降达到 40%，说明弯曲阻尼对弯扭耦合中弯振幅值影响较大，是必须考虑的因素。

当导轴承刚度增大为 $1.0 \times 10^9 \text{N/m}$ 时，阻尼对弯振幅值影响如图 3.19(b)所示，此时，四种曲线波形不像图 3.19(a)呈两种明显趋势，但是仍能看出无阻尼时响应最大，扭转阻尼次之，弯曲阻尼使得弯振幅值下降 24%，弯曲和扭转阻尼使得幅值下降 39%，说明导轴承刚度增大后，弯振幅值总体下降，但是阻尼对振幅的影响程度依然很大。

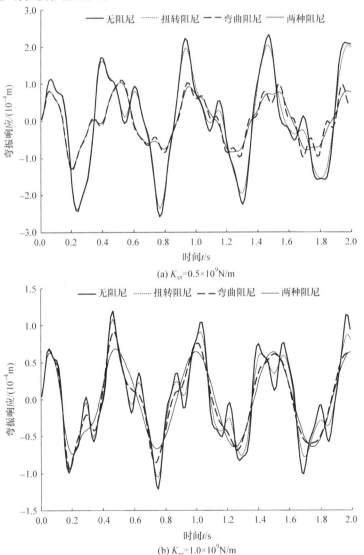

(a) $K_{xx}=0.5 \times 10^9 \text{N/m}$

(b) $K_{xx}=1.0 \times 10^9 \text{N/m}$

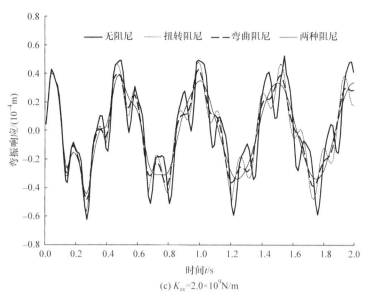

(c) $K'_{xx} = 2.0 \times 10^9 \text{N/m}$

图 3.19　阻尼对转子弯振响应的影响

图 3.19(c)中四种曲线波形更加接近，扭转阻尼使得幅值下降为 9%，弯曲阻尼使得幅值下降为 16%，两种阻尼使得幅值下降为 28%，说明随着导轴承刚度的增大，弯曲阻尼对弯振幅值的影响有所降低。主要是由于导轴承刚度增大，弯曲阻尼也相应增大，对转子的约束更加明显，使得转子的位移和速度均有大幅下降，因而弯曲阻尼的影响程度有所降低。由于弯扭耦合作用的存在，扭转阻尼通过对转角的影响，也会对弯曲振动产生较小影响，且影响程度不随导轴承刚度增大而变化。

图 3.20(a)～(c)给出的是导轴承刚度分别在 $0.5 \times 10^9 \text{N/m}$、$1.0 \times 10^9 \text{N/m}$ 和 $2.0 \times 10^9 \text{N/m}$ 时的阻尼对转子扭转振动的影响曲线。从图 3.20(a)中可以看出，无阻尼和扭转阻尼接近，而弯曲阻尼和两种阻尼接近。相对于无阻尼情况，扭转阻尼和弯曲阻尼分别使得扭振幅值下降 3% 和 33%，而两种阻尼都考虑时，下降了 41%，可见，由于弯扭耦合作用的存在，对扭振幅值影响较大的仍然是弯曲阻尼。弯曲阻尼主要是通过对弯振幅值的影响，进而影响扭振的激励，最后影响扭振幅值。当导轴承刚度增大到 $1.0 \times 10^9 \text{N/m}$ 时，阻尼对扭振幅值影响如图 3.20(b) 所示，导轴承刚度增大后，扭振幅值总体下降，主要是受弯振幅值下降造成扭振激励下降的影响。相对无阻尼情况，扭转阻尼和弯曲阻尼使得扭振幅值分别下降 10% 和 37%，说明弯曲阻尼还是对扭振幅值起主要的影响作用，扭转阻尼的影响

作用在增强。当导轴承刚度进一步增大时，扭转阻尼和弯曲阻尼分别使得扭振幅值下降 12%和 18%，此时扭转阻尼和弯曲阻尼对扭振幅值的影响程度相当，均不可忽略。图 3.20(a)～(c)说明，弯曲阻尼是影响扭振幅值的主要因素，导轴承刚度较小时，扭转阻尼影响可忽略，随着导轴承刚度的增大，扭转阻尼影响逐渐增大，当导轴承刚度为 2.0×10^9N/m 时，扭转阻尼与弯曲阻尼对扭振幅值的影响程度相当，均是必须考虑的因素。

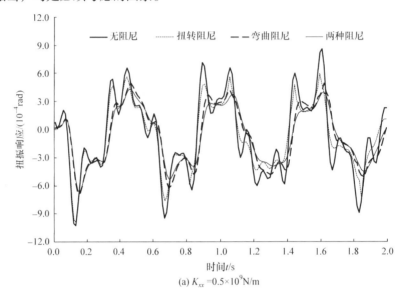

(a) $K_{xx}=0.5\times10^9$N/m

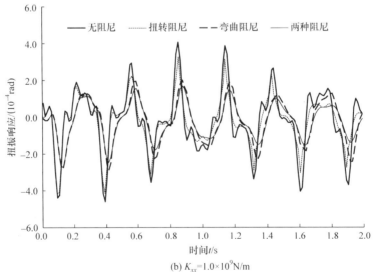

(b) $K_{xx}=1.0\times10^9$N/m

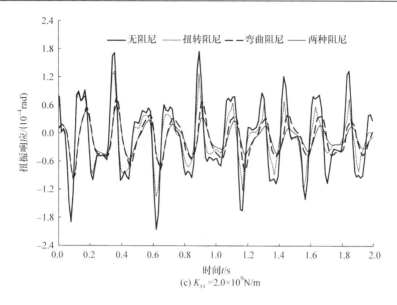

图 3.20　阻尼对转子扭转振动的影响

3.2.4　陀螺力矩的影响

水轮发电机组的导轴承距发电机转子不对称，转子在弓状回旋时，不仅有水平变位，而且有竖向变位(转角)，即存在陀螺效应。随着机组容量和尺寸的增大，陀螺效应对轴系的振动响应是不可忽视的。文献[11]和文献[12]给出了考虑陀螺力矩的转子转动微分方程：

$$\begin{cases} I_d\ddot{\theta}_x + I_p\omega\dot{\theta}_y = M_x \\ I_d\ddot{\theta}_y - I_p\omega\dot{\theta}_x = M_y \\ I_p\dot{\omega} - (\ddot{\theta}_y\ddot{\theta}_x + \dot{\theta}_y\theta_x)I_p = M_z \end{cases} \tag{3.37}$$

其中，I_d 为绕 x 轴和 y 轴的直径惯性矩；I_p 为绕 z 轴的极惯性矩；$\dot{\theta}_x$ 和 $\dot{\theta}_y$ 分别为绕 x 轴和 y 轴的转角的速度；$\ddot{\theta}_x$ 和 $\ddot{\theta}_y$ 分别为绕 x 轴和 y 轴的转角加速度；M_x、M_y、M_z 分别为绕 x 轴、y 轴和 z 轴的扭矩。式(3.37)只考虑了转子在三个方向的转动而未考虑转子在 x 和 y 方向上的平动，因此将式(3.30)和式(3.37)合并，得到考虑陀螺力矩的轴承-转子弯扭耦合振动的微分方程：

$$\begin{cases} m'\ddot{x}' + c'_1\dot{x}' + \dfrac{1}{2}k_1(x'-x) = f_x \\[2mm] m'\ddot{y}' + c'_2\dot{y}' + \dfrac{1}{2}k_2(y'-y) = f_y \\[2mm] m\ddot{x} + c_1\dot{x} + k_1(x-x') + k_{r\theta}\theta_y = me(\dot{\varphi}^2\cos\varphi + \ddot{\varphi}\sin\varphi) + c_1 e\dot{\varphi}\sin\varphi \\[2mm] m\ddot{y} + c_2\dot{y} + k_2(y-y') + k_{r\theta}\theta_x = me(\dot{\varphi}^2\sin\varphi - \ddot{\varphi}\cos\varphi) - c_2 e\dot{\varphi}\cos\varphi \\[2mm] I_d\ddot{\theta}_x + c_{1\theta}\dot{\theta}_x + \dot{\theta}_y I_p(\dot{\varphi}-\Delta\dot{\varphi}) + k_{\theta r}(y-y') + k_{\theta\theta}\theta_x = 0 \\[2mm] I_d\ddot{\theta}_y + c_{2\theta}\dot{\theta}_y - \dot{\theta}_x I_p(\dot{\varphi}-\Delta\dot{\varphi}) + k_{\theta r}(x-x') + k_{\theta\theta}\theta_y = 0 \\[2mm] I_p\Delta\ddot{\varphi} + c_3\Delta\dot{\varphi} - I_p(\ddot{\theta}_y\ddot{\theta}_x + \dot{\theta}_y\dot{\theta}_x) + k_3\Delta\varphi = e[k_1(y-y')\cos\varphi - k_2(x-x')\sin\varphi] \end{cases} \tag{3.38}$$

其中，$k_{r\theta} = -2.97 \times 10^8\,\text{N/rad}$；$k_{\theta r} = -2.97 \times 10^8\,\text{N}$；$k_{\theta\theta} = 2.48 \times 10^{10}\,\text{N} \cdot \text{m/rad}$，其余参数与前述相同。

从式(3.38)可以看出，转子的陀螺力矩可以分为两种，即弯曲陀螺力矩 $\dot{\theta}_y I_p(\dot{\varphi}-\Delta\dot{\varphi})$ 和 $-\dot{\theta}_x I_p(\dot{\varphi}-\Delta\dot{\varphi})$，扭转陀螺力矩 $-I_p(\ddot{\theta}_y\ddot{\theta}_x + \dot{\theta}_y\dot{\theta}_x)$。当导轴承刚度为 $1\times10^9\text{N/m}$，考虑两种阻尼情况下陀螺力矩对弯扭耦合振动中弯振幅值影响，如图 3.21 所示。从图中可以看出陀螺力矩使得转子弯振幅值增加 30%以上，为了弄清楚陀螺力矩 $\dot{\theta}_y I_p(\dot{\varphi}-\Delta\dot{\varphi})$、$-\dot{\theta}_x I_p(\dot{\varphi}-\Delta\dot{\varphi})$ 和 $-I_p(\ddot{\theta}_y\ddot{\theta}_x + \dot{\theta}_y\dot{\theta}_x)$ 中哪一项影响较大，图 3.21 还给出了只考虑扭转陀螺力矩的弯振幅值响应曲线。从图中可以看出，与不考虑陀螺力矩相比，只考虑扭转陀螺力矩的幅值最大增加 25%，说明对于弯扭耦合振动，扭转陀螺力矩即 $-I_p(\ddot{\theta}_y\ddot{\theta}_x + \dot{\theta}_y\dot{\theta}_x)$ 项对弯振幅值增加起主要作用，而弯曲陀螺力矩即 $\dot{\theta}_y I_p(\dot{\varphi}-\Delta\dot{\varphi})$ 和 $-\dot{\theta}_x I_p(\dot{\varphi}-\Delta\dot{\varphi})$ 项影响相对较小。图 3.22 给出了陀螺力矩对扭振幅值的影响，从图中可以看出陀螺力矩对扭振幅值影响很大，最大接近 50%，也说明了弯扭耦合系统中，陀螺力矩对弯振幅值的影响主要是通过扭转陀螺力矩即 $-I_p(\ddot{\theta}_y\ddot{\theta}_x + \dot{\theta}_y\dot{\theta}_x)$ 项对扭振产生影响造成的。

3.2.5　转子转动惯量的影响

图 3.23 和图 3.24 给出了是否考虑陀螺力矩(即转子是否具有绕 x 轴和 y 轴转动自由度 θ_x 和 θ_y)时的转子弯振和扭振幅值随转子转动惯量的变化曲线。该计算结果同样是在导轴承刚度为 $1.0\times10^9\text{N/m}$ 时考虑两种阻尼情况下得到。从图 3.23 和图 3.24 中可以看出，随着转动惯量的增大，无论是否考虑陀螺力矩，转子的弯振和扭振幅值均呈下降趋势。考虑陀螺力矩时，转子的弯振和扭振的幅值下降明显，在转动惯量较小时，转动惯量每增加一倍，幅值降低 25%左右，随着转

动惯量的增大，幅值降低幅度越来越小。在不考虑陀螺力矩时，转子转动惯量的增大对弯振幅值影响相对较小，主要是因为此时未考虑转子绕 x 轴和 y 轴的转角自由度 θ_x 和 θ_y，即转子的直径转动惯量 I_d 变化对转子绕 x、y 轴的转动影响无法体现。弯振幅值略有降低是通过极转动惯量 I_p 变化对扭振幅值产生影响造成的。在

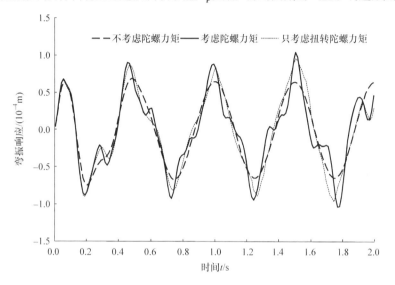

图 3.21 陀螺力矩对弯曲振动的影响

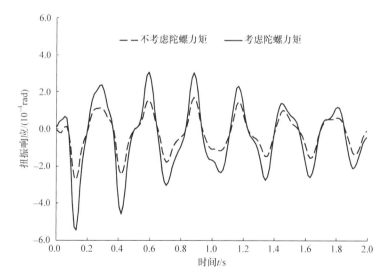

图 3.22 陀螺力矩对扭转振动的影响

不考虑陀螺力矩情况下，扭振幅值随转动惯量的增大而降低，降低幅度比考虑陀螺力矩时小，转动惯量每增加一倍，幅值降低 15%左右，随着转动惯量的增大，幅值降低幅度越来越小。

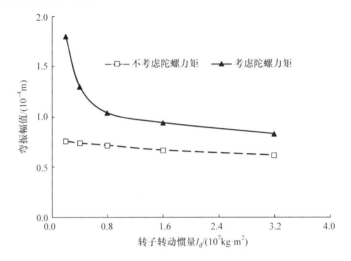

图 3.23　转动惯量对弯曲振动的影响

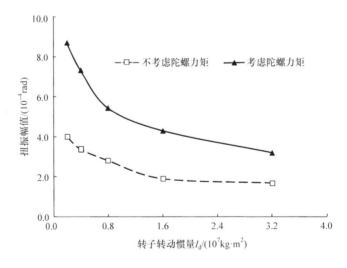

图 3.24　转动惯量对扭转振动的影响

3.2.6　电磁刚度的影响

目前关于转子轴承系统弯扭耦合振动的研究多集中在对转子非线性动态特性

的探讨上，且主要针对汽轮发电机组。张俊红等[13]以汽轮机组为研究对象，采用 FFT 等多种方法分析其在简谐衰减、非同期并列两种工况下的弯扭振动特性。赵磊等[14]建立了横扭耦合振动双质量模型，探讨了径向电磁力和电磁力矩诱发的水电机组轴系弯扭耦合振动，认为电磁参数和机械参数若处在敏感区域，将诱发机组激烈的混沌振动。

　　水电机组的振动是由电磁、水力、机械三种振源共同作用引起的多维振动，不同振动方向之间存在着强烈的耦合作用。此外，对轴系支承起关键作用的轴承油膜也对轴系振动特性有重要影响，因此，考虑轴承弹性支承的多振源作用下转子系统的弯扭耦合振动研究显得十分必要。本节以某实际水电机组为例，建立了考虑电磁刚度的转子轴承系统弯扭耦合振动模型，研究了电磁刚度、轴承刚度、阻尼对转子系统弯扭耦合振动特性的影响。

　　弯曲电磁刚度和扭转电磁刚度的推导过程及表达式详见 2.1 节和 2.3 节，式(3.39)给出了在弯曲和扭转方向上均考虑电磁刚度影响的水电机组轴系弯扭耦合运动微分方程：

$$\begin{cases} m'\ddot{x}' + c_1'\dot{x}' + \dfrac{1}{2}k_1(x'-x) = k_{xx}x' + k_{xy}y' + c_{xx}\dot{x}' + c_{xy}\dot{y}' \\[2mm] m'\ddot{y}' + c_2'\dot{y}' + \dfrac{1}{2}k_2(y'-y) = k_{yy}y' + k_{yx}x' + c_{yy}\dot{y}' + c_{yx}\dot{x}' \\[2mm] m\ddot{x} + c_1\dot{x} + k_1(x-x') + K_{exx}x + K_{exy}y = m_2 e(\dot{\varphi}^2\cos\varphi + \ddot{\varphi}\sin\varphi) \\[1mm] \qquad\qquad\qquad\qquad\qquad\qquad\qquad\qquad + c_1 e\dot{\varphi}\sin\varphi - f_{ex} \\[2mm] m\ddot{y} + c_2\dot{y} + k_2(y-y') + K_{eyy}y + K_{eyx}x = m_2 e(\dot{\varphi}^2\sin\varphi - \ddot{\varphi}\cos\varphi) \\[1mm] \qquad\qquad\qquad\qquad\qquad\qquad\qquad\qquad - c_2 e\dot{\varphi}\cos\varphi - f_{ey} \\[2mm] I_p\Delta\ddot{\varphi} + c_3\Delta\dot{\varphi} + (k_3 + K_{te})\Delta\varphi = e[k_2(y-y')\cos\varphi - k_1(x-x')\sin\varphi] \end{cases} \quad (3.39)$$

　　以某实际的水轮发电机组转子轴承系统为例，研究了弯曲和扭转电磁刚度在不同导轴承刚度支承情况下对转子轴承系统的弯扭耦合振动特性的影响，探讨了不同导轴承刚度支承情况下弯曲和扭转方向上的集中阻尼对弯扭耦合振动响应的作用。系统相关参数为：大轴直径 0.65m；转轴材料弹性模量 2.1×10^{11}Pa，剪切模量 8×10^{10}Pa；抗弯刚度 $k_1=k_2=7.08\times10^9$N/m，抗扭刚度 $k_3=5.76\times10^9$N·m/rad；轴颈质量 $m'=1.48\times10^4$kg，转子质量 $m=7.32\times10^5$kg；转子直径转动惯量 $I_d=7.9\times10^6$kg·m²；偏心距 $e=1\times10^{-3}$m；轴系转动频率 2.083Hz。

　　图 3.25 给出了不考虑电磁刚度、只考虑弯曲电磁刚度、只考虑扭转电磁刚度和考虑两种刚度时的转子 x 向弯振响应。当导轴承刚度为 0.5×10^9N/m 时，对

于弯振反应，仅考虑扭转电磁刚度幅值增加 12%，仅考虑弯曲电磁刚度幅值增加 30%，考虑两种刚度幅值增加 50%以上，说明两种电磁刚度对弯振的影响不是线性叠加关系，而是存在弯扭耦合、相互激发放大作用，显著增加了弯振幅值。当导轴承刚度增加时，弯曲电磁刚度影响程度有所下降。当导轴承刚度进一步增加为 1.5×10^9N/m 时，两种刚度对弯振幅值的影响相当。随着导轴承刚度的增大，扭转电磁刚度对弯振幅值的影响程度基本保持在 10%左右。可见弯曲和扭转电磁刚度均对弯振幅值均有较大影响，尤其当导轴承刚度较小时，这种相互耦合激发放大作用值得引起重视。

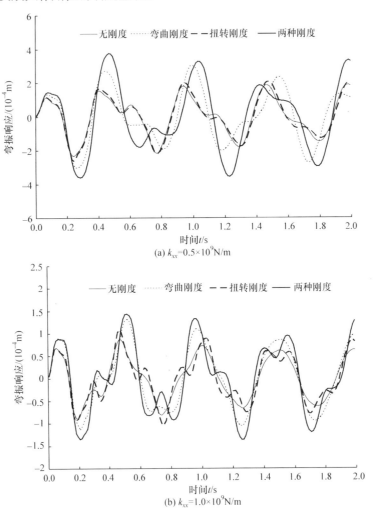

(a) $k_{xx}=0.5 \times 10^9$N/m

(b) $k_{xx}=1.0 \times 10^9$N/m

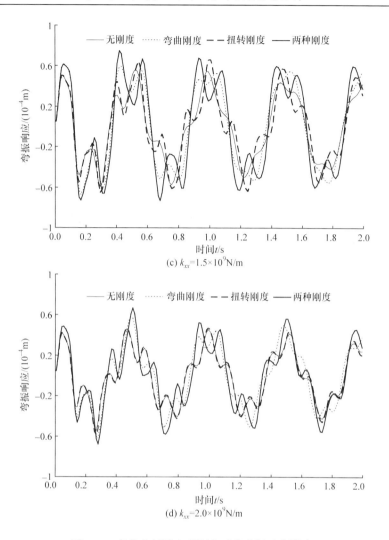

图 3.25　弯曲和扭转电磁刚度对弯曲振动的影响

　图 3.26 给出了不考虑电磁刚度、只考虑弯曲电磁刚度、只考虑扭转电磁刚度和考虑两种刚度的扭振响应曲线。当导轴承刚度为 0.5×10^9N/m 时，对扭振幅值的影响仍是弯曲电磁刚度大于扭转电磁刚度，相对于不考虑电磁刚度情况，弯曲电磁刚度使得扭振幅值增加 34%。当导轴承刚度增加时，弯曲电磁刚度和扭振电磁刚度对扭振的影响程度相当，两种刚度对扭振幅值的影响亦存在相互激发放大作用。随着导轴承刚度的增加，扭振响应的周期有所变短，频率加快。

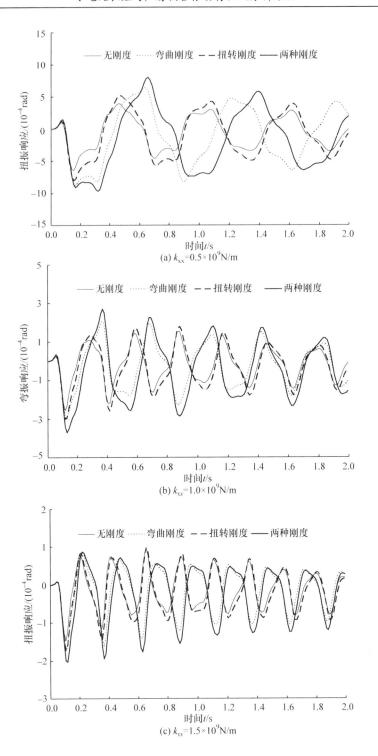

(a) $k_{xx}=0.5\times10^9$N/m

(b) $k_{xx}=1.0\times10^9$N/m

(c) $k_{xx}=1.5\times10^9$N/m

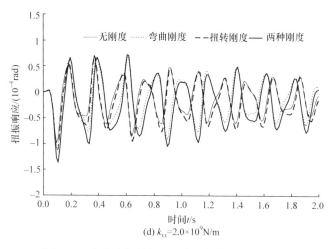

图 3.26　弯曲和扭转电磁刚度对扭转振动的影响

　　图 3.27 和图 3.28 分别给出了不考虑电磁刚度、只考虑弯曲电磁刚度、只考虑扭转电磁刚度和考虑两种刚度情况下的弯振和扭振幅值随导轴承刚度的变化曲线。从图 3.27 可以看出，四种情况下转子的弯振幅值均随着导轴承刚度的增大而减小，且减小的程度逐渐减弱。在考虑两种刚度情况下，弯振幅值随导轴承刚度变化较快，不考虑电磁刚度情况下，弯振幅值随导轴承刚度变化相对较慢，在同一刚度时，两种刚度弯振幅值最大，其次是弯曲刚度、扭转刚度和不考虑电磁刚度，说明对于弯曲振动，弯曲电磁刚度影响较大。图 3.28 中扭振幅值随导轴承

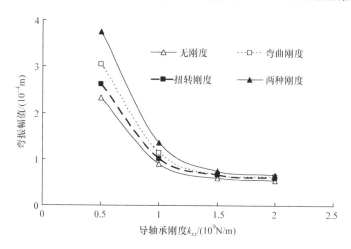

图 3.27　导轴承刚度对弯曲振动的影响

刚度变化规律与弯曲振动类似，区别在于当导轴承刚度较小时，弯曲电磁刚度对扭振幅值的影响大于扭转电磁刚度。当导轴承刚度增加到一定数值后，转子的弯振和扭振幅值不再随导轴承刚度变化。

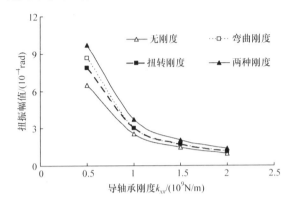

图 3.28　导轴承刚度对扭转振动的影响

以上计算结果均是在考虑了弯曲和扭转集中阻尼情况下取得的，为了研究集中阻尼的影响，在考虑弯曲和扭转电磁刚度条件下对不考虑阻尼、只考虑弯曲阻尼和只考虑扭转阻尼情况进行了计算，并对考虑两种阻尼情况下的计算结果进行了分析。

图 3.29 给出了四种阻尼情况下转子的弯振响应幅值随导轴承刚度变化的曲线。从图中可以看出，当导轴承刚度为 $0.5 \times 10^9 \text{N/m}$ 时，扭转阻尼对弯曲振动影响较小，弯曲阻尼对弯曲振动影响较大。弯曲阻尼对弯曲振动的影响随着导轴承刚度的增大而有所降低，主要是由于导轴承刚度增大，弯曲阻尼也相应增大，对

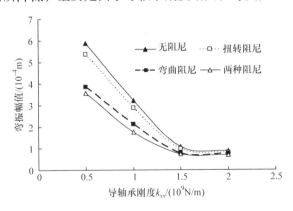

图 3.29　轴承阻尼对弯曲振动的影响

转子的约束更加明显，使得转子的位移和速度均有大幅下降。扭转阻尼对弯曲振动的影响较小，且影响程度不随导轴承刚度增大而变化。图 3.30 给出了四种情况下转子的扭振幅值随导轴承刚度变化的曲线。从图中可以看出，当导轴承刚度较小时，弯曲阻尼对扭转幅值影响起主要作用，随着导轴承刚度的增大，弯曲阻尼的作用在减弱，扭转阻尼的影响作用在增强，导轴承刚度增大到一定程度时，两种阻尼影响程度相当。

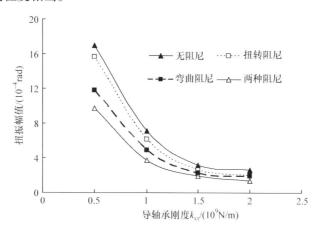

图 3.30　轴承阻尼对扭转振动的影响

3.3　水电机组轴系统转子碰摩弯扭耦合振动分析

随着我国大容量水轮发电机组的设计开发和投产运行，机组转子轴承系统尺寸加大，导致相对刚度下降，加之工况频繁变化等运行条件的复杂化，其振动问题越来越严重，国内外也发生了多起水电机组严重损毁事故，已经引起广泛关注[15]。水轮发电机组的振动是由电磁、水力和机械三方面振源共同作用引起的多维振动，不同振动之间存在强烈的耦合作用，如弯曲和扭转振动间的耦合，耦合振动特性与系统的参数、状态(质量偏心、不平衡电磁力、阻尼等)密切相关[4,8,14]。文献[16]研究表明，当机组转子和定子发生碰摩时，转子同时受到来自定子的切向力和径向力作用，弯扭耦合作用又会受到扰动和激发。张雷克等[17]建立了不平衡磁拉力作用下的水轮发电机转子系统的摩碰运动模型，分析了励磁电流等不同参数对系统稳定性的影响。花纯利等[18]研究了阻尼摩擦力作用下转子-橡胶轴承系统弯扭耦合振动特性，揭示了系统非线性动力学与系统参数间的关系。Patel 等[19]研究了裂纹转子弯扭耦合振动的频域特征及对系统振动特性的影响。Yuan 等[20]研究了扭转振动对转子系统碰摩弯扭耦合振动的影响规律。

目前为止，关于碰摩转子弯扭耦合振动的研究很少涉及水轮发电机转子系统，特别是考虑弯曲和扭转阻尼对弯扭耦合振动的影响。建立水轮发电机转子系统定子与转子碰摩模型及运动微分方程，考虑弯曲和扭转电磁刚度的作用，研究电磁刚度、转子质量偏心、阻尼及定子径向刚度等对转子非线性动力特性的影响，为水电机组转子系统的设计、运行、振动控制预测及诊断提供参考。

3.3.1　转子碰摩弯扭耦合振动模型

假设水轮发电机转子可简化为质量为 m 的轮盘，忽略大轴的质量，转子在 xOy 平面上旋转，将 z 轴旋转 $90°$ 放平，旋转中心 O_1 点坐标为 (x_2, y_2)，转子重心点 G 的坐标为 (x_G, y_G)，转子的质量偏心为 $e_0=O_1G$，大轴的旋转偏心为 $e=OO_1$。假定定子与转子形心在静止情况下重合，仅考虑转子动偏心。转子除了受离心力及不平衡电磁力作用外，当转子位移超过定、转子间隙时，转子还受到碰摩径向力 F_n 和切向力 F_t，如图 3.31 所示。

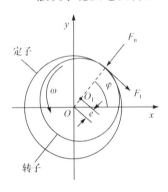

图 3.31　转子定子碰摩图

当转子振动幅值超过定转子间隙时，发生定子与转子碰摩。假定转子和定子的碰撞为弹性碰撞，不考虑摩擦热效应，不考虑定子振动的影响，并认为定子径向刚度不变，则转子与定子间的摩擦符合库仑定律。当碰摩发生时，则有碰摩力表达式为[15]

$$\begin{cases} F_n = (e-\delta_0)k_r \\ F_t = fF_n \end{cases} \quad (e \geqslant \delta_0) \tag{3.40}$$

其中，F_n 和 F_t 分别表示径向碰摩力和切向碰摩力；$e = \sqrt{x_2^2 + y_2^2}$ 为转子径向位移，x_2, y_2 为转子轴心位置坐标；δ_0 为发电机定子与转子间的初始间隙；f 为摩擦系数；k_r 为定子径向刚度。碰摩力在 x, y 方向上的分量可以表示为

$$\begin{bmatrix} F_{x\_rub} \\ F_{y\_rub} \end{bmatrix} = -H(e-\delta_0)\frac{(e-\delta_0)k_r}{e}\begin{bmatrix} 1 & -f \\ f & 1 \end{bmatrix}\begin{bmatrix} x_2 \\ y_2 \end{bmatrix} \tag{3.41}$$

其中，H 为 Heaviside 函数，$H(x) = \begin{cases} 0, & x < 0 \\ 1, & x \geqslant 0 \end{cases}$。

碰摩力是转子位移的非线性函数，转子在运动过程中将有可能出现不稳定，摩擦力的存在使转子在碰摩点处受到转子形心的摩擦力矩为

$$M_F = F_t R = -H(e - \delta_0) f F_n R \tag{3.42}$$

其中，R 为转子半径。

水轮发电机转子所受不平衡电磁拉力荷载是与转子弯曲和扭转响应相互耦合的一种荷载，且其大小和方向也是随转子运动而随时变化的。将不平衡磁拉力考虑成电磁刚度的形式，包括弯曲电磁刚度和扭转电磁刚度，可以避开不平衡电磁拉力和扭转电磁力矩与转子弯曲和扭转响应相关的复杂计算以及作用方向随转子运动随时变化等问题[21]，是一种简便处理方式，相关推导过程、表达式及具体符号含义详见 2.1 节和 2.3 节。

转子两端采用导轴承支承，设轴颈处位移为 x_1 和 y_1，其在 x 和 y 方向上的油膜力 f_x 和 f_y 符合短轴承油膜力模型[22]。则考虑碰摩的弯扭耦合振动微分方程为

$$\begin{cases} m_1 \ddot{x}_1 + c_1 \dot{x}_1 + \dfrac{1}{2} k_w (x_1 - x_2) = f_x \\[2mm] m_1 \ddot{y}_1 + c_1 \dot{y}_1 + \dfrac{1}{2} k_w (y_1 - y_2) = f_y \\[2mm] m_2 \ddot{x}_2 + c_2 \dot{x}_2 + k_w (x_2 - x_1) + K_{exx} x_2 + K_{exy} y_2 = m_2 e_0 (\dot{\varphi}^2 \cos\varphi + \ddot{\varphi} \sin\varphi) \\[1mm] \qquad\qquad\qquad\qquad\qquad\qquad\qquad\quad + c_1 e_0 \dot{\varphi} \sin\varphi + F_{x\_rub} - f_{ex} \\[2mm] m_2 \ddot{y}_2 + c_2 \dot{y}_2 + k_w (y_2 - y_1) + K_{eyy} y_2 + K_{eyx} x_2 = m_2 e_0 (\dot{\varphi}^2 \sin\varphi - \ddot{\varphi} \cos\varphi) \\[1mm] \qquad\qquad\qquad\qquad\qquad\qquad\qquad\quad - c_2 e_0 \dot{\varphi} \cos\varphi + F_{y\_rub} - f_{ey} \\[2mm] I_p \Delta\ddot{\varphi} + c_3 \Delta\dot{\varphi} + (k_t + k_{te}) \Delta\varphi = e_0 [k_w (y_2 - y_1) \cos\varphi - k_w (x_2 - x_1) \sin\varphi] - M_F \end{cases} \tag{3.43}$$

其中，m_1、m_2 分别为轴颈及转子质量；k_w 和 k_t 分别为转轴的抗弯和抗扭刚度；e_0 为质量偏心；c_1 和 c_2 为轴颈和转子的弯曲振动结构阻尼，c_3 为转子扭转振动阻尼(包括结构阻尼和导轴承、推力轴承处的集中阻尼)；I_p 为转子转动惯量；$\Delta\varphi$ 为转子的扭振角；φ 为转子的瞬时角度，不考虑驱动力矩对扭振的影响。

令：

$$X_i = \frac{x_i}{\delta_0}, \quad Y_i = \frac{y_i}{\delta_0} \ (i=1,2), \quad \tau = \omega t, \quad \frac{d}{dt} = \omega \frac{d}{d\tau}, \quad \frac{d^2}{dt^2} = \omega^2 \frac{d^2}{d\tau^2}$$

并记：

$$x' = \frac{dx}{d\tau} = \frac{1}{\omega} \frac{dx}{dt} = \frac{1}{\omega} \dot{x}, \quad x'' = \frac{d^2 x}{d\tau^2} = \frac{1}{\omega^2} \frac{d^2 x}{dt^2} = \frac{1}{\omega^2} \ddot{x}, \quad y' = \frac{1}{\omega} \dot{y}, \quad y'' = \frac{1}{\omega^2} \ddot{y}$$

进行无量纲化处理的系统运动微分方程为

$$\begin{cases} X_1'' + \dfrac{c_1}{m_1\omega}X_1' + \dfrac{k_\mathrm{w}}{2m_1\omega^2}(X_1 - X_2) = \dfrac{f_x}{m_1\omega^2\delta_0} \\[3mm] Y_1'' + \dfrac{c_1}{m_1\omega}Y_1' + \dfrac{k_\mathrm{w}}{2m_1\omega^2}(Y_1 - Y_2) = \dfrac{f_y}{m_1\omega^2\delta_0} \\[3mm] X_2'' + \dfrac{c_2}{m_2\omega}X_2' + \dfrac{k_\mathrm{w}}{m_2\omega^2}(X_2 - X_1) + \dfrac{k_{\mathrm{exx}}}{m_2\omega^2}X_2 + \dfrac{k_{\mathrm{exy}}}{m_2\omega^2}Y_2 = \dfrac{e_0}{\delta_0}\left(\varphi'^2\cos\varphi + \varphi''\sin\varphi\right) \\[3mm] \qquad\qquad\qquad\qquad\qquad\qquad\qquad\qquad\qquad + \dfrac{c_2 e_0}{\delta_0}\varphi'\sin\varphi + \dfrac{F_{x\_\mathrm{rub}}}{m_2\omega^2\delta_0} \\[3mm] \qquad\qquad\qquad\qquad\qquad\qquad\qquad\qquad\qquad - \dfrac{f_{\mathrm{ex}}}{m_2\omega^2\delta_0} \\[3mm] Y_2'' + \dfrac{c_2}{m_2\omega}Y_2' + \dfrac{k_\mathrm{w}}{m_2\omega^2}(Y_2 - Y_1) + \dfrac{k_{\mathrm{eyx}}}{m_2\omega^2}X_2 + \dfrac{k_{\mathrm{eyy}}}{m_2\omega^2}Y_2 = \dfrac{e_0}{\delta_0}\left(\varphi'^2\sin\varphi - \varphi''\cos\varphi\right) \\[3mm] \qquad\qquad\qquad\qquad\qquad\qquad\qquad\qquad\qquad - \dfrac{c_2 e_0}{\delta_0}\varphi'\cos\varphi + \dfrac{F_{y\_\mathrm{rub}}}{m_2\omega^2\delta_0} \\[3mm] \qquad\qquad\qquad\qquad\qquad\qquad\qquad\qquad\qquad - \dfrac{f_{\mathrm{ey}}}{m_2\omega^2\delta_0} \\[3mm] \Delta\varphi'' + \dfrac{c_3}{I_\mathrm{p}\omega}\Delta\varphi' + \dfrac{k_\mathrm{t} + k_{\mathrm{te}}}{I_\mathrm{p}\omega^2}\Delta\varphi = \dfrac{e_0 k_\mathrm{w}}{\delta_0}\left[(Y_2 - Y_1)\cos\varphi - (X_2 - X_1)\sin\varphi\right] - \dfrac{M_F}{I_\mathrm{p}\omega^2\delta_0} \end{cases}$$

$$(3.44)$$

3.3.2　数值算例与分析

采用四阶 Runge-Kutta 法对系统微分方程进行积分，计算 1000 个周期，舍去前 900 个周期，取最后 100 个周期进行分析，计算积分步长为 $T/100$。系统相关参数为：大轴直径 D=0.65m，转轴材料弹性模量 E=2.1×10^{11}Pa，剪切模量 G=8×10^{10}Pa，抗弯刚度 k_w=7.08×10^{9}N/m，抗扭刚度 k_t=5.76×10^{9}N·m/rad，弯曲阻尼比为 0.02，扭转阻尼比为 0.05，轴颈质量 m_1=1.48×10^{4}kg，转子质量 m_2=7.32×10^{5}kg，转子半径 R_g=6.2m，转子有效长度 L'=2.1m，转子直径转动惯量 I_d=7.9×10^{6}kg·m^2，偏心距 e_0=1×10^{-3}m，轴承长径比 L/R_b=1，轴颈间隙 c_b=0.25mm，S_0=0.001，水轮发电机额定转速为 ω = 13.1rad/s，均匀气隙大小 δ_0=1.8mm，空气导磁系数 μ_0=4π×10^{-7}H/m，发电机定子、转子绕组三相基波磁势幅值 F_{sm}=19210At，F_{jm}=24214At。

1. 电磁刚度的影响

图 3.32～图 3.35 给出了不考虑电磁刚度、只考虑弯曲或扭转电磁刚度和考虑两种电磁刚度情况下的转子轴心轨迹图、扭振时域图、弯振和扭振频谱图。

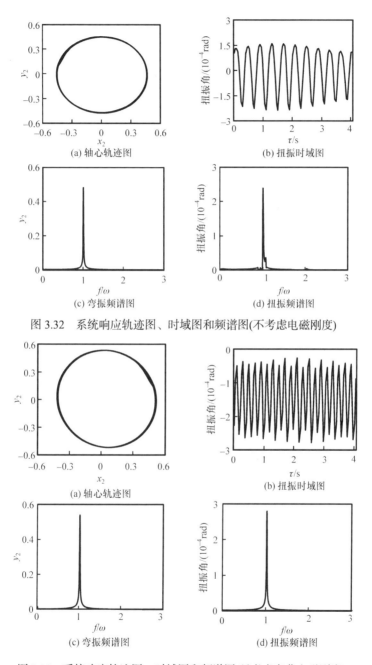

图 3.32　系统响应轨迹图、时域图和频谱图(不考虑电磁刚度)

图 3.33　系统响应轨迹图、时域图和频谱图(只考虑弯曲电磁刚度)

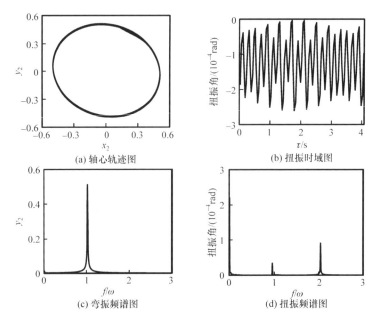

图 3.34　系统响应轨迹图、时域图和频谱图(只考虑扭转电磁刚度)

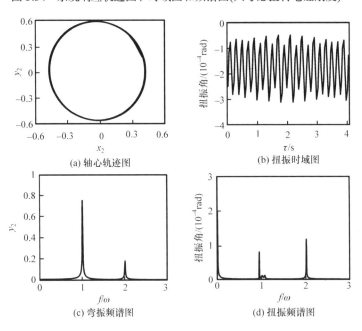

图 3.35　系统响应轨迹图、时域图和频谱图(考虑弯曲和扭转电磁刚度)

从图中可以看出,与不考虑电磁刚度相比,考虑弯曲电磁刚度后,轴心轨迹图半径变大,说明弯曲振动幅值增大,扭振振动响应幅值也有所增加,但是弯曲和扭转振动的频率成分仍然只有转频成分。只考虑扭转电磁刚度时，弯振幅值几乎没有增加，扭转幅值增加较大，扭振出现倍频和零频振动成分，零阶频率是指轴系在扭转振动时由于受到电磁约束的作用而产生的一个较小的固有频率[23]。当两种电磁刚度同时考虑时，电磁刚度参与了弯曲和扭转的耦合振动，发生了相互激发放大作用，并且使弯曲振动出现倍频成分，扭转振动变成零阶频率和倍频成分为主导的振动，转频占据较少成分。

2. 转子质量偏心的影响

图 3.36 和图 3.37 给出了弯、扭振幅值随转子质量偏心 e_0 的变化情况，在偏心较小时电磁刚度对幅值的增加作用较为明显，随着偏心的增大，电磁刚度所起的作用逐渐削弱，偏心引起的振动起主导作用。图 3.38 和图 3.39 分别给出了考虑电磁刚度情况下随着转子质量偏心 e_0 取不同值时的弯、扭振响应频谱图(不考虑电磁刚度时，转子弯、扭振动频率主要为转频，无明显变化，所以不再讨论)。可以看出，随着偏心 e_0 的增大，弯振的倍频成分逐渐降低至消失，扭振零频成分逐渐削弱，转频和倍频成分逐渐增加，电磁刚度的影响逐渐减小，以偏心引起的振动逐渐起主导作用。

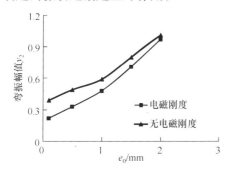

图 3.36　弯振幅值随 e_0 变化曲线　　　　图 3.37　扭振角随 e_0 变化曲线

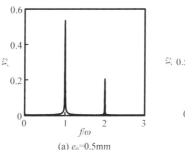
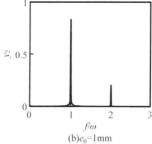

(a) $e_0=0.5$mm　　　　　　　(b) $e_0=1$mm

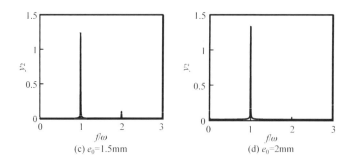

图 3.38   不同转子质量偏心 e_0 对应的弯振响应频谱图

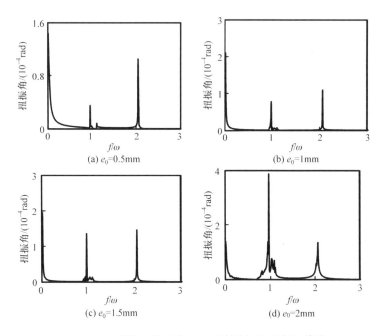

图 3.39   不同转子质量偏心 e_0 对应的扭振响应频谱图

3. 阻尼的影响

图 3.40 和图 3.41 分别给出了质量偏心 e_0 不同时弯、扭振幅值随弯曲和扭转阻尼比的变化曲线。从图 3.40 中可以看出，不同 e_0 时，弯振幅值均随着弯曲阻尼比的增大而减小，且 e_0 越大，减小得越快；当 e_0=0.1mm 时，扭转阻尼比的改变对弯振幅值没有影响；当 e_0 较大时，弯振幅值随扭转阻尼比的增大而减小，但减小的幅度随弯曲阻尼比的增大而降低，当弯曲阻尼比增至 0.08 或 0.1 时，扭转阻尼比对弯振幅值的影响消失。这个原因可以从图 3.41 得到解释，扭转阻尼比是通过对扭振幅值产生影响，进而影响到弯振幅值的。在图 3.41 中可以看

出，当弯曲阻尼比较大时，扭转阻尼比对扭振幅值的影响微小(曲线平缓)，故对弯振幅值的影响作用更小甚至消失。图 3.41 还表明不同 e_0 时，扭振幅值均随着扭转阻尼比的增大而减小，且 e_0 越大，减小得越快；e_0 较小时，弯曲阻尼比也会对扭振幅值有一定影响。

随着 e_0 增大，两图中曲线的斜率越来越大，主要是由于质量偏心较大时弯扭耦合作用强烈，系统振动速度过大，外荷载主要与阻尼力平衡，因而阻尼比的影响作用较大。

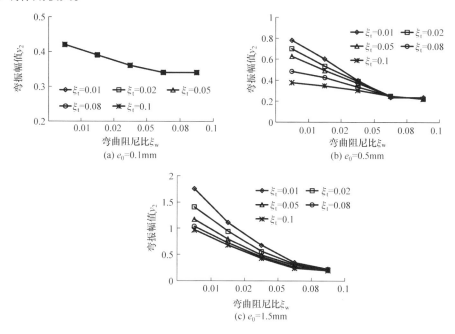

图 3.40　不同偏心量弯振幅值随弯曲阻尼比变化曲线

ξ_w 表示弯曲阻尼比；ξ_t 表示扭转阻尼比

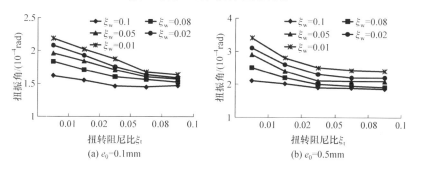

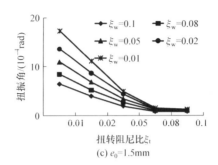

(c) $e_0=1.5\text{mm}$

图 3.41　不同偏心量扭振幅值随扭转阻尼比变化曲线

ξ_w表示弯曲阻尼比；ξ_t表示扭转阻尼比

4. 定子径向刚度的影响

图 3.42～图 3.44 显示了不同定子径向刚度情况下转子轴心轨迹、扭振动响应及相应频谱图。碰摩时，会产生径向力和扭矩，加剧由单纯转子偏心引起的弯扭耦合作用。随着径向刚度的增大，径向碰摩力增大，碰摩的入射角和分离角变陡，转子和定子处于摩擦-分离-摩擦状态，较大的定子径向刚度易引起全周碰摩，且弯、扭振频率成分变得更为复杂。例如，径向刚度由 $k_r=1.0\times10^9\text{N}\cdot\text{m}$ 增加至 $k_r=5.0\times10^9\text{N}\cdot\text{m}$ 时，弯振幅值降低 10%左右，扭振幅值增加 21%，弯振频率成分出现少量的 0.5 倍和 1.5 倍频率成分，扭振频率除了零频和倍频外，还出现了 0.25、0.5 倍和 1.2、1.5 倍频率成分。径向刚度增加至 $k_r=10.0\times10^9\text{N}\cdot\text{m}$ 时，弯振幅值降低 18%。扭振幅值增加近一倍，扭振的 1.2 倍和 1.5 倍频成分显著增加，已经接近零频和 2 倍频，但仍未超过转频。

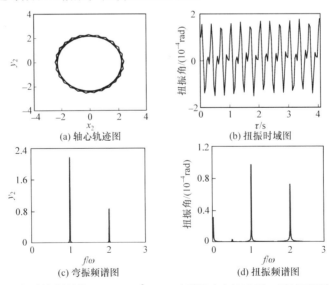

图 3.42　定子径向刚度 $k_r=1.0\times10^9\text{N}\cdot\text{m}$ 时系统响应轨迹图、时域图和频谱图

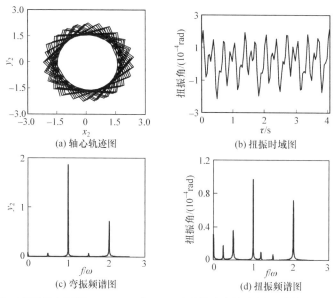

图 3.43　定子径向刚度 $k_r = 5.0 \times 10^9$ N · m 时系统响应轨迹图、时域图和频谱图

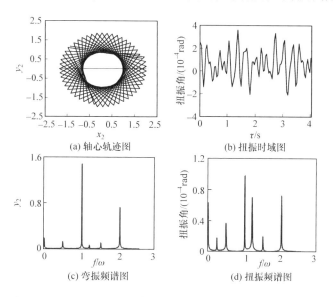

图 3.44　定子径向刚度 $k_r = 10.0 \times 10^9$ N · m 时系统响应轨迹图、时域图和频谱图

3.4 本章小结

本章通过对导轴承和推力轴承动特性系数进行插值求解，实现了对导轴承动力特性系数随轴颈偏心距和偏位角的非线性变化和推力轴承动力或动力矩系数随转子倾斜参数的非线性变化的合理模拟。

(1) 研究了推力轴承对机组轴系统横纵耦合振动的影响：导轴承和推力轴承动力特性系数都具有强烈的非线性特征，应分别进行较为合理准确的动态模拟，考虑其随相关运动自由度的变化特性；推力轴承对转子轴系横纵耦合效应影响显著，使转子弯振幅值显著降低，推力轴承可以有效提高轴系的自振频率，但对以转轮振动为主的振型频率提高帮助不大。

(2) 建立了水电机组转子-轴承系统的弯扭耦合振动模型，研究了轴承集中刚度和阻尼、陀螺力矩、转动惯量和电磁刚度对转子轴承系统弯扭耦合振动的影响，具体影响如下：①在无阻尼、弯曲阻尼、扭转阻尼和两种阻尼四种情况下的弯振和扭振幅值均随导轴承刚度的增大而减小。轴承处的弯曲集中阻尼对弯振、扭振幅值均有较大影响，扭转集中阻尼对弯振幅值影响较小，对扭振幅值影响较大。②陀螺力矩可使弯振、扭振幅值显著增加。随着转动惯量的增大，无论是否考虑陀螺力矩，转子的弯振和扭振幅值均呈下降趋势。③随导轴承刚度的增大，弯曲和扭转电磁刚度与弯扭振动响应耦合作用逐渐减弱，弯曲电磁刚度影响程度降低至与扭转电磁刚度相当，轴承处的弯曲集中阻尼影响程度逐渐降低至与扭转集中阻尼相当。

(3) 建立了水轮发电机转子系统定子与转子碰摩模型及运动微分方程，研究了电磁刚度、转子质量偏心、阻尼及定子径向刚度等对转子非线性动力特性的影响：①弯曲电磁刚度对弯振幅值增加显著，扭转电磁刚度使弯、扭振分别出现倍频、零频成分。②转子质量偏心增加，电磁刚度影响减弱，弯曲振动倍频、扭转振动零频成分逐渐减小甚至消失；弯曲和扭转阻尼比的影响作用逐渐增大。③碰摩时，随着定子径向刚度的增大，径向碰摩力增大，碰摩的入射角和分离角变陡，弯振幅值降低，扭振幅值增加，此外剧烈的碰摩还导致弯、扭振出现多种频率成分。

参 考 文 献

[1] 陈贵清. 推力轴承油膜刚度对发电机转子轴系固有频率的影响[J]. 河北理工学院学报, 2000, 22(4): 48-53.

[2] 姜培林, 虞烈. 推力轴承对轴承-转子系统的耦合作用研究[J]. 应用力学学报, 1996, 13(4): 46-52.

[3] 杨晓明. 水电站机组振动及其与厂房的耦联振动研究[D]. 大连: 大连理工大学博士学位论文, 2006.

[4] 马震岳, 董毓新. 水轮发电机组动力学[M]. 大连: 大连理工大学出版社, 2003.

[5] 张信志, 马利锋. 计算大型水轮发电机组导轴承非线性油膜力的一种准非线性简化方法[J]. 水力发电学报, 1999, (2): 92-100.

[6] 乔卫东. 水轮发电机组轴系动力特性分析及轴线精度检测方法研究[D]. 西安: 西安理工大学博士学位论文, 2006.

[7] 焦映厚, 李明章, 陈照波. 不同油膜力模型下转子-圆柱轴承系统的动力学分析[J]. 哈尔滨工业大学学报, 2007, 39(1): 46-50.

[8] 林海英, 崔颖. 非线性油膜力作用下转子弯扭耦合振动特性研究[J]. 北京航空航天大学学报, 2010, 36(5): 588-591.

[9] 李朝峰, 孙伟, 马辉, 等. 基于有限元法的非线性转子系统动态特性[J]. 东北大学学报, 2009, 30(5): 716-719.

[10] 何成兵. 汽轮发电机组轴系弯扭耦合振动研究[D]. 北京: 华北电力大学博士学位论文, 2003.

[11] 李舜酩, 李香莲. 不平衡转子弯扭耦合振动分析[J]. 山东工程学院学报, 2000, 14(2): 5-10.

[12] 虞烈, 刘恒. 轴承-转子系统动力学[M]. 西安: 西安交通大学出版社, 2001.

[13] 张俊红, 孙少军, 程晓鸣, 等. 弯扭耦合的旋转机械轴系弯振特性的研究[J]. 动力工程, 2005, 25(3): 305-311.

[14] 赵磊, 张立翔. 水轮发电机转子轴系电磁激发横-扭耦合振动分析[J]. 中国农村水利水电, 2010, (3): 136-139.

[15] 黄志伟. 基于非线性转子动力学的水轮发电机组振动机理研究[D]. 武汉: 华中科技大学博士学位论文, 2011.

[16] 黄文俊, 李录平. 碰摩转子弯扭耦合振动特性仿真实验研究[J]. 汽轮机技术, 2006, 48(1): 23-26.

[17] 张雷克, 马震岳. 不平衡磁拉力作用下水电机组转子系统碰摩动力学分析[J]. 振动与冲击, 2013, 32(8): 48-54.

[18] 花纯利, 塔娜, 饶柱石. 阻尼对摩擦力作用下转子系统弯扭耦合振动特性的影响[J]. 振动与冲击, 2014, 33(13): 19-25.

[19] PATEL T H, DARPE A K. Coupled bending-torsional vibration analysis of rotor with rub and crack[J]. Journal of Sound and Vibration, 2009, 326: 740-752.

[20] YUAN Z W, C F, H R J. Simulation of rotor's axial rub-impact in full degrees of freedom[J]. Mechanism and Mechine Theory, 2007, 42(7): 763-775.

[21] 宋志强, 刘云贺. 考虑电磁刚度的水电机组转子轴承系统弯扭耦合振动研究[J]. 水力发电学报, 2014, 33(6): 237-245.

[22] ADILETTA G, DUIDO A R, ROSSI C. Chaotic motions of a rigid rotor in short journal bearings [J]. Nonlinear Dynamics, 1996, 10(3): 251-269.

[23] 陈贵清, 杨翊仁, 邱家俊. 水电机组转子轴系扭振零频的计算和共振分析[J]. 西南交通大学学报, 2002, 37(1): 44-48.

第4章 水电站机组与厂房耦合振动及荷载施加方法研究

立式水轮发电机组轴系统的总体支承刚度是油膜-轴承座-机架-混凝土基础等刚度的合成，是决定轴系横向自振频率的关键因素，而导轴承油膜刚度则是其中最重要也是最为复杂且难以计算的部分。对于立式水电机组而言，导轴承为机组与厂房之间重要的传力系统，机组运行时轴颈所受荷载为非线性变化，轴心位移、轴承油膜的分布时刻改变，导致导轴承动力特性系数随时改变。此外，导轴承的动力特性系数还与机组的转速、导轴承的型式和尺寸、润滑方式、工作条件和油膜的物理特性等因素有关。然而，如果不能考虑导轴承动力特性系数时刻变化的非线性特征及轴承结构参数的影响，就无法得到准确的油膜刚度及总体支承刚度，进而计算轴系自振频率，更得不到准确的轴系动力响应。关于水轮发电机组轴系统的横向振动问题，国内外学者已经做了大量的研究，但由于问题的复杂性，这些研究对于荷载、支承、边界条件的考虑极为有限，尤其是导轴承油膜，而这些正是影响主轴振动解析的重要因素。文献[1]基于油膜力的非线性特性，对机组轴系模型进行了响应求解，但没有考虑整体厂房、机墩的耦联作用，没有对临界转速及机组的稳定性做更深入的分析。文献[2]～[4]对考虑基础的转子-轴承系统进行了研究，但主要是针对汽轮卧式发电机组，机组荷载方向一般是固定不变的，基础也考虑成一个结构形式比较简单的底座。

水电站厂房结构与机组的耦联作用复杂，机组转动产生的机组动荷载通过轴承-轴承座-机架(定子、顶盖)传递到钢筋混凝土结构，由于缺乏实测资料及涉及学科较多等问题，对荷载的产生机理、传递途径和作用方式迄今仍缺乏清晰的认识和准确的处理，数值分析时存在较多的假设。文献[5]在岩滩水电站厂房结构振动测试的基础上，把引起厂房结构振动的所有振源假设为简谐荷载，从而求得厂房结构在不同频率荷载下的动力响应。文献[6]采用拟静力法和动力法，考虑不同方向上机架支臂承担的机组动荷载的分量不同，对几种方案进行了比较，认为动力法是合理的，实际上也是把机组动荷载考虑成了简谐荷载。文献[7]从水力、机械、电磁三方面探讨了机组振动的振源作用机制，指出在机组运行过程中当转速和偏心不变时，产生的离心力是一个变方向不变大小的力，由于离心力的方向不断发生变化，作用于不同方向时，产生的影响不尽相同，所以不适合用拟静力法处理，但其又不是一般的简谐荷载，简谐荷载应该是方向不变而大小随时间按正弦规律变化的力，提出可以考虑用两个互相垂直的简谐荷载来模拟机组离心力，但没有给出实际算例。文献[8]利用三峡水电站水轮机模型试验脉动压力实测数据，构造出整个流道内的脉动压力场，求出了厂房楼板在各种振源共同作用下的动力响应，并利用实测数据进行了验证。对于厂房振动问题，如果不能较好地模拟其主要振源——机组动荷载和水力荷载的作用就谈不上合理的分析结果。因而如何准确描述机组的机械、电磁及水力振动的振源幅值、频率等特性并表达为厂房振动的振源，以及如何施加这些振源荷载并计算厂房结构的动力响应，就变得非常迫切和必要。

本章首先分析了考虑厂房机墩耦联作用的水轮发电机组轴系的动力特性，实现了对导轴承各瓦动力特性系数随轴心位置(偏心距和偏位角)变化而变化的非线性特性的模拟(见 3.1 节)。建立了三种不同支承的轴系有限元模型，即系数固定的导轴承支承在刚性基础上、系数变化的导轴承支承在刚性基础上和系数变化的导轴承支承在实际的轴承座-机架-混凝土机墩上。研究了不同的支承条件对于水电机组轴系振动特性的影响。然后通过详细分析厂房机组水平动荷载即机组轴系荷载的反作用力的分配、传递和模拟方法，针对不同的导轴承油膜和机架支臂的模拟方法以及是否考虑机组轴系的耦联作用，采用三种方案，初步探讨了机组与厂房的相互作用机理以及机组动荷载对于水电站厂房的合理作用方式。最后根据某实际水电站水轮机模型试验资料，研究了机组振动尤其是水力振源对厂房的振动作用机理和效应，探讨了水力振源等荷载的描述和施加方法。通过计算出的厂房的位移、加速度等响应，结合水电站的实际预测机组诱发的厂房振动，为厂房结构设计和运行提供理论依据。

4.1 水电站机组与厂房耦合振动特性

4.1.1 机组动荷载特性

由于竖向和切向荷载相对明确，且作用方向在机组运行时基本保持不变，所以不作讨论,所述的机组荷载特指方向因机组运行而随时改变的径向离心力荷载。

(1) 机械不平衡力。机组转动部分质量偏心或机组中心轴线安装偏差引起的离心力与机组的负荷关系不大，但是振动将随着转速的增加而增加，与转速成平方关系。其大小可以用物理学圆周运动中的公式来求得，即 $F = me\omega^2$，其中，m 为转子或转轮的质量；e 为偏心量(在机组制造方没有提供转子偏心量时，可参照有关标准选取进行近似计算)。按国际上通用的水轮机制造标准[9]，发电机转子处偏心按 JIS-balance quality 等级为 G6.3 级,水轮机转轮处偏心按 JIS-balance quality 等级为 G40 级, 则: e_r=6.3/ω, e_t=40/ω, e_r、e_t 分别为转子和转轮处的偏心量, ω 为机组转动的角速度(可通过 ω=πn/30 换算得到, n 为机组转速)。例如, 根据某实际机组资料: m_r=1.59×10^{6}kg, m_t=5.4×10^{5}kg, n=125r/min, 可求得转子和转轮处的水平机械不平衡力分别为: F_r=131.2kN, F_t=283kN。

(2) 旋转不平衡力。如果大轴中心偏离了轴承中心, 则大轴存在绕轴承几何中心的弓状回旋, 从而在转子和转轮处产生了不平衡离心力 $F' = me_0\omega^2$, 其中, e_0 为机组偏心距, 关于 e_0 的取值, 一般难于测量和计算, 但根据文献[10], 当机组转速小于 750r/min 时, 机组偏心距可以取 0.35～0.80mm, 并且机组转速越高偏心距越小。例如, 对于此算例取机组偏心距为 0.4mm, 则根据上述数据计算可得: 由于大轴弓状回旋造成的转子和转轮处的旋转离心力分别为: F_r'=109.1kN, F_t'=37kN。

(3) 不平衡磁拉力。当发电机正常运行时, 转子在均匀场中转动, 转子径向各点所受的磁拉力是均匀的。若定子和转子间的间隙不等、转子重量不平衡、轴的初始挠曲及水力不平衡等就会引起气隙不均匀而产生不均衡磁拉力。对于此算例, 由于某磁极向外突出, 某块定子向内突出, 则大轴每转一周, 定子和转子之间有一次最小间隙相遇。正常间隙为 δ, 最小间隙为 α, 则气隙偏差值为 e=δ-α。在最小间隙处定子、转子间产生不均衡磁拉力可以表示为 $F = \beta\pi DL(B/5000)^2 e/\delta(10)$[11], 其中, L、D 分别为转子高度和直径(单位均为 cm); B 为磁通量密度(10^{-4}T); β 为系数, 它与发电机类型、磁场分布、槽、阻尼和绕组结构等有关, 一般为 β=0.2～0.5。可见, 不平衡磁拉力的大小与气隙的偏差成正比, 与平均气隙间距成反比。在此算例中取 β=0.3, L=1134cm, D=275cm, B=2393×10^{-4}T, δ=1.6cm, α=1.3cm, e=0.3cm, 故 F=126kN。

不平衡磁拉力的作用方向问题较为复杂, 大体上可分为两种, 一种是类似离心力的方向变化着的力, 即磁拉力的方向是随着转子转动而作周期变化的, 此种情况下定子圆周没有缺陷, 而转子的圆心偏离定子圆心时的情况和转子磁极凸起或凹陷情况大致相同; 另一种是不平衡磁拉力的方向不变, 即定子圆周有缺陷的情况。定转子圆周有缺陷的情况下产生的不平衡磁拉力一般可以通过整修结构加以解决, 所以只考虑第一种情况即磁拉力的方向是随着转子的转动而作周期性变化, 与质量偏心和弓状回旋造成的离心力方向一致。另外, 关于不平衡磁拉力的作用位置, 考虑到不平衡磁拉力 F 是定子与转子间的相互作用, 所以 F 应该是作用在定子机座与转子上的作用力与反作用力。

(4) 水力不平衡力。作用在转轮上的力包括周期性的和非周期性的两个部分, 周期性的水力不平衡力可根据公式计算[12]。此算例取 F=68.6kN。非周期性的力主要是由水流的压力脉动引起的，一般表现为随机荷载，在运行机组上可以通过实测近似取得，对设计机组制造厂往往难以确定，只能借助运行机组的实测资料和模型试验。由于主要探讨机组水平动荷载的产生、分配及传递过程及其对机墩厂房结构的影响，所以对作用在转轮上的非周期性的随机荷载不作考虑。

4.1.2　计算模型及方法

通过插值实现导轴承动力特性系数随机组轴心位移变化而变化的非线性特性。耦合模型的非线性运算实现过程是：在机组运行过程中，根据前一步计算得出的各导轴承处的轴心位置(偏心距和偏位角)，动态调整此时刻各导轴承各瓦的刚度和阻尼系数，施加新的机组动荷载，进行下一步运算。这种做法使导轴承动力特性系数随轴心位移变化而非线性变化的特性得到了充分反映。整个计算流程如图 4.1 所示。

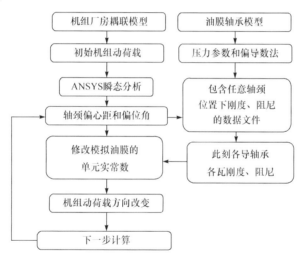

图 4.1　大轴摆度计算流程图

以东北地区某水电站机组及其厂房为算例，其中的轴承、机组及厂房的相关参数如表 4.1 所示。为了便于比较导轴承动力特性系数的非线性特性和厂房、机墩的耦联作用对轴系动力反应的影响，分别采用三种模型进行计算。第一种是根据以往经验把导轴承油膜动力特性系数看成固定值，即上导：$k_{1x}=k_{1y}=1.62\times10^9$N/m，下导：$k_{2x}=k_{2y}=1.63\times10^9$N/m，水导：$k_{3x}=k_{3y}=1.71\times10^9$N/m，用两个方向互相垂直的弹簧单元模拟，支承在刚性基础上。第二种是考虑导轴承动力特性系数随轴颈中心位移变化而非线性变化的特性及油膜仅承受压力不承受拉力的特性，将导轴承油膜用 5 个刚度和阻尼系数非线性变化的弹簧单元模拟(由于有 5 块瓦)，支承在刚性基础上。第三种是在考虑导轴承非线性特性的基础上，又考虑了厂房、机墩的耦联作用，即机组通过导轴承、机架等支承结构支承在厂房钢筋混凝土机墩上，其中连接结构-机架支臂用 4 个或 6 个刚度系数固定不变的弹簧单元模拟，机架支臂刚度的计算如文献[13]，机架中心体简化为刚环结构，连接导轴承油膜单元和机架支臂单元。耦联系统的有限元模型如图 4.2 所示。

表 4.1　机组与厂房耦联模型参数

导轴承	轴承宽度 B/m		轴颈半径 R/m		轴瓦				动力润滑黏度 μ/(N·s/m²)	瓦中心线油膜厚度 h/m
					内径 r_i/m	外径 r_o/m	弧度 θ/(°)	间距 θ_0/(°)		
	0.587		1.62		1.62036	1.685	60	12	$2.55×10^{-2}$	$3.6×10^{-4}$

轴系统	转子		转轮		转速		大轴材料			
	直径 D_r/m	重量 W_r/kg	直径 D_t/m	重量 W_t/kg	额定转速 n/(r/min)	飞逸转速 n_r/(r/min)	弹模 E/Pa	泊松比 μ	密度 ρ/(kg/m³)	长度 L_s/m
	16.6	$1.59×10^6$	8.3	$5.4×10^6$	125	187.5	$2.1×10^{11}$	0.3	7800	13.66

厂房	风罩			机墩		厂房		
	内径 D_{ai}/m	外径 D_{ao}/m	高度 H_a/m	高度 H_p/m	厚度 T/m	长度 L/m	宽度 W/m	高度 H/m
	17	18.2	5.76	2.44	4.5～5.22	42.07	24.7	52.2

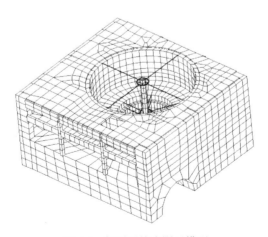

图 4.2　耦联系统有限元模型

按照上面的分析，所有水平离心力均简化为正弦荷载，在机组大轴 30 节点(转子)、26 节点(定子基础)和 1 号结点(转轮)处的动荷载可以简化成在两个水平方向上的正弦和余弦函数形式，如式(4.1)所示。

$$\begin{cases} F_{x30}(t) = 240\sin\varphi = 240\sin(\omega t) \\ F_{y30}(t) = 240\cos\varphi = 240\cos(\omega t) \\ F_{x26}(t) = 126\sin\varphi = 126\sin(\omega t) \\ F_{y26}(t) = 126\cos\varphi = 126\cos(\omega t) \\ F_{x1}(t) = 388\sin\varphi = 388\sin(\omega t) \\ F_{y1}(t) = 388\cos\varphi = 388\cos(\omega t) \end{cases} \tag{4.1}$$

其中，F 为某节点处的水平离心力，kN；φ 为载荷方向角，rad；ω 为机组转速，rad/s。

4.1.3　耦合振动特性分析

图 4.3 给出了大轴水导轴承轴心水平 X 向动力响应分析结果。从图中可以看出：在水导轴承处，模型二轴心动力响应与模型一相比小很多，说明导轴承动力特性系数的非线性变化对机组轴心涡动起到有利约束作用。这是由于随着机组轴心偏心的增加，导轴承的间隙在减小，其刚度和阻尼相应增大，限制轴心偏心的进一步增大，使之逐渐稳定在一定的数值上直至平衡。模型三是在考虑导轴承非线性特性的基础上又考虑了厂房、机墩结构的耦联作用，因此轴心动力响应同模型二相比有所增大，说明厂房、机墩结构的柔性使得机组轴系的总体支承刚度减小，约束降低。上导轴承和下导轴承处的幅值变化规律相似，不再一一列出。与轴系其他部位相比，转子和转轮处的动力响应比较突出，这是由于轴系水平离心力作用在转子和转轮处，且转轮下端无导轴承约束。

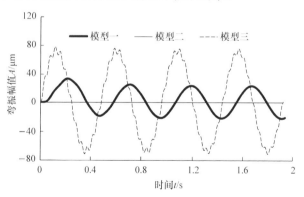

图 4.3　水导轴承轴心弯振幅值

图 4.4 给出了三种模型水导轴承轴心运动轨迹。模型二轨迹图与模型一比较，虽然轴心运动的起始位置相同，轨迹图的形状大致相似，但是轨迹半径却比模型

一小一个数量级，说明导轴承的非线性特性对机组稳定有利。而模型三轨迹半径又比模型一大，说明作为机组轴系弹性支承结构的厂房机墩使机组轴系的约束降低，对机组稳定不利。模型二和模型一比较，轨迹线出现波动，而模型三的轨迹线更加复杂和紊乱，说明考虑导轴承的非线性特性及机组与厂房、机墩的耦联作用后，机组轴系的稳定性有所下降，但仍处于稳定状态，轴心在做圆周运动的同时也在径向围绕某一平衡位置来回摆动。由此可见，模型一和模型二都未反映系统的本质，必然产生较大误差。由于油膜本身的非线性特性及机组与厂房、机墩的耦联作用是现实而重要的，考虑导轴承动力特性系数非线性变化及厂房耦联作用的机组轴系有限元分析模型(即模型三)更符合实际情况。

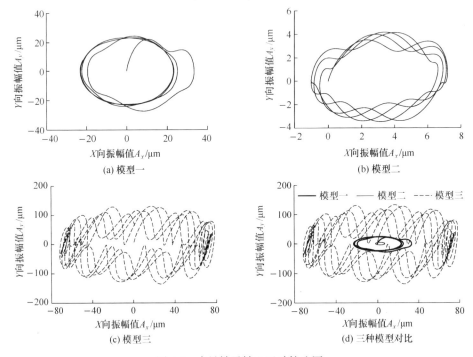

图 4.4　水导轴承轴心运动轨迹图

4.1.4　考虑厂房耦合作用的轴系统自振特性

由于机组轴系的刚度与厂房结构相差较大，若对耦联系统做整体分析，则轴系的自振特性难以得到精确反映，故只取机组部分模型计算。导轴承处的刚度为三部分刚度的串联，油膜刚度系数根据上述摆度计算过程得出，支臂刚度与前面取值一样，机墩刚度根据有限元计算得出[14]。推力轴承的作用经过分析认为可以用一个扭转弹簧表示，相当于作用一个弹性恢复力矩。在转轮处由于密封间隙不均匀而产生了水力不平衡力，在转子处同样由于定转子间隙不均匀，产生不均衡磁拉力和转矩，它们的作用相当于弹性恢复力和恢复力矩。阻尼对于自振特性计算的影响较小，忽略不计。

转轴可以看作是均匀分布的等截面梁，由于横向尺寸很大，所以必须考虑轴段剪切效应、转动惯性和陀螺力矩的影响。发电机转子和转轮可以作为具有集中质量和转动惯量的单圆盘考虑。用直接刚度法形成结构的总体刚度矩阵和质量阵，然后将集中质量、集中转动惯量和集中刚度系数加进质量阵和刚度阵响应的对角线元素中去，形成的总体的动力学平衡方程为

$$[M]\{\ddot{u}\} + [K]\{u\} = 0 \tag{4.2}$$

由于转子(包括转轮)在振动过程中的运动是复合运动，即转子绕大轴以角频率 ω_0 转动，同时大轴又绕机组轴承的中心线以振动角频率 ω 运动，此时转子的总转动惯性矩为

$$M_r = -(I_d - I_p \frac{\omega_0}{\omega})\theta_r \tag{4.3}$$

其中，$-I_d\theta_r$ 为通常的转动惯性矩；$I_p\frac{\omega_0}{\omega}\theta_r$ 为陀螺惯性矩，它与振动频率 ω 有关；I_d 和 I_p 分别为转子的直径转动惯量和极转动惯量。由于考虑了陀螺力矩，动力方程成为非线性方程。

采用子空间迭代法解上述特征值问题，便可以得到各阶特征值和特征向量，进而求得临界转速。前 6 阶自振频率的计算结果如表 4.2 所示。第一阶自振频率为 14.46Hz，即一阶临界转速为 867.6r/min，高于机组的额定转速 125r/min，同样高于机组的飞逸转速 187.5r/min，所以不会出现共振现象。与采用经验刚度的计算结果相比，第一、二、四阶相差较大，达到 20%以上，主要是由于根据摆度得出的三个导轴承刚度与根据经验采用的刚度值有较大差异，因此若直接采用经验刚度计算自振特性势必会造成较大误差。

表 4.2　轴系统自振频率

阶数	计算刚度 f/Hz	经验刚度 f/Hz	误差/%
1	14.46	11.13	23.03
2	18.36	14.29	22.17
3	28.39	24.91	12.26
4	45.30	54.64	20.62
5	132.42	135.75	2.51
6	145.94	154.87	6.12

轴系统 X 方向前两阶振型图如图 4.5 所示。前两阶振型主要表现为转子和转轮的振动，这两处的相对振动位移幅值是整个机组轴系中最大的。可见水轮发电机组的稳定性主要取决于转子和转轮在运行过程中的振动形态和振动幅值。

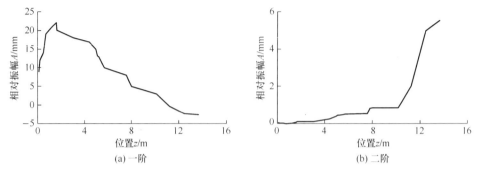

(a) 一阶   (b) 二阶

图 4.5　前两阶振型

4.2　机组动荷载施加方法研究

4.2.1　机组径向动荷载施加方法

1. 径向动荷载的分配及传递方式

作用在厂房上的机组动荷载与作用在机组上的动荷载是作用力与反作用力的关系。4.1 节已经详细介绍了机组动荷载的产生和计算，由于厂房混凝土结构及机架支臂、定子机座等空间结构复杂，荷载作用位置和作用方式不像作用在机组轴上那样简单明了，因此本节着重研究这些荷载反过来在厂房结构上的作用方式和施加方法，力求在一定程度上逼近实际荷载的作用和传递特征。

离心力大小传递分配关系主要是指作用在大轴转子或转轮处的离心力是如何分配到支撑大轴的导轴承上的。研究认为转子处的水平离心力由上、下导轴承共同承担，转轮处的水平离心力由水导轴承承担。进行结构力学求解，设转子和转轮处的水平离心力分别为 F_1 和 F_2，转子距离上导轴承和下导轴承的距离分别为 a 和 b，则上导轴承所承担的转子处离心力荷载为 $F_上 = F_1 b/(a+b)$，下导轴承所承担的荷载为 $F_下 = F_1 a/(a+b)$，水导轴承所承担的荷载为 $F_水 = F_2$。

图 4.6 为某水电站机组发电机部分与厂房结构接触情况的三维实物模型，从图中可以看出，上机架的水平支撑是通过顶在风罩上的千斤顶固定，所以上导轴承所承受的水平力最终将传递到厂房结构的风罩部位。下导轴承固定在下机架上，其上所承担的不平衡力由下机架基础板通过其地脚螺丝传递给厂房的下机架基础处。水导轴承装在水轮机顶盖上，其水平作用将通过顶盖传递到蜗壳外围混凝土

结构。定子机座上所承担的磁拉力通过定子基础板传递到混凝土机墩上，而作用在转子上的磁拉力可以按照转动部分的离心力分配方法处理。

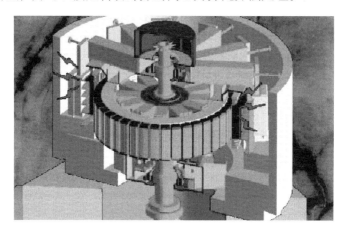

图 4.6　水电站机组与厂房耦联实物图

2. 径向动荷载的施加方法

关于机组动荷载的产生及分配方式 4.1 节已经做了详细的介绍，在以往计算中，各方向的机组动荷载是由机组厂家提供的，其中明确给出了每个基础板上包括径向的各方向动荷载幅值。在水电站厂房结构动力计算中，机墩上的动荷载往往是通过规范上的公式[15]计算所得，包括垂直动荷载、扭矩和水平离心力荷载，然后将荷载分配于各支撑点上进行计算，其中垂直和扭转动荷载可以等效为各支撑点上的垂直和切向力，且分布均匀，水平离心力作用则等效为各结点的径向力。

实际上，由于机组的旋转，转动部分质心偏离机组中心线的方向也将产生变化，但由于转速不变，所以在正常运行工况时，离心力是一种变方向不变大小的力。而由于简谐荷载是方向不变而大小按正弦规律改变的力，所以离心力可以考虑用两个互相垂直的简谐荷载的合成进行模拟。由于机组偏心方向不断发生变化，离心力在厂房结构上的作用位置和作用方向就会变化，所以不适合把离心力直接施加到厂房结构上。所以提出考虑机架的支撑和传力作用，把机组的动荷载施加到机架中心点上。

大轴上的离心力首先是通过油膜、轴瓦和轴承座传递给机架中心体，然后由机架支臂传递到机墩上的机架基础板，再通过地脚螺丝最终传递给机墩钢筋混凝土结构。由于油膜是不连续的，仅在转子旋转偏心方向一定角度范围内有油膜，油膜刚度系数的大小随着机组大轴摆度的变化而变化，油膜刚度系数的方向随着机组偏心(或大轴弯曲的方向)的变化而变化。随着机组大轴摆度的增加，机械动荷载中旋转不平衡离心力随之增加，而由于导轴承油膜受压后刚度系数的非线性变化特性，导轴承油膜、机架支臂和混凝土机墩中后两者的串联刚度大于三者总体串联刚度，所以大轴与轴承座之间的相对位移即导轴承间隙会不断减小，轴承油膜会继续受到挤压，导轴承的刚度和阻尼相应增大，油膜、机架和混凝土机墩的整体支撑结构的总刚度相应增大，进而限制机组大轴摆度的增加，直到达到稳定状态。

同样，轴承座和机架也不是轴对称结构。因为在偏心力方向上的支臂，对机组偏心起主要的支撑作用，而其他方向上的支臂起微小支撑作用甚至不起作用。考虑支臂是通过螺栓固定连接的，螺栓的松紧程度不明确、传力不均匀，考虑最不利的情况，就是只有在偏心的方向上机架支臂起支撑作用，其他方向上的支臂不起支撑作用，即与油膜结构类似，所有的机架支臂只承受压力，而不承受拉力。

导轴承油膜采用一种可实现轴向拉伸和压缩的Combine14弹簧阻尼器单元进行模拟。通过对单元实常数(包括刚度和阻尼)的取值进行非线性插值，来实现油膜动力特性系数的非线性变化，当单元受拉时，实常数取零，模拟其只能受压不能受拉的特性。Link10单元具有双线性刚度矩阵特性，是一种可以仅受拉或仅受压的杆单元。采用Link10单元模拟机架支臂，可以实现机架支臂只能承受压力，而不能承受拉力的受力特性，符合机组运行过程中，由于机组动荷载作用方向变化而导致机架各支臂刚度变化的特点，即只由机组偏心方向上的支臂承受离心力荷载，其余支臂不承受荷载。

3. 数值算例与分析

以某实际水电站厂房与机组轴系为计算模型。为了比较，采用三种计算方案。方案一：用弹簧单元Combin14模拟机架支臂与油膜的联合支承结构，弹簧单元的刚度不变，离心力幅值不变，由所有机架支臂共同承担。方案二：用双线性刚度杆单元Link10模拟机架支臂与油膜的联合支承结构，离心力幅值不变，只由偏心方向上的机架支臂承担，即模拟油膜与支臂的联合体的Link10单元只承担压力，不承担拉力，各支臂受压时的刚度系数与方案一相同。方案三：建立完整的机组与厂房耦联振动模型，油膜用刚度系数非线性变化的弹簧单元模拟，机架用只承受压力不承受拉力的双线性单元Link10模拟，油膜与支臂通过刚性机架中心体连接，离心力随机组大轴摆度的变化而非线性变化，计算离心力时假设大轴的初始偏心为0.05mm，只由偏心方向上的油膜和机架支臂承担。前两种方案荷载施加位置为各机架支臂的中心点，方案三荷载施加位置为机组主轴上转子、转轮的相应位置。三种方案的加载方式分别如图4.7中的(a)、(b)所示。

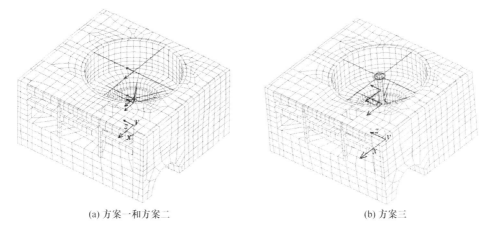

(a) 方案一和方案二　　　　　　　　　　　　　　(b) 方案三

图 4.7　机组动荷载的三种加载方式

根据前面分析计算,经分配后作用于各机架中心的水平离心力荷载幅值分别为

$$
\begin{cases}
F_{\text{上}x}(t) = 120\sin\varphi = 120\sin(\omega t) \\
F_{\text{电}x}(t) = 126\sin\varphi = 126\sin(\omega t) \\
F_{\text{下}x}(t) = 120\sin\varphi = 120\sin(\omega t) \\
F_{\text{水}x}(t) = 388.6\sin\varphi = 388.6\sin(\omega t)
\end{cases}
\qquad
\begin{cases}
F_{\text{上}z}(t) = 120\cos\varphi = 120\cos(\omega t) \\
F_{\text{电}z}(t) = 126\cos\varphi = 126\cos(\omega t) \\
F_{\text{下}z}(t) = 120\cos\varphi = 120\cos(\omega t) \\
F_{\text{水}z}(t) = 388.6\cos\varphi = 388.6\cos(\omega t)
\end{cases}
$$

其中厂房的楼板、机墩筒体和机墩块体结构的典型结点的布置见图 4.8,其中 X 和 Z 分别代表纵向和横向。

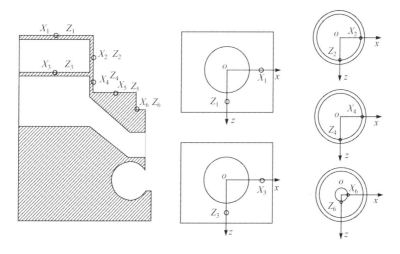

图 4.8　厂房结构振动测点布置图

采用 ANSYS 分析软件中的 APDL 编程语言分析，由于模型中包括了 Link10 非线性单元，计算过程需要多次迭代，为了缩短计算时间，采用子结构的分析方法，将不包括机架支臂及轴系的厂房结构作为一个子结构，经过生成、使用和扩展过程，形成一个超单元参与整体计算，最后得到了三种方案下厂房结构各部位测点最大动位移计算结果，如图 4.9 所示。

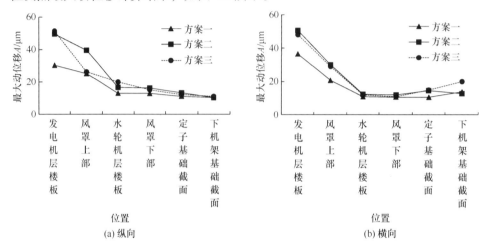

图 4.9　三种方案下厂房结构各部位测点最大动位移图

从图 4.9 中可以看出，三种方案厂房楼板、机墩等关键部位的动位移的大小关系为方案一<方案二≈方案三，各方案下厂房各部位的响应分布规律相同，不同方案对发电机层楼板和风罩等上部结构动位移影响较大，对机墩等影响较小。

比较方案一和方案二：发电机层楼板动位移相差较大，主要是因为方案二考虑了机架支臂的刚度变化，模拟了只由机组偏心方向上的机架支臂承受离心力作用，因此发电机层楼板纵向动位移最大增加了 64%；方案一相当于机墩整体承担机组动荷载，而方案二相当于机墩一侧承担机组动荷载；可见考虑机架支臂刚度变化对厂房各部位动位移计算影响显著，使计算结果偏于安全。

比较方案二和方案三：计算结果大致相当，二者对于机架的模拟方式一致，即只由机组偏心方向上的机架支臂承受机组动荷载；而对于导轴承油膜的模拟方式不同，方案二是把油膜动力特性系数取为固定值(取机组运行达到平衡状态时的值)，方案三是考虑了导轴承油膜动力特性系数随机组运行过程的不断变化，完整地考虑了机组与厂房的耦联作用；计算结果表明是否考虑油膜动力特性系数随机组运行过程的变化，对厂房各部位动力响应的计算影响不大，机架支臂刚度变化是主要因素。

此外，方案三机组与厂房耦联振动过程中，机组动荷载的幅值是随着大轴的摆度而非线性变化的，从厂房各典型部位的动力响应结果以及达到平衡状态时机组大轴上转子偏心为 0.28mm 可以看出，前面进行机组动荷载水平离心力计算所采用的偏心距初值 0.4mm 是合理的，即前面根据相关标准和规范确定的机组动荷载是偏于安全的。

耦联振动的计算较为复杂，需要建立完整的机组与厂房的耦联振动模型及进行导轴承油膜动力特性系数计算。所以综合考虑，方案二是合理简便的处理方案。

4.2.2　机组竖向动荷载施加方法

水电站厂房结构振动问题复杂，地基边界条件及厂房内部振源等影响因素众多[16,17]。文献[18]研究了不同地基围岩参数对地下水电站厂房结构自振特性及动力响应的影响，提出了地下厂房合理的人工边界处理方式。文献[19]研究了水轮机叶片与导叶间的静动干扰所引起的厂房整体振动。关于机组动荷载对水电站厂房尤其是机墩楼板等关键部位振动响应的影响研究较少。软弱地基上水电站厂房固有振动往往存在刚体运动振型，作用在水电站厂房结构上的机组动荷载由于缺乏实测资料及涉及电磁、机械、水力等多学科，导致荷载的幅值大小、频率及变化规律难以准确确定。因此讨论软弱地基边界条件及动荷载施加方式对水电站厂房动力响应影响规律是十分必要且有意义的。

1. 厂房自振特性及共振复核

取厂房中间一个机组段，利用大型通用软件 ANSYS 建立厂房结构数值模型，包括机墩、风罩、各层楼板、蜗壳外围混凝土、尾水管以及一定范围岩石基础等，机墩进人孔、廊道、楼梯孔及各层楼板上的所有吊物孔等均如实模拟。厂房整体三维有限元网格模型如图 4.10 所示。

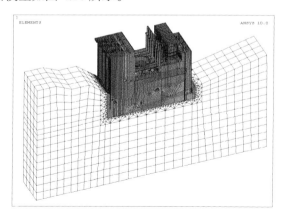

图 4.10　厂房整体三维有限元网络模型图

水电站厂房结构自振特性的计算结果表明：厂房振动频率低且密集，前 5 阶频率为 0.96～2.41Hz，振型主要为整体结构的各向振动及下游副厂房结构的顺河向和横河向振动。符合典型的地面式厂房结构的振动特征。

根据机组可能的振源频率特性进行共振复核，依据 20%～30%的错开度评价，主要的共振区为厂房整体结构第二阶自振频率 1.34Hz 与转频 1.47Hz 遇合，错开度为 9.7%。第二阶振型为厂房整体水平向振动，即为厂房刚体运动。出现原因主要是厂房处在软弱地基上，地基弹模仅为 0.8GPa，与厂房结构混凝土的弹性模量 25.5GPa 相比，厂房结构的刚度比地基大很多。此种情况下，通过改变厂房结构布置来使得其自振频率与转频错开似乎不太可能，故应该考虑加强地基强度或研究有限元分析中软弱地基边界条件合理处理方式。此外，还应通过振动反应计算，评价和控制最不利情况下厂房结构的振动强度。为了考察地基弹模对厂房自振特性的影响，进行了地基弹模敏感性分析，选取了五种计算方案，如表 4.3 所示。其中方案 C 地基弹模部分为 8GPa，是指靠近厂房一定宽度和深度范围内，通过工程处理措施，使地基局部弹模提高到 8GPa，其余仍为 0.8GPa，方案 D 类似，方案 E 地基弹模为无穷大是指不计地基对厂房结构自振频率的影响，假设地基绝对刚性。

表 4.3　厂房结构自振特性计算方案

方案	A	B	C	D	E
地基弹模/GPa	0.8	8	部分为 8	部分为 16	无穷大

图 4.11 给出了各方案厂房前三阶自振频率，可以看出，方案 B 基岩弹模全部提高 10 倍，可使各阶频率显著提高，一阶频率可以提高 1 倍以上，可见地基弹模对厂房自振特性影响较大。地基局部弹模提高，也可以使厂房自振频率有所提高，但考虑地基弹模无穷大即忽略地基的影响时，厂房自振频率与方案 B 相差不多。

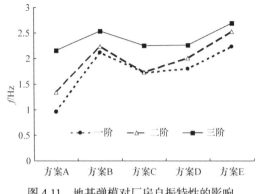

图 4.11　地基弹模对厂房自振特性的影响

对于原方案, 产生厂房结构刚体运动振型, 是厂房软弱地基边界条件的处理方式造成的。而实际上, 根据文献[1]所述, 水电站厂房在机组内源振动荷载作用下一般是不会激起刚体运动振型的, 故厂房二阶自振频率与机组内源振动荷载的频率(即转频)遇合, 引起共振的可能性不大。

2. 竖向动荷载施加方法及结果分析

这里机组内源振动载荷主要是指机组通过轴系及其支承结构传递到厂房的常规振动荷载, 包括机械力、电磁力和轴向水推力等, 而不包括蜗壳和尾水管中的脉动水压力。机组振动荷载各部位的作用幅值及对应荷载作用位置分别如表 4.4 及图 4.12 所示。

表 4.4　机墩基础各部位设计负荷

部位 工况	定子基础总负荷/kN			下机架基础总负荷/kN			上机架基础总负荷/kN		
	竖向	径向	切向	竖向	径向	切向	竖向	径向	切向
正常运行	4139	732	2948	31644	243	—	—	—	—
半数磁极短路	4139	5647	—	31644	1857	—	—	—	—
飞逸	4139	732	2948	38116	243	2430	—	379	1263
单相短路	4139	732	18277	31644	243	—	—	—	—

计算中假定其他一切条件均相同而只改变边界条件和荷载施加方式, 采取的四种方案对地基的模拟方式、径向、切向和竖向动荷载的施加方式如表 4.5 所示。其中, 方案一考虑地基影响, 不同方向荷载均按转频(飞逸工况为 4.17Hz)施加, 且认为各荷载分量是同相位的, 即同时达到最大值。方案二不考虑地基影响, 荷载施加方式与方案一相同。方案三边界条件与方案二相同, 机组竖向振动载荷的频率按照水电站厂房设计规范[15]的说明, 竖向水流冲击力的频率可取为 $f = f_n \cdot (Z_b Z_g)/a$, 其中 Z_b 为导叶数, Z_g 为转轮叶片数, f_n 为机组转速, a 为导叶数和水轮机叶片数的最大公约数。对于该水电站机组, Z_b=5, Z_g=24, f_n=88.2r/min, a=1, 故竖向振动荷载的频率取冲击力频率 176.4Hz, 径向和切向机组动荷载的频率仍为 1.47Hz 和 4.17Hz。方案四由于实际机组动荷载由很多荷载成分组成, 如竖向振动荷载包括水流冲击荷载、

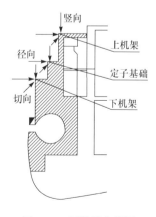

图 4.12　机墩受力简图

转子和转轮转动部分的重量，更加符合实际的施加方式为：转动部分重量荷载应按转频施加，轴向水推力部分按轴向水推力频率施加。

表 4.5　厂房结构动力响应计算方案

荷载及地基 ＼ 方案	一	二	三	四
是否考虑地基	是	否	否	否
荷载是否同时施加	是	是	否	否
径向荷载频率	转频	转频	转频	转频
切向荷载频率	转频	转频	转频	转频
竖向荷载频率	转频	转频	水流冲击频率	转频及水流冲击频率

注：表中的转频是指在非飞逸工况指转频(1.47Hz)，在飞逸工况指飞逸频率(4.17Hz)。

以上四种计算方案中都同时计算了正常运行、半数磁极短路、飞逸和单相短路四种工况下厂房的动位移(振幅)。主要整理了发电机层楼板、风罩顶部、定子基础截面、下机架基础截面、机墩底部截面典型部位的最大动位移，因为这些部位相对整个厂房结构的其他部位来说振动反应较大，为结构刚强度设计控制的关键。图 4.13～图 4.15 分别给出了各方案各典型部位的竖向、径向和切向动位移最大值。

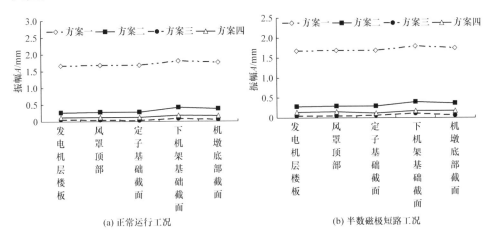

(a) 正常运行工况　　　　　　　　(b) 半数磁极短路工况

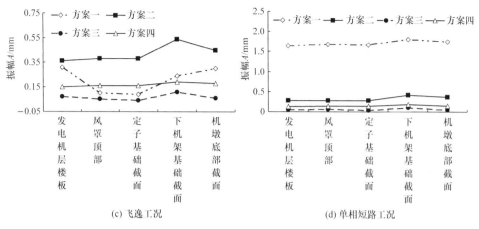

(c) 飞逸工况　　　　　　　　　(d) 单相短路工况

图 4.13　厂房结构典型部位竖向振幅

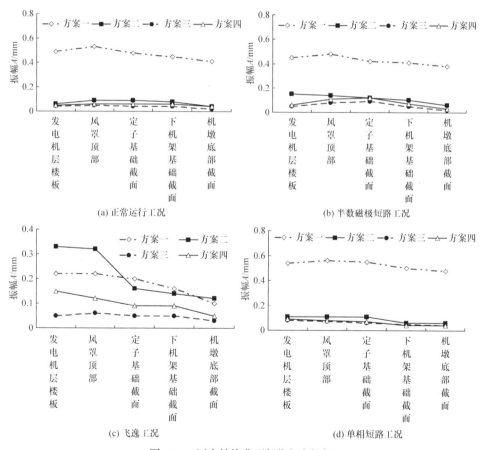

(a) 正常运行工况　　　　　　　(b) 半数磁极短路工况

(c) 飞逸工况　　　　　　　　　(d) 单相短路工况

图 4.14　厂房结构典型部位径向振幅

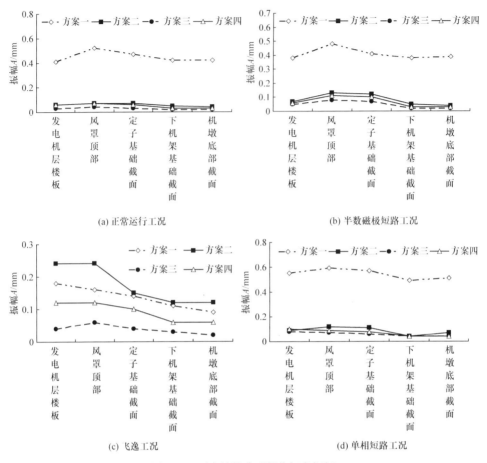

(a) 正常运行工况　　　　　　　　　　　　(b) 半数磁极短路工况

(c) 飞逸工况　　　　　　　　　　　　　　(d) 单相短路工况

图 4.15　厂房结构典型部位切向振幅

由于机组竖向振动荷载相对径向和切向较大，且竖向振动荷载的频率成分也最为复杂，故竖向振幅成为振动控制的关键。从图 4.13 可以看出如下内容。

(1) 方案一和方案二最大动位移分别为正常运行工况的 1.80mm 和飞逸工况的 0.54mm，方案二为方案一的 30%；除飞逸工况外，其他工况位移值均为方案一远大于其他方案，这是由不同的边界条件处理方式引起的。方案一考虑了地基基础，厂房的二阶自振频率与荷载激励频率遇合，有引起共振的可能，而飞逸工况(转频为 4.17Hz，错开较大)的结果为方案一小于方案二，也验证了这个结论。但实际情况中机组内源振动荷载一般不激起厂房结构整体振型[1]，所以进行厂房共振复核及动力响应评价时，应对厂房出现整体刚体运动振型与其他可能实际产生的振型加以区别，当基岩与厂房结构的刚度相差比较大的时候应当重视软弱地基边界条件带来的影响。

(2) 从各工况荷载幅值来看，除飞逸工况竖向荷载相对较大外，其余工况竖向荷载相同，就方案一来说，在正常运行、半数磁极短路及单相短路工况，下机架基础截面最大位移均为 1.8mm 左右，但在飞逸工况为 0.24mm，荷载幅值增大，但位移幅值显著降低，可见，此时荷载幅值影响是次要的，所施加的荷载频率对动力响应的影响是主要的。对于其他方案，当激励频率与自振频率错开时，则是飞逸工况下机架基础截面竖向动位移略大于其他工况。

(3) 方案二和方案三的最大动位移均出现在飞逸工况的机墩下机架基础截面处，且最大值分别为 0.54mm 和 0.11mm，方案三仅为方案二的 20.4%，且各工况下的计算结果均为方案二大于方案三。飞逸工况竖向振动荷载较大，但是，方案二情况下，飞逸工况幅值较其他工况幅值增加 28.6%，方案三情况下，飞逸工况幅值较其他工况幅值增加 10%，主要由于方案三的荷载频率与机墩的自振频率远远错开。

(4) 方案四各部位的动位移介于方案二与方案三之间，如在飞逸工况，方案四最大竖向动位移为 0.19mm，为方案二最大值 0.54mm 的 35.2%，大于方案三最大值 0.11mm。可见，在边界条件处理方式相同的情况下，机组竖向动荷载施加方式的不同对竖向动位移的影响还是很大的，详细区分动荷载产生的原因、幅值及其对应的频率成分，按照分频进行施加是非常必要的。

从图 4.14 和图 4.15 可以看出如下内容。①对于径向和切向动位移，同样存在自振频率与激励频率遇有共振可能性的问题，说明机墩各向振动是实际上相互耦合的。②对任意一种工况，在各向荷载数值一样的情况下，径向和切向位移均呈现方案二>方案四>方案三的关系，可见竖向动荷载施加方式对水平径向和切向动位移也有较大影响。③从机组动荷载的幅值大小来看，半数磁极短路工况的径向荷载远大于其他三种工况，飞逸工况的切向荷载远大于其他工况，因此造成如图 4.16 中的结果：对于同样的荷载施加方式(如方案二)，不同工况间的径向动位移的关系为飞逸工况>半数磁极短路工况>正常运行和单相短路工况。可见，机墩水平径向和切向振动存在较强的相互耦合作用，飞逸工况切向荷载较大可以引起该工况较大的径向位移，值得重视。从图 4.17 可以看出，半数磁极短路工况较大的径向荷载亦引起了该工况的较大切向位移值。

根据水电站厂房设计规范规定[15]，机墩强迫振动的振幅应满足：垂直振幅长期组合不大于 0.1mm，短期组合不大于 0.15mm；水平横向与扭转振幅之和长期组合不大于 0.15mm，短期组合不大于 0.2mm。按照这个控制标准，采用方案三和方案四的计算结果，该水电站的厂房机墩振幅是满足标准要求的，而方案一和方案二不同程度地超出了控制标准，可见，软弱地基边界条件和机组动荷载施加方式对厂房振动的评价起重要影响，在分析时应当针对实际情况谨慎确定。

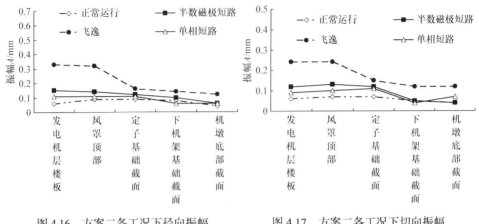

　　　　图 4.16　方案二各工况下径向振幅　　　　图 4.17　方案二各工况下切向振幅

4.3　机组脉动压力施加方法研究

4.3.1　脉动压力的 CFD 模拟计算

　　水力脉动压力振源频域分布广、作用范围大，由于机组周围蜗壳、尾水管混凝土结构流道形状和水机转动现象复杂，使得脉动压力振源难以把握。脉动压力振源在某些工况下可能对机组的正常运行造成影响，同时引起厂房结构不同程度的振动。且由于水电机组多承担调峰调频任务，水力工况变化较为频繁，往往在非最优工况出现严重的水力振动问题，对机组轴系和水电站厂房结构的稳定性造成影响。

　　计算流体动力学(computational fluid dynamics，CFD)是用数值计算方法直接求解流动控制方程(Euler 或 Navier-Stokes 方程)，对流体进行数值模拟和分析，以发现各种流动现象规律的学科。近年，随着数值模拟方法和计算机性能的提高，CFD 技术飞速发展，研究者已经开始利用双方程模型(k-ε)或大涡模拟(large eddy simulation，LES)等方法对水力机械内部流场进行数值模拟及预测，分析水轮机转轮振动及叶片损伤等动力特性，探讨水轮机的水力稳定性，从而指导水力机械的设计、优化，有些成果已经得到了原型试验或真机试验的验证[20-27]。CFD 方法克服了传统理论分析方法和模型实验方法的不足(如理论分析在非线性情况下很难得到解析结果，模型实验受模型尺寸、流场扰动、测量精度、相似性以及经费和时间等诸多因素的限制)，相比原型测试或模型试验更节省时间和费用，可以获得整个流场任何部位的流速、压力等数据，便于多方案比较。这为水电机组和厂房结构在设计阶段全流道脉动压力预测提供了可能，进而可以进行水轮机转子轴承系统和厂房结构脉动压力的精细模拟和施加，研究轴系和厂房结构在脉动压力作用下的动响应特性，不必单纯依赖于模型实验。

考虑如何描述近似随机的水力激振的特性，并将其表达为厂房振动的荷载，合理地施加到厂房结构上，这一跨学科的研究仍然较少。孙万泉等[28]对蜗壳中的水压脉动作用区域做了几种假设方案，进行了有限元谐响应分析，结果认为几种方案的不同作用域对结构整体振动形式影响区别不大；目前的处理方式是根据相似关系，将模型试验脉动压力幅值和频率换算到原型[29,30]。曹伟等[31]依据点-面脉动压力转换系数进行了时程法分析，且认为最为符合实际的是将机组-厂房-水流作为一个整体进行耦联振动研究，但问题较复杂仍未开展；存在测点布置受限、模型尺寸比例与流场相似性有误差等问题。一些学者[32,33]根据实际观测数据对厂房水力振源及振动响应进行了研究分析，并探讨厂房结构振动响应的评估问题。欧阳金惠等[32]认为想要使计算结果尽量接近实际，需要充分了解整个流道内的脉动压力，应在整个流道内尽可能多地布置测试点；也有学者从流固耦合问题角度研究水力振源与厂房结构的相互作用[34]、脉动水压力作用下大型水电站厂房流道的振动及由此诱发的厂房振动问题，是典型的流体-结构相互作用问题。尤其对于充水保压蜗壳结构，当混凝土与钢蜗壳脱开时，脉动水体引起的刚蜗壳壁面振动及其对流场流动的反馈和由此诱发的厂房振动更加复杂。近年，通过流固耦合(FSI)数值模拟以达到优化水轮机设计和控制厂房流道壁面振动吸引了研究者的关注。文献[35]采用统一的数学模型来描述系统的运动，深入研究了流体固体相互耦合作用及其诱发振动的机理，并得出壁面振动与流动能量的交换仅发生在局部小区域内，因而采取在固体振动系统中单向考虑水力振源的方法是可行的。

目前对于CFD，多见于分析转轮、尾水管内部压力、涡带的发展情况及流体机械效率问题，对于蜗壳及流道壁面处的压力脉动规律和外部混凝土结构稳定性研究较少。然而对于水力振源精细的模拟施加方法仍在探索阶段，如何获取作用在流道壁面上的时变脉动水压力场并合理准确地模拟和施加水力振源，是目前水电站厂房水力振源特性研究和厂房内源振动分析的难点，至今工程界尚没有成熟有效、方便的方法。将CFD与厂房结构振动研究结合起来，利用数值计算方法提取整个流道内的压力脉动，并作用于厂房结构中的流道壁面，为水电站厂房水力振源的精细模拟和施加提供了新的思路。

1. 全流道非定常湍流CFD数值模型

根据流体流动中的物理量(速度、压力等)是否随时间变化，流动被分为定常(steady)和非定常(unsteady)两种。定常流动是物理量不随时间变化的流动，也称为恒定流动或稳态流动；非定常流动是物理量随时间变化的流动，也称为非恒定流动或瞬态流动。对于水轮机内流道这种复杂的结构，一般看作非定常流动计算。

　　自然界中的流体主要有两种形式的流动状态，即层流(laminar)和湍流(turbulence)。流动过程中分层且各层之间不互相混掺、流体处于平行流动状态即为层流，而流动过程中分层且各层之间互相混掺、流体不处于分层流动状态为湍流。一般情况下，大多数流动均为湍流，层流属于个别情况。湍流是流体的不规则运动，各种物理量随时间和空间发生变化，是一个三维、非稳态且具有较大规模的复杂运动过程，但从统计学角度来说，可以得到湍流准确的平均值。湍流的发生条件是流体的惯性力相对黏性力不可忽略，即雷诺数超过临界值，流体运行开始产生脉动性。湍流主要是由许多大小不同的漩涡组成的，其中大漩涡对于流道内水流的平均流动有较明显影响，大量的能量、动量及热量交换是通过大漩涡实现的，而小漩涡主要通过非线性作用对运行产生影响，主要作用表现为能量、动量等的耗散。

　　利用 ANSYS CFX 商业软件计算三维非定常湍流，采用不可压缩流体的连续方程和 Reynolds 平均 Navier-Stokes 方程模拟水轮机流道中水体流动。

　　连续方程：

$$\frac{\partial \rho}{\partial t} + \mathrm{div}(\rho u) = 0 \tag{4.4}$$

　　动量方程：

$$\frac{\partial (\rho u_i)}{\partial t} + \frac{\partial (\rho u_i u_j)}{\partial x_i} = -\frac{\partial p}{\partial x_i} + \frac{\partial}{\partial x_j}\left(\mu \frac{\partial u_i}{\partial x_i}\right) + \frac{\partial \tau_{ij}}{\partial x_j}$$
$$\tag{4.5}$$

　　使用 SST(shear stress transport)双方程湍流模型对方程组进行封闭。SST $k\text{-}\omega$ 模型由 Wilcox 提出，以湍流脉动动能 k 方程和湍流脉动频率 ω 方程来封闭方程组，能够成功预测自由剪切流传播速率，像尾流、混合流动、平板扰流、圆柱绕流和放射状喷射等，可以应用于壁面流动和自由剪切流动。SST $k\text{-}\omega$ 模型是由 Menter 发展的，目的是使 $k\text{-}\omega$ 模型在近壁面流动的模拟中能够扩大应用范围、提高计算的精度。相比于标准 $k\text{-}\omega$ 模型，SST $k\text{-}\omega$ 模型合并了来源于 ω 方程中的交叉扩散，湍流黏度考虑了剪切应力的传输，另外，还采用了不同的模型计算常量。这些对于方程的改进使得 SST $k\text{-}\omega$ 模型比标准 $k\text{-}\omega$ 模型在近壁面及其他许多流动领域中计算结果精度、可信度更高。

　　SST $k\text{-}\omega$ 模型方程其基本形式如下：

$$\frac{\partial}{\partial t}(\rho k) + \frac{\partial}{\partial x_j}(\rho k \overline{u_j}) = \frac{\partial}{\partial x_j}\left(\Gamma_k \frac{\partial k}{\partial x_j}\right) + P_k - Y_k \tag{4.6}$$

$$\frac{\partial}{\partial t}(\rho \omega) + \frac{\partial}{\partial x_j}(\rho \omega \overline{u_j}) = \frac{\partial}{\partial x_j}\left(\Gamma_\omega \frac{\partial \omega}{\partial x_j}\right) + P_\omega - Y_\omega + D_\omega \tag{4.7}$$

其中，P_k 为湍流脉动动能 k 的生成项；P_ω 为湍流脉动频率 ω 的生成项；Γ_k、Γ_ω 为 k 与 ω 的有效扩散系数；Y_k、Y_ω 为 k 与 ω 的耗散项；D_ω 为正交扩散项。

以某电站混流式水轮机为研究对象，其转轮直径 2.165m，转轮叶片 13 个，固定导叶 12 个，活动导叶 24 个，导叶开度角 23°，水头 77m，额定转速 136.4r/min(对应转频 2.273Hz)，其网格模型如图 4.18 所示，计算区域为包括蜗壳、固定导叶、活动导叶、转轮、尾水管等在内的整个水轮机全流道。采用 ANSYS ICEM CFD 软件，将已建模型使用结构化网格对流道进行网格划分，均采用高精度的六面体单元，整体单元数量约为 700 万，对近壁面层网格进行单独加密，以降低 y^+。

(a) 全流道　　　　　　　　(b) 导叶　　　　　　　　(c) 转轮

图 4.18　全流道及过流部件模型网格图

2. 计算参数及边界条件

计算采用有限体积法的离散方式。有限体积法又被称为控制体积法，可看作有限单元法和有限差分法的中间方法。他的基本思想就是子域法加离散，使每个网格点周围都有一个控制体积，将控制方程对每一个控制体积积分，从而得到离散方程。有限体积法得到的离散方程，其因变量积分守恒满足任意控制体积的要求，因此也满足整个计算区域的要求。求解则采用压力修正法中的 SIMPLIC 算法，即将由动量方程离散形式规定的压力和速度之间的关系带入连续方程，求出压力修正方程及压力修正值，再根据修正后的压力场对速度场进行重新计算，检查是否收敛，反复计算直到获得收敛解。

在每一个计算时间步，均应用 SIMPLIC 方法求解离散方程，当本步计算收敛后，向前推进一个时间步，开始进行下一个时间步上的计算。非定常计算之前，先计算转轮在某一固定位置的三维定常解，后将定常流场计算结果作为非定常湍流计算的初始流场，计算转轮转动后的非定常解。时间步长取转轮周期的 1/120，约为 0.00367s，以 3°/步计，总共进行了 1200 步非定常模拟计算。

(1) 进口边界条件。计算流体的进口边界条件一般包括质量进口、速度进口及压力进口等几种。进口边界条件往往通过几何外形特征以及所要模拟流体的流动条件来确定，进口处水流速度可通过所给定的水头条件或流量计算得出。由于计算的是真机水轮机，计算时计算域的进口为金属蜗壳的进口，流速方向为垂直于进口边界。边界条件设置为质量流量边界条件，进口流量由水轮机运转特性曲线确定。

(2) 出口边界条件。对于不可压缩流体，常采用压力出口及自由出流两种出口边界条件。对于出口边界常假定出口流动符合完全发展流动条件，即可由求解区域内部得到出流面的流动情况，并且不影响上游的流动。选用自由出流作为出口边界条件，出口边界条件为压力出口，指定平均静压为零。

(3) 固体壁面。固体壁面(wall)是用来区分流体(fluid)区域和固体(solid)区域的。所有固体壁面均为无滑移、绝热壁面。

(4) 交界面方式。水轮机运行过程中，由于转轮的转动，会同时与上游静止的导叶和下游静止的尾水管形成两级动静干扰。对于此类问题，本次计算采用"动静干涉"即"transient rotor stator"的交界面方式。即在转轮的进水面和出水面分别设置形成两个网格滑移面，导叶和尾水管处网格保持静止，转轮处网格计算时随着时间步的推移相对于其余部位不断转动，交界面两侧的网格结点相互不重合。为了保证计算在各部位能够同时、顺利地进行，采用动静干涉处的交界面需注意保证各部件速度和湍流量一致。

3. 蜗壳壁面脉动压力规律分析

蜗壳流道内壁压力较大且均为正压，分布均匀，水体离开导叶进入转轮时，由于截面减小和上下游巨大水压差作用，流速显著增大，压力逐渐减小。通过转轮后水体的压力和流速均大幅下降，能量大幅降低，尾水管壁面处于负压状态，幅值不大，由于尾水出口扩散作用，流速与压强缓慢降低，符合全流道实际情况。

转轮进出口处的水力脉动振源向水电站厂房传播的路径主要有三条：①转轮-大轴-轴承-机架-厂房；②蜗壳流道水体-座环和蜗壳钢衬-蜗壳外围混凝土-厂房；③转轮-转轮负压区-顶盖-厂房。对于水轮机流道周围大体积混凝土而言，只有通过大面积途径才能激发整体振动。此外，根据实际结构振动的优势频率成分总能在蜗壳压力脉动中观测到这一现象，说明路径②起着主要作用。即水力脉动直接经过蜗壳流道传至外围大体积混凝土和机墩结构，进而传至整个厂房威胁上部楼板及立柱等薄弱部位。故对于水压脉动的分析重点在于研究蜗壳壁面的压力脉动幅值及频率特性规律。

(1) 选取了转轮旋转一周的三个不同时刻(初始、中间、结尾)，提取蜗壳壁面压力云图，如图4.19所示。由图可见，蜗壳壁面压力最大区域大致发生在靠近蜗壳进口断面的外部腰线位置，且在一个转轮周期内最大压力值发生的位置基本无明显变化。在相同时刻，压力值从进口断面到蜗壳尾部逐渐降低。对于不同时刻而言，蜗壳壁面各部位的压力值基本呈有规律的周期性变化。

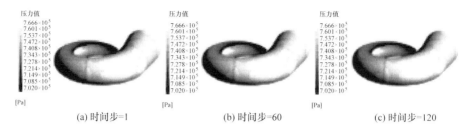

(a) 时间步=1　　　　　　　(b) 时间步=60　　　　　　　(c) 时间步=120

图 4.19　蜗壳壁面压力云图

(2) 为了解蜗壳内壁上压力脉动幅值和频率分布规律,如图 4.20 和图 4.21 所示,在蜗壳平面图上切取 A~G 共 7 个断面,各断面选取了典型位置点 1~点 7,提取各点的脉动压力曲线数值。CFD 计算得到各断面各典型位置点的压力脉动峰峰值与总水头的比值,即压力脉动幅值。

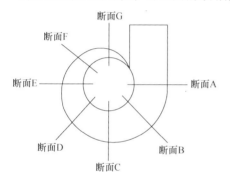

图 4.20　蜗壳各典型断面分布

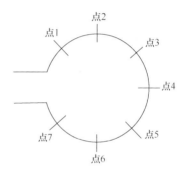

图 4.21　蜗壳各断面关键点分布

将蜗壳各断面上外部腰线位置点 4 的压力脉动幅值大小连接成光滑曲线,如图 4.22 所示。可以看出,压力脉动的幅值从断面 A 至断面 G 呈现大-小-大的变化,蜗壳进口断面的脉动幅值由 1400Pa 减小到 1100Pa,蜗壳尾部幅值最大为 2700Pa。尾部水流的流态紊乱,造成了较大的水力脉动。B-D 断面由于水流扰动相对较小,故水压脉动值不大。

提取各断面上典型位置点 1~点 7 的 CFD 压力脉动时程计算结果(已扣除压力均值)并进行 FFT 变换。图 4.23(a)~(g)给出了各断面外部腰线位置点 4 的频域分布图,由图可见,蜗壳各断面均含有 0.5Hz 的低频压力脉动,由此可知,蜗壳整个壁面主要应为低频振动,该低频振动主要由尾水管的低频涡带引起。图 4.23(h)给出了蜗壳进口断面(断面 A)的典型点 4 的脉动压力计算值和实测值频域图对比情况,可见,CFD 计算结果无论从幅值上还是频率上均与实测值较为接近,证明蜗壳流道压力脉动计算结果的合理可信。

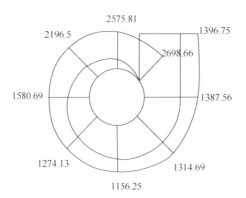

图 4.22　蜗壳各典型断面脉动幅值分布

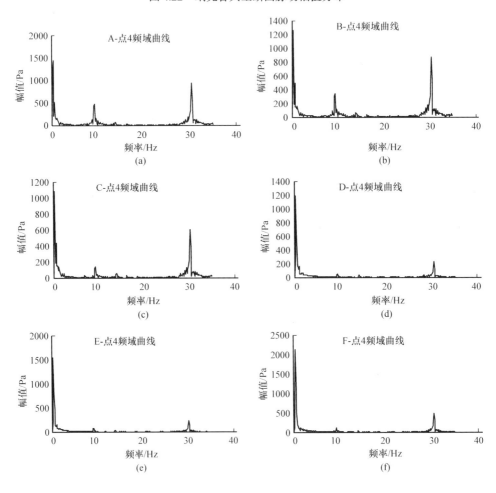

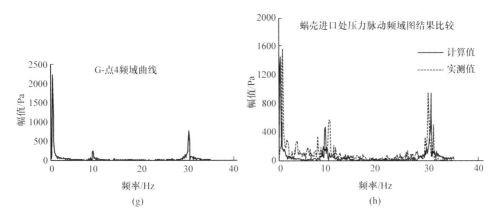

图 4.23　蜗壳各典型断面点 4 脉动频域图

值得注意的是，在蜗壳各断面还存在 29.5Hz 的高频压力脉动，沿蜗壳平面的变化规律为 A 断面最大，A～E 断面逐渐减小，靠近蜗壳尾部的 F、G 断面开始增大，该高频脉动主要是由蜗壳中不均匀水流撞击转轮叶片引起的振动，其频率为转频与水轮机转轮叶片数的乘积或其乘积的整数倍：$f = nZ_r/60 = 29.549Hz$ (其中 n 为转速，Z_r 为转轮叶片数)，该不均匀水流是由蜗壳尾部水流不均匀引起，故在 A～E 断面逐渐减小，接近尾部时，F、G 断面增大。各断面还存在 9.5Hz 的中频压力脉动，该频率主要是转频引起的倍频振动，$f=4×2.273=9.092Hz$，也可能是尾水管中传来的中频振动。

(3) 对于各断面内的各典型点的幅值分布规律(图 4.24)，断面 A、B、C 各典型点时程曲线幅值、频率均相同，说明蜗壳脉动压力在这些断面各点的脉动能量保持一致。其他断面，点 4 压力脉动幅值明显大于其两侧点 3、5 处幅值，说明蜗壳各断面的外部腰线主要是低频脉动能量。对于 G 断面，脉动能量大多为低频脉动能量，主要作用于点 4，高频撞击脉动能量在边缘点 1、7 能量最大，压力脉动幅值相比点 2、6 有所增大，这主要是不均匀水流的撞击能量。

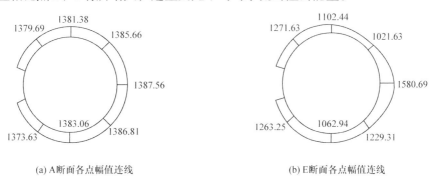

(a) A断面各点幅值连线　　　　　　(b) E断面各点幅值连线

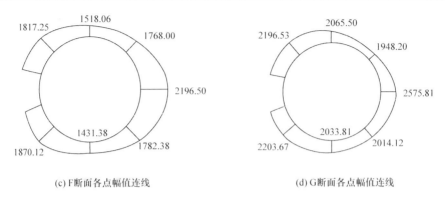

(c) F断面各点幅值连线　　　　　　　　　(d) G断面各点幅值连线

图 4.24　断面内各点幅值大小分布

图 4.25 给出了 F 断面典型点 2、4、6 的脉动压力频域曲线，可知点 4 高频分量少于点 2、6，该高频脉动主要是由不均匀水流撞击转轮叶片引起，而对于 F 断面而言，点 4 距离撞击发生的位置最远，故含有该频率的脉动能量最少。

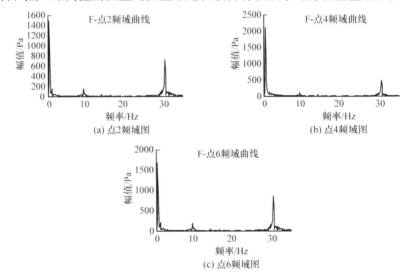

(a) 点2频域图　　　　　　　　　　　(b) 点4频域图

(c) 点6频域图

图 4.25　断面 F 的点 2、4、6 压力脉动频域图

4. 尾水管壁面水力振源规律

尾水管壁面压力主要以低频负压为主，最大幅值出现在肘管外侧部位，且除去尾水管锥管进口处点，其余各点脉动压力时程曲线无明显周期性变化。这里主要研究水电站厂房结构的水力振动响应情况，不考虑机组的振动及转轮叶片的开裂等，尾水管内压力脉动的低频与厂房大部分结构及薄弱部位如楼板、机墩等的固有频率相差较大，不易引起结构共振，对厂房结构稳定性影响较小，因此不做重点讨论。

4.3.2　脉动压力的简化施加方法

　　蜗壳内水力振源频率高频成分较多，与楼板、机墩等结构自振频率较为接近，易导致共振，对厂房结构振动影响较大。而尾水管内低频涡带对尾水管外围大体积混凝土振动影响很小，且其频率与楼板、机墩、风罩、侧墙等部位错开度较大，尾水管壁面脉动压力分布无明显规律性且对厂房振动响应影响较小，且尾水管壁面脉动压力变化无明显规律，故谐响应分析时仅拟定在蜗壳壁面施加简谐荷载。

　　结合 CFD 计算结果，现拟定五种方案在蜗壳内壁施加简谐荷载，对厂房进行谐响应分析，如表 4.6 所示。方案一将蜗壳进口点压力脉动的高频和幅值作为整个蜗壳内壁的压力脉动频率和幅值；方案二采用蜗壳进口点压力脉动的低频和幅值作为蜗壳内壁的压力脉动频率和幅值；方案三依据 CFD 计算结果将蜗壳分为三个部位，不同部位壁面分别施加其内代表点的压力脉动的主频和最大幅值；方案四、五分为三个部位同方案三，但方案四施加压力脉动频率均为高频 29.5Hz，方案五施加压力脉动频率均为低频 0.5Hz。蜗壳壁面具体施加的简谐荷载频率和幅值见表 4.6。对以上五种谐响应分析振源施加方案，分别计算响应情况并进行对比。

表 4.6　谐响应分析五种方案

参数	方案一	方案二	方案三			方案四			方案五		
			A–C断面	C–E断面	E后断面	A–C断面	C–E断面	E后断面	A–C断面	C–E断面	E后断面
频率/Hz	29.5	0.5	29.5	0.5	29.5	29.5	29.5	29.5	0.5	0.5	0.5
幅值/Pa	1400	1400	1400	1600	1800	1400	1600	1800	1400	1600	1800

　　表 4.7 给出了五种方案厂房发电机层楼板等各部位振动位移，图 4.26 给出了各方案发电机层楼板振动总位移图。从表 4.7 及图 4.26 中可以看出如下内容。

　　(1) 方案一各局部部位总位移振动响应大于方案二。由于方案一施加简谐荷载频率 29.5Hz，更加接近厂房发电机层楼板、风罩结构的自振频率，结构振动响应相对于方案二有所放大。结合位移振动等值线图可以看出，方案一楼板最大位移范围较大，方案二楼板处最大位移范围较小。方案一的风罩、机墩、侧墙等薄弱结构最大振动位移均大于方案二，方案四与方案五所施加的荷载幅值相同，方案四荷载频率为 29.5Hz，造成厂房结构各局部振动响应大于荷载频率为 0.5Hz 的方案五。

(2) 对比方案一、四和方案二、五，可以看出，在荷载频率相同的情况下，荷载幅值的取值对厂房结构振动响应影响较大。方案三发电机层楼板位移振动响应分布规律与方案四较为接近，但峰值大小相差很大，说明在水轮机脉动压力简化施加过程中，除考虑将不同部位幅值加以区别外，还应考虑各部位脉动压力主频的差异。

(3) 方案三分区加载最为详细，更接近流道内水流脉动的真实情况，在各方案中振动响应最大，可见如果过于简化施加，按传统施加方法，将整个蜗壳流道考虑成一种幅值和频率，结构响应计算结果有可能偏小，按此进行厂房结构设计复核可能偏于危险。

表 4.7　厂房各部位振动位移　　　　　　　　（单位：μm）

方案	楼板	机墩	风罩	侧墙
一	1.50	0.71	1.47	2.67
二	0.46	0.49	0.47	0.36
三	4.91	1.59	4.67	8.37
四	2.46	0.98	2.41	4.23
五	0.56	0.59	0.57	0.43

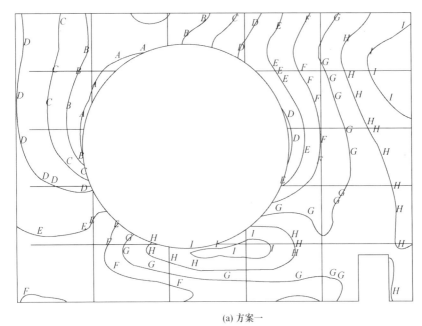

$A=0.103\times10^{-5}$
$B=0.109\times10^{-5}$
$C=0.114\times10^{-5}$
$D=0.120\times10^{-5}$
$E=0.125\times10^{-5}$
$F=0.131\times10^{-5}$
$G=0.136\times10^{-5}$
$H=0.142\times10^{-5}$
$I=0.148\times10^{-5}$

(a) 方案一

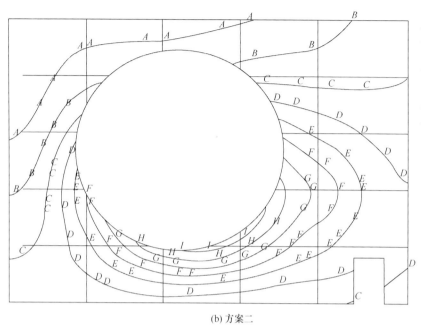

$A=0.188\times10^{-6}$
$B=0.220\times10^{-6}$
$C=0.252\times10^{-6}$
$D=0.284\times10^{-6}$
$E=0.316\times10^{-6}$
$F=0.348\times10^{-6}$
$G=0.379\times10^{-6}$
$H=0.411\times10^{-6}$
$I=0.443\times10^{-6}$

(b) 方案二

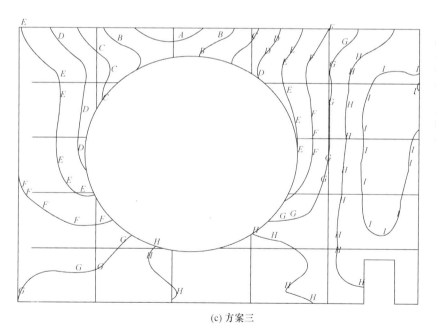

$A=0.235\times10^{-5}$
$B=0.265\times10^{-5}$
$C=0.295\times10^{-5}$
$D=0.325\times10^{-5}$
$E=0.355\times10^{-5}$
$F=0.385\times10^{-5}$
$G=0.415\times10^{-5}$
$H=0.445\times10^{-5}$
$I=0.475\times10^{-5}$

(c) 方案三

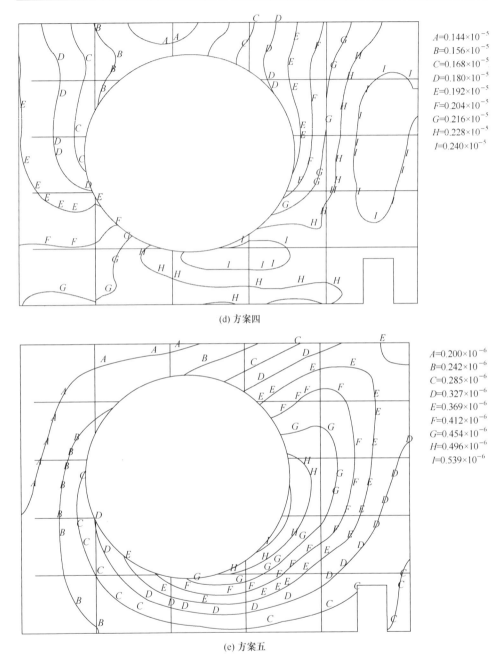

$A=0.144×10^{-5}$
$B=0.156×10^{-5}$
$C=0.168×10^{-5}$
$D=0.180×10^{-5}$
$E=0.192×10^{-5}$
$F=0.204×10^{-5}$
$G=0.216×10^{-5}$
$H=0.228×10^{-5}$
$I=0.240×10^{-5}$

(d) 方案四

$A=0.200×10^{-6}$
$B=0.242×10^{-6}$
$C=0.285×10^{-6}$
$D=0.327×10^{-6}$
$E=0.369×10^{-6}$
$F=0.412×10^{-6}$
$G=0.454×10^{-6}$
$H=0.496×10^{-6}$
$I=0.539×10^{-6}$

(e) 方案五

图 4.26　发电机层楼板振动响应(单位：μm)

4.3.3　脉动压力的精细施加方法

谐响应法将脉动压力简化为同幅值、同频率的脉动压力，忽略了水力振源的随机性及其对厂房结构的影响,而试验布置测点数量有限,以个别测点的压力脉动数值代替某一区域,仍不能准确反映脉动压力特性及其影响。通过以上对蜗壳流道脉动压力振源特性的分析可知,蜗壳流道内振源随整体平稳以低频脉动为主,但也存在局部区域脉动幅值和主频与蜗壳进口点相差较大的情况。如果整个蜗壳流道均按照该点脉动时程施加,必将对厂房整体脉动响应造成影响。

故采用两种方案进行脉动压力精细施加方法研究,方案一是将整个蜗壳、尾水管流道各节点均按照该点实际脉动压力时程施加,脉动压力时程通过 CFD 计算得到。由于流体计算需要,水轮机全流道 CFD 计算网格划分十分精密,如果按此网格则整个厂房模型网格单元数将非常巨大,故以另外结构分析网格尺度建立包含地基的水电站厂房整体分析模型。通过 ANSYS 二次开发,编制流体脉动压力结果导入水电站厂房结构分析程序,通过流体域模型和结构域模型中蜗壳和尾水管壁面各节点的位置坐标建立脉动压力时程对应法则,利用 SFFUN 对节点施加 Press 的命令实现了蜗壳壁面各节点各时刻脉动压力均不同的基于 CFD 计算结果的脉动压力实时的精细模拟施加。

方案二是目前普遍采用的方法,将蜗壳进口处一点的脉动压力时程曲线施加于整个蜗壳内壁各节点;尾水管锥管内侧面各节点施加锥管内侧点压力脉动时程,锥管外侧面各节点施加锥管外侧点压力脉动时程;肘管内侧面各节点施加肘管内侧点脉动时程,肘管外侧面各节点施加肘管外侧点脉动时程;尾水管出口边界脉动压力幅值为零,扩散段依据肘管外侧测点压力脉动时程采用线性插值。

厂房结构采用线弹性模型,忽略蜗壳钢板和座环等的局部加强作用,不考虑蜗壳外围混凝土的损伤开裂。压力脉动数据时间间隔为 0.00367s,总时长 1.19s,选取厂房楼板机墩基础结构及上下游侧墙处典型点(图 4.27)的振动位移、速度和加速度来表示厂房结构振动响应情况,x 向为垂直水流方向,y 向为竖直方向,z 向为顺水流方向。

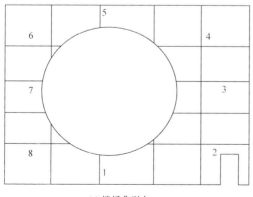

(a) 楼板典型点

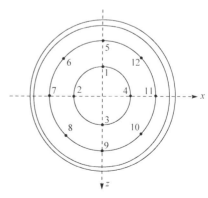

(b) 基础结构典型点

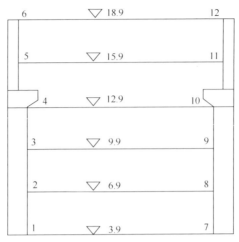

(c) 侧墙典型点

图 4.27　厂房不同部位典型点示意图

　　基于 CFD 计算出的流道内壁所有点的压力脉动历程曲线可以精细地反映厂房在水力振源作用下的振动反应，理论上可施加更精细、真实的水力脉动。从图 4.28～图 4.33 中观察厂房楼板，机墩和上、下游墙振动响应发现：对于楼板和机墩两种方案响应相差不明显；上、下游墙及立柱顺水流向位移方案一大于方案二，最大相差 72%，且随着高程的增大，两种方案位移相差变大，然而速度、加速度差距减小。根据厂房局部振动响应情况可以看出，基于 CFD 流体计算结果的脉动压力精细施加方法(方案一)得到的厂房响应更偏保守，原因主要有以下两点。

　　(1) 蜗壳进口断面典型点的脉动压力幅值并不是最大的，C 断面后的蜗壳各断面脉动压力幅值开始逐渐增大，且尾部达到最大约为 2700Pa。方案二蜗壳流道各点均用蜗壳进口处点的脉动压力时程作为荷载施加，在 C 断面以后的大部分区域，荷载的幅值小于方案一各点精细施加的荷载幅值，故引起上、下游墙的振动位移明显小于方案一。

　　(2) 蜗壳进口点的频率高频成分占比重较多，逐渐向蜗壳尾部靠近高频成分占比重越少，低频成分逐渐增加，脉动压力的频率更加接近于边墙和立柱的自振频率，同样引起了上、下游墙较大的动位移，但是相对激励总体能量并未有明显增加，故随着高度的增加，方案一速度和加速度与方案二相差没有增大，而是逐渐减小。

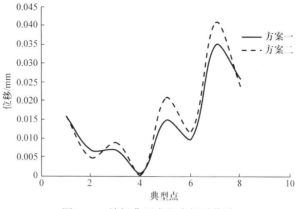

图 4.28　楼板典型点竖向振动位移

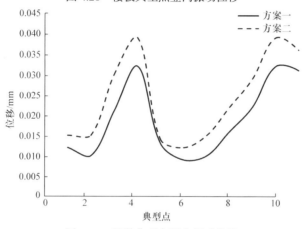

图 4.29　机墩典型点竖向振动位移

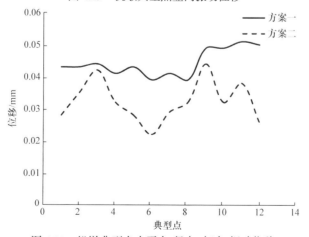

图 4.30　机墩典型点水平向(径向+切向)振动位移

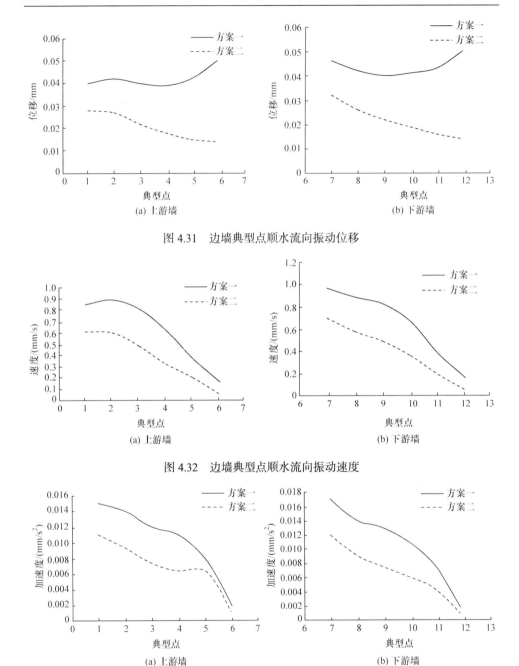

图 4.31　边墙典型点顺水流向振动位移

图 4.32　边墙典型点顺水流向振动速度

图 4.33　边墙典型点顺水流向振动加速度

4.4　本　章　小　结

本章建立了水电站机组与厂房的耦联振动分析模型,考虑了导轴承的动力特性系数随轴颈偏心距和偏位角变化而变化的非线性特性,分析了机组与厂房的动力特性及相互影响,揭示了耦联振动机理,探讨了厂房作为机组动态模型的支承边界条件对于机组轴系统动特性的影响,以及机组振动作为厂房振动的振源,其动态荷载的合理模拟和施加方式对厂房结构振动的影响,研究了基于 CFD 计算的水轮机脉动压力精确施加方法。

(1) 基于导轴承油膜动力特性系数的非线性特性和水轮发电机组轴系支承、传力条件的复杂性,建立了考虑整体厂房机墩基础耦联作用的机组轴系三维有限元模型,得出进行主轴的动力反应及稳定性分析是必要而且可行的。导轴承动力特性系数随机组轴心位置改变而产生的非线性变化对机组轴心振动起有利的约束作用,使轴心振动位移幅值减小;机架、机墩及厂房的耦联振动作用使机组轴系的支承刚度降低,轴心位移幅值增大,轴心轨迹更加复杂和紊乱,稳定性降低。对于本章算例机组,自振特性分析表明,第一阶临界转速高于额定转速和飞逸转速,机组仍处于稳定状态;根据主轴摆度计算确定导轴承动力特性系数,进而计算临界转速的方法易于实现,该方法充分考虑了导轴承的非线性特性和机架、机墩等的耦联作用,结果更加合理、可靠。

(2) 对机组水平动荷载的产生、分配、施加和传递规律进行了详细分析,通过对三种机架支臂模拟方案的厂房动力响应的对比,得出的结论为:机组运行过程中,机架支臂的刚度变化对厂房结构动力响应有较大影响,而机组动荷载随大轴摆度变化的变化对动力响应的影响不大。对于软弱地基上水电站厂房刚体运动振型,在进行共振复核及厂房动力响应分析时应加以区别。机组动荷载作为内源荷载一般不会激起厂房整体振型,故刚体振型对应的频率与激励遇合,引起共振的可能性不大。详细区分动荷载产生原因、幅值及其对应的频率成分,按照分频进行施加是非常必要的。机墩各向振动存在相互耦合关系:竖向动荷载施加方式对水平径向和切向动位移有较大影响。

(3) 在水轮机脉动压力 CFD 数值计算基础上,采用谐响应分析和时间历程分析方法,研究了水电站厂房脉动压力振源合理描述及精细模拟施加方法。考虑了厂房蜗壳流道不同区域幅值和主频的区别,接近水力振源真实作用情况,谐响应分析得到的厂房振动响应较传统全流道单一振幅、频率面压力施加方法更符合实际。考虑流体计算与厂房结构网格尺度的差异,按节点位置坐标对应规则,将 CFD

计算压力脉动结果导入厂房结构，利用 SFFUN 命令实现了厂房蜗壳、尾水管流道壁面各节点各时刻均按脉动压力 CFD 计算结果如实模拟、精细施加。时程分析结果表明，基于 CFD 的水轮机脉动压力精细模拟施加方法考虑了厂房流道各点脉动振源的幅值、频率差异的影响，厂房响应符合实际。

参 考 文 献

[1] 乔卫东, 马薇, 刘宏昭. 基于非线性模型的水轮发电机组轴系耦合动力特性分析[J]. 机械强度, 2005, 27(3): 312-315.

[2] 张宇, 陈予恕, 毕勤胜. 转子-轴承-基础非线性动力学研究[J]. 振动工程学报, 1998, 1(1): 24-30.

[3] 沈松, 郑兆昌. 大型转子-基础-地基系统的非线性动力分析[J]. 应用力学学报, 2004, 1(3): 9-12.

[4] KANG Y , CHANG Y P, TSAI J W, et al. An Investigation in stiffness effects on dynamics of rotor-bearing-foundation systems [J]. Journal of Sound and vibration, 2000, 231(2): 343-374.

[5] 沈可. 水电站厂房结构振动研究[D]. 南宁: 广西大学博士学位论文, 2002.

[6] 赵凤遥. 水电站厂房结构及水力机械动力反分析[D]. 大连: 大连理工大学博士学位论文, 2006.

[7] 秦亮. 双排机水电站厂房结构动力分析与识别[D]. 天津: 天津大学博士学位论文, 2005.

[8] 欧阳金惠, 陈厚群, 李德玉. 三峡电站厂房结构振动计算与试验研究[J]. 水利学报, 2005, 36(4): 484-490.

[9] 哈尔滨大电机研究所. 大电机水轮机标准汇编: 水轮机卷[M]. 北京: 中国标准出版社, 2006.

[10] 顾鹏飞, 喻远光. 水电站厂房设计[M]. 北京: 中国水利水电出版社, 1987.

[11] 白延年. 水轮发电机设计与计算[M]. 北京: 机械工业出版社, 1982.

[12] 马震岳, 董毓新. 水轮发电机组动力学[M]. 大连: 大连理工大学出版社, 2003.

[13] 吴少忠. 丰满发电厂 9#发电机组上机架振动敏感性分析[D]. 大连: 大连理工大学硕士学位论文, 2005.

[14] 杨静, 马震岳, 陈靖, 等. 张河湾抽水蓄能电站厂房机墩组合刚度复核[J]. 水力发电, 2006, 32(12): 33-35.

[15] 中华人民共和国水利部. 水电站厂房设计规范: SL 266—2014[S]. 北京: 中国水利水电出版社, 2014.

[16] 马震岳, 董毓新. 水电站机组及厂房振动的研究与治理[M]. 北京: 中国水利水电出版社, 2004.

[17] 秦亮, 王正伟. 水电站振源识别及其对厂房结构的影响研究[J]. 水力发电学报, 2008, 27(4): 135-140.

[18] 李慧君. 水电站地下厂房内源振动计算模型和边界条件的研究[D]. 大连: 大连理工大学硕士学位论文, 2009.

[19] 张燎军, 魏述和, 陈东升. 水电站厂房振动传递路径的仿真模拟及结构振动特性研究[J]. 水力发电学报, 2012, 31(1): 108-113.

[20] 乔文涛, 王玲花. 基于 CFD 的水轮机内流场分析研究综述[J]. 吉林水利, 2015, 7: 30-32.

[21] YANG J, ZHANG L D, LU L. Research on Francis turbine hydraulic vibration by CFD[J]. Advanced Materials Research. 2014 , 860: 1565-1568.

[22] 季斌, 罗先武, 西道弘, 等. 混流式水轮机涡带工况下两级动静干涉及其压力脉动传播特性分析[J]. 水力发电学报, 2014, 33(1): 191-196.

[23] KHARE R, PRASAD V, KHARE R, et al. CFD approach for flow characteristics of hydraulic Francis turbine[J]. International Journal of Engineering Science and Technology, 2010, 2(8): 3824-3831.

[24] DUAN X H, KONG F Y, LIU Y Y, et al. The numerical simulation based on CFD of hydraulic turbine pump[J]. IOP Conference Series: Materials Science and Engineering, 2016, (1): 1-6.

[25] MARUZEWSKI P, HAYASHI H, MUNCH C, et al. Turbulence modeling for Francis turbine water passages simulation [J]. IOP Conference Series: Earth and Environmental Science, 2010, (1): 1-9.

[26] 黄剑锋, 张立翔, 王文全, 等. 混流式水轮机三维非定常流分离涡模型的精细模拟[J]. 中国电机工程学报, 2011, 32 (26): 83-89.

[27] 董开松, 赵耀, 李臻, 等. 贯流式水轮机定常流动分析[J]. 大电机技术, 2015, 1: 39-44.

[28] 孙万泉, 马震岳, 赵凤遥. 抽水蓄能电站振源特性分析研究[J]. 水电能源科学, 2003, 21 (4): 78-80.

[29] 陈婧, 马震岳, 刘志明, 等. 水轮机压力脉动诱发厂房振动分析[J]. 水力发电, 2004, 30 (5): 24-27.

[30] 宋志强, 马震岳, 陈婧. 龙头石水电站厂房振动分析[J]. 水利学报, 2008, 39 (8): 916-921.

[31] 曹伟, 张运良, 马震岳, 等. 厂顶溢流式水电站厂房振动分析[J]. 水利学报, 2007, 38 (9): 1090-1095.

[32] 欧阳金惠, 陈厚群, 李德玉. 三峡电站厂房结构振动计算与试验研究[J]. 水利学报, 2005, 36 (4): 484-489.

[33] 秦亮, 王正伟. 水电站振源识别及其对厂房结构的影响研究[J]. 水力发电学报, 2008, 27 (4): 135-140.

[34] 张辉东, 周颖. 大型水电站厂房结构流固耦合振动特性研究[J]. 水力发电学报, 2007, 26 (5): 134-137.

[35] ZHANG L X, WANG W Q, GUO Y K. Numerical simulation of flow features and energy exchange physics in near-wall region with fluid-structure interaction [J]. International Journal for Modern Physics B, 2008, 6(22): 651-669.

第5章 水电站机组与厂房振动测试及参数识别

有限元数值模拟和模型试验是目前研究水电站机组及厂房结构振动的主要手段，然而水电机组的振动机理十分复杂，水力、机械、电磁等多种振源同时作用又相互影响，作用介质包括流体、电磁场、油膜和液体密封以及固体结构，整个系统是耦合的庞大体系，各部件之间存在耦联振动，许多作用是非线性的，模型和原型的关系也不能完全相似。有限元数值模拟和模型试验都只能做到尽量逼近实际。此外，大型水轮发电机组在设计阶段，要对机组振动进行预测和评估，有限元计算模型参数及计算边界条件等的选取，都需要参照已有的类似测试资料。所以现场真机试验是研究机组及厂房振动问题、总结规律的又一必要手段，通过现场试验可以获得真实的数据资料并积累丰富的实践经验，一方面可以为理论分析和数值模拟提供基础；另一方面可以获得振源和动力反应特性，为振动的诊断和治理提供帮助。

目前对水电站真机试验往往是只做机组部分振动测试或只做厂房部分测试，对于机组与厂房整体联合现场振动测试进行得还比较少。本章以景洪水电站为实例，通过对机组与厂房联合现场振动测试数据的合理分析，对机组及厂房耦联体系在不同运行工况下的振动状态，振动幅频特性，振动发生、传递规律，振动强度等有了清楚的了解和可靠的掌握，根据国内外相关振动控制标准，对机组和厂房的振动水平进行客观准确的评价，为保证机组与厂房的安全有效运行提供依据，为机组及厂房结构动力响应分析提供参考。

5.1 测试方案与系统

景洪水电站为云南省澜沧江干流中下游河段梯级规划中的第六级电站，位于西双版纳州首府景洪市北郊。电站安装 5 台单机容量为 350MW 的混流式机组，额定水头 60m，保证出力 771.9MW，多年平均发电量 78.58 亿 kW·h，装机年利用小时数 4490h。电站的开发任务是以发电为主，兼顾航运，并具有防洪、旅游等综合利用效益。采用堤坝式开发，枢纽由拦河坝、泄洪冲砂建筑物、引水发电系统、垂直升船机、变电站等组成。厂房坝段布置在河床左侧河槽位置，厂、坝分缝距坝轴线 70m，厂、坝间布置上游副厂房和变电站，主厂房下游侧布置下游副厂房。主厂房左侧设置安装间,机组间距 34.3m,水轮机安装高程 532.5m。水库正常蓄水位 602m,死水位 591m,校核洪水位 609.4m,总库容 11.39 亿 m³,其中调节库容为 3.09 亿 m³。该水电站是我国第一个采用直埋式蜗壳的大型工程,钢管直径大,机组运行水头变幅可能较大,机组振动特性和蜗壳外围混凝土开裂后厂房整体结构及重要构件振动特性可能与已建常规水电站不同,尤其是对作为机组支承结构体系的机墩和作为辅助设备基础的楼板振动状态,有必要重点关注。电站机组主要技术参数如表 5.1 所示。

表 5.1　机组主要技术参数

	项目	参数		项目	参数
	型式	立轴混流式		型式	立轴半伞式
水轮机	最大水头	67m	发电机	转子直径	18042mm
	最小水头	39.5m		额定频率	50Hz
	额定水头	60m		额定容量	388.9MVA
	额定出力	350MW		额定电压	18000V
	额定流量	667.9m³/s		额定电流	1247A
	额定转速	75r/min		功率因数	0.9
	飞逸转速	150r/min		气隙磁通	0.81T
	装机高程	532.5m		气隙	29mm
	水轮机总重量	2211t		磁极对数	40
	水轮机水推力	1580t		发电机总重量	2200t

　　测点分布在最能表征机组轴系统、定子、机架、风罩、楼板、机墩等振动特性及机组和厂房结构耦联振动机制的区域,厂房结构振动最为薄弱的区域也作为测点布置区域。测点分为厂房块体混凝土结构测点、楼板结构测点、水轮发电机组金属结构测点和蜗壳及尾水管中的水压脉动测点四类。

　　厂房块体结构及各层楼板的测点分布如图 5.1 所示,具体如下:

(1) 上、下游墙牛腿顶面布置 2 个水平振动测点;

(2) 发电机层楼板布置 1 个水平振动测点、2 个垂直振动测点;

(3) 风罩外墙布置 1 个水平振动测点;

(4) 中间层楼板布置 2 个垂直振动测点；

(5) 定子基础布置 1 个水平振动测点、1 个垂直振动测点；

(6) 机墩外墙布置 1 个水平振动测点；

(7) 下机架基础布置 1 个水平振动测点、1 个垂直振动测点；

(8) 蜗壳外围混凝土墙体布置 1 个水平振动测点。

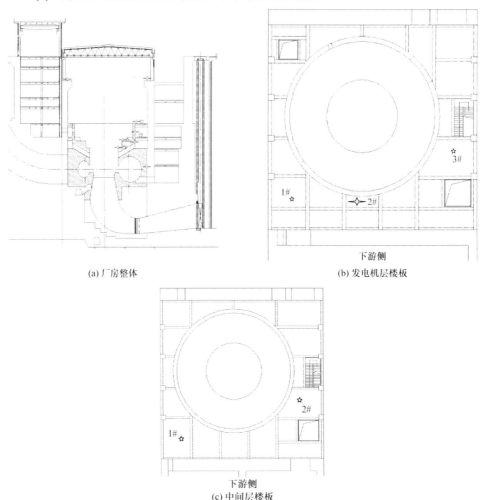

(a) 厂房整体　　　　　　　　　　　　(b) 发电机层楼板

(c) 中间层楼板

图 5.1　厂房结构及楼板平面测点布置示意图
☆代表垂直加速度传感器；⟶⟶代表水平加速度传感器

　　水轮发电机组金属结构上布置的测点如图 5.2 所示，蜗壳及尾水管中的水压脉动测点如图 5.3 所示，具体如下：

(1) 大轴上导和水导处布置 4 个摆度测点；

(2) 上机架布置 1 个水平振动测点、1 个垂直振动测点；

(3) 定子机座布置 1 个水平振动测点；

(4) 下机架布置 1 个水平振动测点、1 个垂直振动测点；

(5) 顶盖布置 1 个水平振动测点、1 个垂直振动测点；

(6) 尾水管进人门布置 1 个水压脉动测点；

(7) 蜗壳进口布置 1 个水压脉动测点(利用原有传感器)；

(8) 蜗壳末端布置 1 个水压脉动测点(利用原有传感器)；

(9) 转轮与导叶间布置 1 个水压脉动测点(利用原有传感器)。

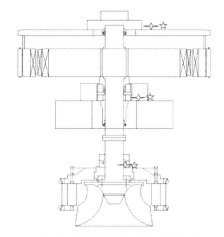

图 5.2 机组结构测点布置示意图

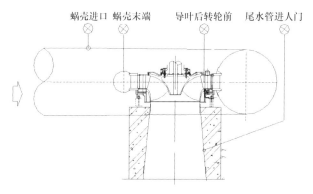

图 5.3 蜗壳与尾水管水压脉动测点布置图

现场振动测试进行了空载升转速、空载升励磁、升负荷、甩负荷、停机等共 21 种工况试验，每种工况试验稳定时间为 5～10min，然后进行测试。升负荷测试时，测点位置与相应测试通道对照如表 5.2 所示。

表 5.2　变负荷测试测点位置与通道

通道	测试部位	方向	通道	测试部位	方向
1-01	上游牛腿	顺河向	2-04	发电机层楼板 1#	竖向
1-02	下游牛腿	顺河向	2-05	发电机层楼板 2#	顺河向
1-03	上机架	竖向	2-06	发电机层楼板 3#	竖向
1-04	上机架	顺河向	2-07	中间层楼板 1#	竖向
1-05	定子基础	竖向	2-08	中间层楼板#	竖向
1-06	定子基础	顺河向	2-09	尾水管进人门压力	—
1-07	定子机座	顺河向	2-10	蜗壳进口压力	—
1-08	下机架	竖向	2-11	蜗壳末端压力	—
1-09	下机架	顺河向	2-12	转轮与导叶间压力	—
1-10	下机架基础	竖向	2-13	大轴水导处摆度	横河向
1-11	下机架基础	顺河向	2-14	大轴水导处摆度	顺河向
1-12	顶盖	竖向	2-15	大轴上导处摆度	横河向
1-13	顶盖	顺河向	2-16	大轴上导处摆度	顺河向
1-14	尾水管	顺河向			
1-15	蜗壳外围混凝土	顺河向			
2-01	风罩外墙	顺河向			
2-02	机墩外墙	顺河向			
2-03	上游牛腿	顺河向			

5.2　数据分析及振动评价

5.2.1　机组及厂房结构振动评价标准

2002 年发布实施的 DL/T 507—2002《水轮发电机组启动试验规程》对水轮发电机组各部位的双振幅值标准规定如表 5.3 所示[1]。

表 5.3　水轮发电机组各部位振动允许值　　　　（单位：mm）

项目	额定转速/(r/min)			
	<100	100～250	250～375	375～750
顶盖水平振动	0.09	0.07	0.05	0.03
顶盖垂直振动	0.11	0.09	0.06	0.03
推力轴承支架垂直振动	0.08	0.07	0.05	0.04
导轴承支架水平振动	0.11	0.09	0.07	0.05
定子机座水平振动	0.04	0.03	0.02	0.02
定子铁芯振动	0.30	0.03	0.03	0.03

此外对于低转速大型水轮发电机组的定子系统有特殊的振动控制标准[2]：在 100Hz 频率下，定子铁芯、定子机座、空气冷却器等振动允许幅值为 0.02mm；在转频情况下，振动允许幅值为 0.3mm。

2006 年发布实施的 GB/T 15468—2006《水轮机基本技术条件》对主轴振动幅值做了明确的规定，在正常运行工况下，主轴相对振动(摆度)不应大于图 5.4 中规定的 B 区上限值[3]。

文献[4]参考大量的国内外与建筑结构、仪器基础及人体健康等相关的振动控制标准，并结合大型水电站厂房的结构特点、运行环境和设计要求，提出了水电站厂房振动控制标准建议值，如表 5.4 所示，作为厂房振动预测与控制定性或者一定程度上定量的依据和参考。

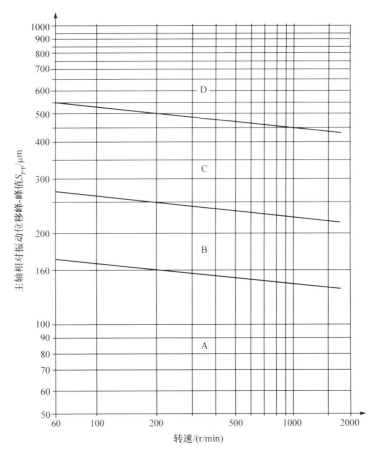

图 5.4　主轴相对振动位移值推荐评价区域

表 5.4　水电站厂房振动控制标准建议值

受振对象		振动位移/mm	振动速度/(mm/s)		振动加速度/(m/s²)	
			竖直	水平	竖直	水平
楼板	作为建筑结构	0.2	5.0		1.0	
	作为仪器基础	0.01	1.5		—	
	人体健康	0.2	3.2	5.0	0.4	1.0
		噪声指标：80～85dB				
	实体墙	0.2	10.0		1.0	
	机墩	0.2	5.0		1.0	

5.2.2　机组振动分析

1. 大轴摆度

变负荷测试阶段机组大轴在水导轴承和上导轴承处的摆度峰峰值见表 5.5(在测试后发现水导处的横河向电涡流传感器损坏)。从表中可以看出，随着机组出力的增大，大轴在水导处横河向摆度迅速降低，原因在于机组低负荷运行时偏离最优运行工况，流道内水力振动较大，随着负荷的增大接近水轮机的最优工况，流道内水流流态得到改善，水力振动减小。而大轴在上导位置的摆度由于受水力振动的影响较小，虽也随负荷的增大而减小，但减小幅度不大。

表 5.5　升负荷大轴摆度　　　　　　　　　(单位：μm)

位置	方向	不同机组出力对应摆度				
		50MW	87.5MW	175MW	262.5MW	350MW
水导	横河向	—	—	527.4	286.8	267.7
水导	顺河向	—	—	—	—	—
上导	横河向	223.9	188.5	183.3	141.8	142.0
上导	顺河向	234.3	366.2	202.0	158.5	141.4

在额定负荷工况，大轴水导轴承处的横河向摆度为 267.7μm，符合 GB/T 15468—2006《水轮机基本技术条件》中对大轴摆度的规定，但在部分负荷即 50%负荷工况，实测大轴水导轴承处的摆度远远超出了规定的限值；而大轴上导轴承处的摆度，除在 87.5MW 负荷工况顺河向摆度超限外，其余工况均能满足要求。虽然规范没有对小负荷工况下的摆度限值做明确规定，而且测量会存在一些不可避免的误差，但建议机组应尽量避免在小负荷工况运行或尽量缩短小负荷运行时间。

2. 机组支承部件振动

图 5.5 给出了机组主要支撑部件顺河向和竖向加速度有效值随机组出力的变化关系。各测点的顺河向和竖向振动加速度均以 87.5MW 负荷工况最大，随着机组负荷的增大，加速度幅值迅速降低，机组在 262.5MW(75%)负荷工况时各测点的振动幅值最小，至额定负荷工况，振动幅值又略有增大。

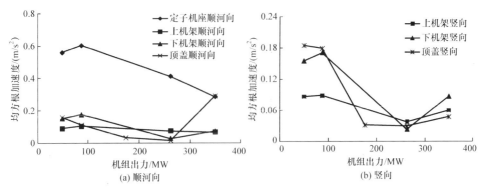

图 5.5　机组各部位振动随机组出力变化

升负荷阶段各工况机组主要支撑部件的振动幅值如表 5.6 所示。其中 175MW 负荷工况为带副厂房测试，机组某些部位传感器移至副厂房。从表中可以看出，在额定负荷工况，机组各测点的振幅均很小，完全满足要求。随着负荷的减小，各部位的顺河向振幅均有不同程度的增大，定子机座和下机架增大较小，顶盖增大较多，但仍然没有超过规范振动允许值。上机架在 50MW 负荷工况的顺河向振动最大，超过了规范中的 0.11mm 的限值。定子机座在 87.5MW 时的振幅无论按照 100Hz 频率还是转频下的振动标准进行评价均满足要求，但已非常接近 100Hz 频率的振动控制标准值。100Hz 的振动频率可能是定子铁芯支座固有振动频率，也可能是发电机定子铁芯松动、定子不圆、机座合缝不好等引起的极频振动频率。不论何种原因，应该对该频率下的定子机座的振动加以重视，查清原因并采取适当措施以减小定子机座的振动。此外，各部位竖向振动也是随着负荷的减小而增大，但各负荷工况的振幅均满足标准要求。

表 5.6　升负荷机组各测点单振幅值　　　　　　　（单位：μm）

方向	部位	不同机组出力对应摆度				
		50MW	87.5MW	175MW	262.5MW	350MW
顺河向	上机架	74.68	28.32	—	4.57	9.79
	定子机座	6.88	9.79	—	5.63	4.90
	下机架	3.55	3.26	—	1.24	2.50
	顶盖	30.42	30.86	12.33	12.33	6.65
竖向	上机架	24.83	25.94	—	5.30	8.42
	下机架	4.62	6.01	—	2.41	3.37
	顶盖	27.66	30.86	18.53	18.53	10.07

5.2.3　厂房振动及与机组振动关系分析

1. 厂房机墩及楼板的振动分析

机墩结构作为机组主要的混凝土支承结构，其振动幅值、速度和加速度对机组的稳定性有着直接的影响。表 5.7 给出了机墩测点在各负荷工况下的实测振动有效值。从表中可以看出，各负荷工况下，定子基础的最大振幅为顺河向的0.028mm，为振动控制标准值的 1/7.14；最大速度为竖向的 0.8mm/s，为振动控制标准值的 1/6.25；最大加速度为竖向的 0.323mm/s²，为振动速度控制标准值的1/3.09。下机架基础的振幅、速度和加速度各负荷工况下最大值均发生在竖向，最大振幅为 0.056mm，为振动控制标准值的 1/3.57；最大速度为 1.07mm/s，为振动控制标准值的 1/4.67；最大振动加速度为 0.107m/s²，为振动控制标准值的1/9.34。由此可见，无论从振幅、速度还是加速度来评价，机墩结构的振动都满足振动控制标准要求。

表 5.7　机墩测点各工况下振动有效值

部位	方向	振幅/mm	速度/(mm/s)	加速度/(m/s²)
定子基础	顺河向	0.028	0.6	0.109
	竖向	0.022	0.8	0.323
下机架基础	顺河向	0.028	0.5	0.100
	竖向	0.056	1.07	0.107

发电机层楼板是厂房结构的薄弱环节，以往计算分析和实践经验均证明厂房结构中楼板是最容易因振动而引起损害的，而且运行人员和电气设备经常居于其上，所以对于楼板的振动应该严格控制。发电机层楼板和中间层楼板在各负荷工况下竖向振动有效值如表 5.8 所示。从表中可以看出，楼板的振动幅值总体不大，作为建筑结构来评价，远远小于 0.2mm 的控制标准值。楼板作为仪器基础则大于0.01mm 的标准值，但楼板上的机电设备一般不是精密仪器，所以作为仪器基础的 0.01mm 的振幅控制值过于严格。将楼板作为仪器基础按照速度进行评价，所有楼板测点的速度均小于标准值 1.5mm/s，而从建筑结构和人体健康角度来评价楼板的振动速度则更完全符合要求。从对人体健康影响的角度来评价楼板振动的加速度，均小于标准值 0.4m/s²，但中间层楼板的竖向振动加速度已经接近标准值。0.4m/s² 的标准是从人体健康的劳动保护角度考虑，按照连续工作且持续受振 8h计算，若受振时间较少，或间歇性受振时，该标准可适当放宽。可见，除了从机器基础角度评价楼板振幅超出标准之外，无论从建筑结构、仪器基础还是人体健康角度来评价实测楼板的振幅、速度和加速度均能很好地满足振动控制标准要求。

表 5.8　楼板竖向振动各负荷工况下振动有效值

结构部位	振幅/mm	速度/(mm/s)	加速度/(m/s²)
发电机层楼板 1#	0.014	0.189	0.202
发电机层楼板 3#	0.030	0.775	0.251
中间层楼板 1#	0.022	0.965	0.369
中间层楼板 2#	0.029	0.971	0.327

2. 厂房结构振动与机组振动的关系

图 5.6 为机组及厂房各部位(机组附近的混凝土结构)振动随机组出力变化曲线。从图中可以看出，厂房各部位振动与机组振动规律相似：在低负荷区均方根加速度较大，在机组出力为 87.5MW 时，各部位的振动最为强烈，随着负荷的增加，振动逐渐减小。可以看出厂房结构的振动主要是由机组振动引起的。

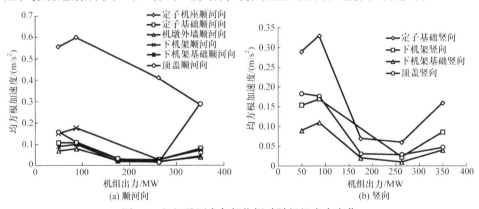

图 5.6　机组及厂房各部位振动随机组出力变化

5.2.4　水力振动传递规律分析

对振动峰值工况各部位测点加速度时程曲线进行频谱分析发现，机组支承部件如顶盖、下机架、定子机座和厂房混凝土结构如机墩、风罩、楼板等部位振动均含有相同或相近的频率成分，如 22Hz 和 30Hz 左右的蜗壳中导叶后不均匀水流形成的扰动频率。这说明蜗壳中的水力脉动不仅通过蜗壳及机墩钢筋混凝土结构传递，也可以通过机组的大轴及支承金属部件传递。

根据蜗壳及尾水管内水力脉动的中低频带(0～48Hz，不包括转频)滤波，机组及厂房结构按照高程由低到高主要测点的均方根加速度如图 5.7 所示。从图 5.7(a)中可以看出，顺河向时无论机组还是厂房结构底部的均方根加速度均大于上部，说明振源来源于蜗壳中的水力脉动；并且下机架的振动小于下机架基础，上机架的振动小于风罩外墙，说明中频水力脉动主要通过蜗壳外围混凝土、机墩结构传递到上部，而不是通过机组大轴，上、下机架等机组金属结构传递的。从图 5.7(b)

竖向振动加速度分布来看，蜗壳中的水力脉动传递到中间层楼板和发电机层楼板时发生了明显的动力放大作用，可能是这两层楼板的某阶竖向自振频率与水力脉动频带中的某些频率相近，激发了共振。

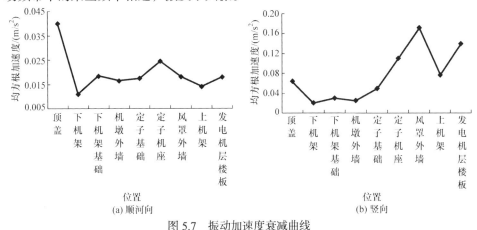

图 5.7　振动加速度衰减曲线

5.2.5　机组与厂房结构的振源分析

1. 理论振源

对于水轮发电机组常见振动现象及振动原因大致归纳分类如图 5.8 所示[4]。根据图中所列的机组运行中的振动状态及可能的振动原因，分析机组可能存在的振源频率成分如下。

(1) 机械原因引起的转频振动：机组安装调整不当，旋转体质量偏心，转动与固定部件磨碰，轴承支承系统刚度不足，主轴弯曲等引起的振动频率；$f_1 = n/60 = 1.25\mathrm{Hz}$，$f_1' = 2f_1 = 2.5\mathrm{Hz}$。

(2) 电磁原因引起的转频振动：转子外缘不圆，定子内腔不圆，定子内腔和转子外缘均保持圆形，但两者不同心，转子动、静不平衡，转子各磁极电气参数相差较大或局部短路等引起的振动频率，$f_2 = n/60 = 1.25\mathrm{Hz}$，$f_2' = 2f_2 = 2.5\mathrm{Hz}$。

(3) 尾水管涡带引起的低频 $f_3 = \mu n/60$，μ 一般取 1/6～1/3，则 $f_3 = 0.208～0.417\mathrm{Hz}$；尾水管中频 $f_3' = (0.8～1.2)n/60 = 1～1.5\mathrm{Hz}$；尾水管空化引起的高频 $f_3'' = 300～500\mathrm{Hz}$。

(4) 卡门涡引起的振动频率 $f_4 = SW/\alpha$，其中，S 为斯特鲁哈数，$S=0.18～0.22$，α 为导叶或转轮叶片出口边宽度，W 为出口边相对速度，根据经验，卡门涡大致振动频率范围为 $f_4 = 80～150\mathrm{Hz}$。

(5) 转轮叶片与导叶间相互干涉引起的振动频率 $f_5 = \dfrac{nZ_\mathrm{r}Z_\mathrm{g}}{60A}$，其中，$Z_\mathrm{r}$、$Z_\mathrm{g}$

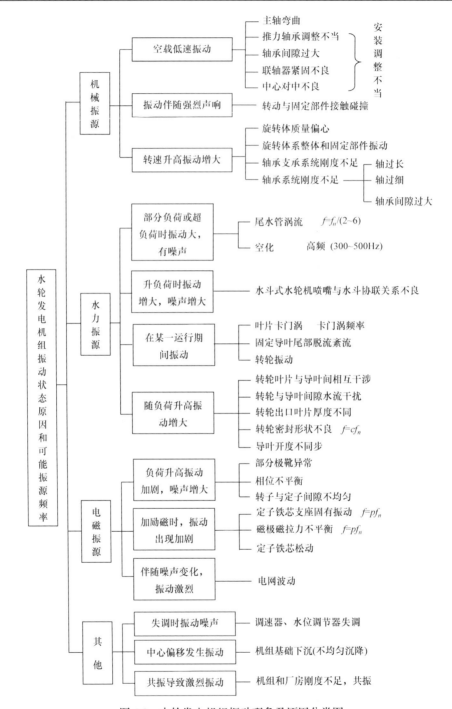

图 5.8　水轮发电机组振动现象及原因分类图

为转轮叶片数和导叶数，A 为 Z_r 和 Z_g 的最大公约数，对于景洪水电站 $Z_r=13$，$Z_g=24$，$A=1$，故 $f_5=390Hz$。

(6) 不均匀水流撞击叶片引起转轮振动，其频率为转频与水轮机叶片数的乘积或其乘积的整数倍：$f_6=nZ_r/60=16.25Hz$ (叶片数为 13)，$f_6'=2f_6=32.5Hz$。

(7) 导水叶后水流的不均匀分布有可能产生较大的压力脉动，由导水叶后水流不均匀性引起的作用在转轮上的水流扰动频率为：$f_7=nZ_g/60=22.5Hz$ (活动导叶) 或 30Hz(固定导叶)，其中 Z_g 为导水叶片数，活动导叶数为 18，固定导叶数为 24。

(8) 发电机原因引起的极频振动，产生极频振动的原因有定子分数槽次谐波磁势，定子并联支路内环流产生的磁势，负载电流引起的反转磁势，定子不圆，定子机座合缝不好，定子铁芯松动引起的振动，极频振动的频率为：$f_8=50KHz$（$K=1,2,3\cdots$）。

(9) 发电机定子铁芯支座固有振动频率 $f_9=pn/60$，其中 p 为磁极对数，景洪水电站 $p=40$，所以 $f_9=50Hz$，$f_9'=2f_9=100Hz$。

2. 实测振源

对机组及厂房结构各测点在各负荷时的振动频率进行全面统计分析，主要振动频率从低到高为：0.31Hz、0.34Hz、0.46Hz、0.89Hz、0.98Hz、1.25Hz、2.5Hz、3.75Hz、3.85Hz、5Hz、7.5Hz、14.25Hz、16.25Hz、18.5Hz、22Hz、25Hz、30Hz、38Hz、44Hz、50Hz、75Hz、80Hz、100Hz、115Hz、150Hz、200Hz、300Hz、390Hz 等。机组及厂房结构实际测点有限，并且以点振动代替体振动来反映空间结构的整体振动特性必然产生一定误差；水轮发电机组振动复杂，水流、机械、电磁多种振源同时存在；机组与厂房结构庞大，耦联机制复杂；所以要准确确定实测的每种频率成分的产生原因是不可能的，只能根据理论计算结合实际情况对众多频率成分进行大致的分类，对各部位测点功率谱图中的优势振动频率加以分析。0.31～0.98Hz 的振动频率应该是尾水涡带引起的振动频率。1.25Hz、2.5Hz、3.75Hz、3.85Hz 应该是转频及其倍频引起的振动频率。5Hz 和 7.5Hz 可能是转频倍频引起的振动也可能是蜗壳或尾水管中的中频。14.25Hz、16.25Hz、18.5Hz 的振动频率应该是不均匀水流撞击叶片引起转轮振动，其频率为转频与水轮机叶片数的乘积或其乘积的整数倍。22Hz、25Hz、30Hz、38Hz、44Hz 的振动频率可能是导水叶后的水流不均匀性引起的作用在转轮上的水流扰动频率及其倍频。50Hz 的振动频率为发电机的极频振动频率或者定子铁芯支座固有振动频率。75Hz、80Hz、115Hz 的振动频率应该是卡门涡流振动引起，卡门涡流频率与叶片厚度和流速有关，因此仅在一定负荷工况下才发生。100Hz、150Hz、200Hz、300Hz 的频率应该是定子铁芯支座固有振动频率的倍频或定子极频振动频率的倍频，其中 300Hz 的频率也可能是尾水管空化引起的高频振动频率。390Hz 的振动频率则是转轮叶片与导叶间相互干涉引起的振动频率。

5.3 厂房结构有限元数值反馈计算

5.3.1 机墩刚度复核

机墩结构是机组主要支承体系，承担径向、切向和竖向动荷载的激励作用。当机墩钢筋混凝土结构发生变形时，机组的轴线发生偏移和倾斜，轴承间隙相应发生变化，若机墩支承刚度不足，导致大轴偏移过大及油膜失稳等，会严重影响机组的安全稳定运行。因此机墩结构需要具有足够的刚度以满足机组安全运行要求。对于抽水蓄能电站，机组设备制造厂家对机墩结构的刚度要求一般很高，如琅琊山抽水蓄能电站机墩刚度控制标准采用奥地利 VATCH 公司提出的指标：定子基础和下机架基础水平刚度要求为 20.0MN/mm；张河湾抽水蓄能电站发电机制造厂家对机墩结构的刚度要求为：上机架水平刚度为 6.876MN/mm，下机架水平刚度为 25MN/mm[5]。常规水电站可以根据具体情况适当降低要求。景洪水电站机组的制造厂家尚没有给出机墩刚度的控制指标，经过计算，在分别施加水平荷载 20.0MN 的前提下，定子基础和下机架基础的最大水平位移分别为 1.023mm 和 0.566mm。考虑到常规水电站机墩刚度与抽水蓄能电站相比可适当降低要求，景洪水电站的机墩刚度是完全可以满足机组安全运行要求的。

5.3.2 机墩振幅计算

对于一般立式水电机组，机墩结构承受的动荷载主要有以下几种。①水平动荷载，包括机械不平衡力、旋转不平衡力、不平衡磁拉力以及水力不平衡力等，频率为转频。②垂直动荷载，包括发电机转子连轴重、励磁机转子重、水轮机转轮连轴重及轴向水推力。按照水电站厂房设计规范的说明[6]，竖向水流冲击频率可取为转轮叶片与导叶间相互干涉引起的水流振动频率。③发电机短路引起的切向动荷载，频率为电磁极频。

水平机组动荷载采用 4.3 节中方案二的施加方式，竖向和切向荷载方向不变，大小按照定子基础板和下机架基础板的个数均匀承担。计算所得机墩正常运行工况各处最大振幅如表 5.9 所示。从表中可以看出机墩的各向振幅均满足现行水电站厂房设计规范中关于机墩振幅的控制标准(即垂直振幅长期组合不大于 0.1mm，短期不大于 0.15mm，水平横向与扭振振幅之和长期不大于 0.15mm，短期不大于 0.2mm)。此外，竖向振幅与实际测试值略有差别，主要是由于计算采用的荷载较为明确单一，而实际机组运行中机墩结构承担的荷载却十分复杂，竖向动荷载的频率成分可能也较多，但测试值和计算值均满足规范要求。

表 5.9　机墩振幅计算值　　　　　　　　　(单位：mm)

方向	部位	振幅
水平横向与扭振之和	定子基础	0.0521
	下机架基础	0.0398
竖向	定子基础	0.0167
	下机架基础	0.0446

5.3.3　水力脉动响应计算

　　与机组动荷载频率更接近于厂房结构的基频，激振方式更容易激起厂房结构的低阶振型，产生较大振幅相比，蜗壳及尾水管内水力脉动的频率往往高于结构的基频，振动能量较大，所以容易引起厂房结构较大的加速度响应。尤其对经常布置各种设备及人员在上面工作的厂房各层楼板结构，更应该关注水力脉动振源引起的加速度响应及其动力放大效应。

　　选取实测蜗壳进口、导叶后转轮前、蜗壳末端的压力脉动幅值中的最大者，参照 4.4 节，假设脉动压力在水轮机流道内是均匀分布和同相位的简谐荷载，计算频率尽量包含楼板的低阶自振频率。得到发电机层楼板和中间层楼板测点竖向动力响应幅值随水力脉动频率变化的曲线如图 5.9 所示。

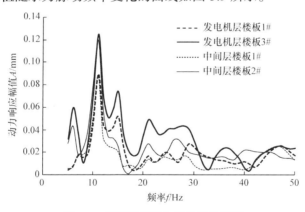

图 5.9　楼板测点竖向振动反应幅值

　　从图 5.9 中可以看出，各测点响应幅值随频率的变化趋势大体相同，主要的峰值有 6Hz、11Hz、15Hz、22Hz 和 28Hz。说明这些频率与发电机层和中间层楼板的某阶自振频率接近，易引起楼板结构的共振，产生较大的动力放大效应。由于理论分析与振源识别发现流道内的水力脉动频率中 16.25Hz、22.5Hz 和 30Hz

的振动频率,分别与易引起楼板共振的频率点 15Hz、22Hz 和 28Hz 相近,所以分别计算这些频率的水力脉动引起的楼板测点动力响应均方根加速度,如表 5.10 所示。三个频率单独引起的楼板测点的均方根加速度最大分别为 0.135m/s²、0.224m/s² 和 0.337m/s²,30Hz 频率引起的加速度最大。三个频率叠加即共同引起的最大均方根加速度为 0.603m/s²,发生在中间层楼板的 2#测点。叠加后的均方根加速度与实测值大体相当,并均满足控制标准要求,只是中间层楼板 2#测点差别较大,并超出了人体健康控制标准。这是由于计算中考虑的最为保守的情况,即压力脉动幅值取流道中各处测点的最大者并且水力脉动的三种频率同时引起楼板共振,是放大效应最为突出的情况,实际中可能只以其中一种频率为主,图 5.10 给出的中间层楼板 2#测点在振动峰值工况的功率谱图正好证明了这一点。

表 5.10　厂房楼板竖向加速度均方根值　　　　　　　　(单位:m/s²)

测点	各频率对应加速度均方根值			总和	测试值
	16.25Hz	22.5Hz	30Hz		
发电机层楼板 1#	0.038	0.033	0.089	0.160	0.202
发电机层楼板 3#	0.022	0.152	0.154	0.328	0.251
中间层楼板 1#	0.135	0.061	0.144	0.340	0.369
中间层楼板 2#	0.042	0.224	0.337	0.603	0.327

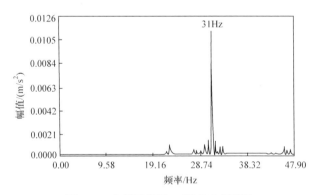

图 5.10　中间层楼板 2#测点功率谱图

5.4　机组轴系统动参数识别

模态参数时域识别方法能直接利用结构振动响应的时域信号进行识别,特别适合环境激励下的大型结构和连续运行设备如水轮发电机组等的动力特性测试分析，由于不需要激励设备，极大地节省了测试时间与费用，正越来越多地受到人们的认可和重视。然而，限制模态参数时域识别方法应用的一个重要问题是，必须事先假定待识别信号中含有的振动阶次。因为时域识别法的输入数据是振动响应时域波形，不能像频域识别方法那样对照频响函数的特性曲线人为辨别振动阶次。实际中为了能够尽量包含结构所有可能的振动模态，往往假定较高模态阶次，这势必产生由噪声构成的虚假模态。对于如何甄别和剔除噪声模态，目前已有多种模型定阶和识别准则，但没有一种是完全成熟的[7]：传统的做法是根据识别得到的各阶阻尼比判断真假模态；或根据响应测点自功率谱函数波峰个数确定振动阶次；此外就是根据不同模态阶次模型的拟合曲线与实测曲线吻合情况，来辨别真实模态。

本节将模态参数时域识别方法引入到水电站水轮发电机组轴系的模态参数识别中，利用停机过程大轴自由振动衰减信号，采用多信号分类方法进行定阶，对轴系统的模态参数进行识别。

轴系是靠导轴承油膜支承，油膜的动态特性参数对轴系的动态特性有重要影响，但油膜的参数不容易获得，只在机组运行时存在并随机组转速、大轴的摆动等变化。水轮发电机组轴系统油膜轴承的动态特性参数识别和其他结构参数识别有共同点，也有特殊的难度。

(1) 轴承油膜动态特性参数只有在机组运行时才存在。这就决定了利用传统的模态频域识别法无法实现，因为一般频域识别法需要在机组轴系统静止时施加人工激励，获得频响函数，但这时油膜没有形成也没有油膜动态参数，就无法对其进行识别。若在机组运行中施加激励，除使机组不能正常运行外，还会对机组稳定性造成影响，甚至引起危害。

(2) 轴承油膜动态特性参数不是恒定不变。如第 2 章所述，导轴承油膜的动态特性参数与大轴的偏心距和偏位角时时相关，当运行工况改变造成大轴偏心距和偏位角变化时，油膜动特性系数相应改变，因此在进行识别时，只能利用在同一稳定工况下的大轴摆度测试数据,这样保证油膜动态特性系数处于动态平衡中，识别较为准确。

(3) 系统的不平衡力无法测量，需要和油膜动态特性参数进行联合识别。不平衡力与转速和转子、转轮的不平衡量有关，由于材料的不均匀性、加工装配误差等因素，不平衡力是普遍存在的。

(4) 测点布置受到限制。例如，水轮发电机组转子密闭在定子机座内部，转轮周围附着水体，二者附近均无法安装传感器测量振动响应，仅能在轴承座附近布置传感器。

文献[8]对运行状态下的转子在牛顿第二定律的基础上，运用达朗贝尔原理，结合 Ritz 法建立转子运动微分方程，并从模态思想出发，建立具有外部激励下的转子不平衡及油膜参数识别方程，进行了油膜动态特性系数和不平衡量的识别。为了得到求解所需的足够的方程个数，需要多次激励或者改变转子的转速。如果外激励频率或转子改变后的转速与原工作转速相差太远，轴承的刚度和阻尼系数变化较大，所推导的逆向求解测点振动响应的公式不再成立。而如果相差太小且转速较低时，各测点的振动不是完全独立而是线性相关的，致使得到的识别方程无法求解。

本书把方程求解问题转化为多参数优化问题，将遗传算法引入到水电机组导轴承油膜动态特性参数识别中。这一方法避免了通常的识别方法为了获取足够的信息，需要改变转速带来的一系列问题，如影响机组轴系正常运行、测试过程烦琐且不易实现、轴承油膜动态特性参数变化较大以致识别结果不准确等。

5.4.1 机组轴系统模态参数识别

1. 模态参数遗传识别方法

遗传算法(genetic algorithm，GA)起源于对生物系统所进行的计算机模拟研究，是一种借鉴生物界自然选择和自然遗传机制的随机搜索算法。它起源于 20 世纪 70 年代，目前已广泛应用于生物、电子、机械、土木等各个工程领域。遗传算法与传统算法的最大不同是不依赖于梯度信息，通过模拟自然进化过程来搜索最优解，利用染色体串来模拟进化过程。遗传算法具有以下优点。

(1) 对可行解表示的广泛性。由于遗传算法的处理对象不是参数本身，而是对参数集体进行了编码得到的基因个体，因此，使得遗传算法可以直接对结构对象进行操作。所谓的结构对象，泛指集合、序列、矩阵、树、图、链和表等各种一维或二维甚至多维结构形式的对象。这一特点使得遗传算法具有广泛的应用领域。

(2) 群体搜索特性。许多传统搜索方法都是单点搜索，这种点对点的搜索方法，对于多峰分布的搜索空间常常会限于局部的某个单峰的极值点。而遗传算法采用的是同时处理群体中多个个体的方法，即同时对搜索空间中的多个解进行评估，即遗传算法是并行的同时爬多个峰。

(3) 不需要辅助信息。遗传算法仅用适应度函数的数值来评估基因个体，并在此基础上进行遗传操作。更重要的是，遗传算法的适应度函数不仅不受连续可微的约束，而其定义域可以任意设定。对适应度唯一的要求是，编码必须与可行解空间对应。

(4) 内在启发式随机搜索。遗传算法不是采用确定性规则，而是采用概率的变迁规则来指导它的搜索方法。概率仅仅作为一种工具来引导其搜索过程朝着搜索空间的更优化的解区域移动。虽然看起来它是一种盲目搜索方法，实际上它是有明确的搜索方向，具有内在并行搜索机制。

(5) 遗传算法在搜索过程中不容易陷入局部最优，即使在所定义的适应度函数是不连续的、非规则的或者有噪声的情况下，也能以很大的概率找到全局最优解。

上述特点使得遗传算法和其他的搜索方法相比有着很多的优越性：简单通用、鲁棒性强、具有良好的全局搜索性、易于并行化、易于和别的技术(如神经网络、模糊推理、ANSYS 参数化设计语言等)融合。因而将其应用于参数识别中，致力于弥补传统识别方法的缺陷，不仅具有理论意义，而且有应用价值。下面简要介绍遗传算法参数识别的过程。

具有 n 自由度系统的自由振动微分方程为

$$[M]\{\ddot{x}\} + [C]\{\dot{x}\} + [K]\{x\} = 0 \tag{5.1}$$

其中，$[C]$ 满足黏性比例阻尼矩阵 $[C] = a_0[M] + a_1[K]$，a_0 和 a_1 分别为与系统自振频率和阻尼有关的常数。

设特解 $\{x\} = [\varphi]\{e^{\lambda t}\}$，其中 $[\varphi]$ 为自由响应幅值矩阵。代入式(5.1)得特征值问题：

$$\lambda^2[M] + \lambda[C] + [K] = 0 \tag{5.2}$$

可求得特征值 λ 为

$$\lambda_i = -\xi_i\omega_i \pm j\omega_{di} \ (i = 1, 2, \cdots, n) \tag{5.3}$$

其中，ξ_i 为阻尼比；ω_i 为无阻尼振动频率；ω_{di} 为阻尼振动频率，$\omega_{di} = \omega_i\sqrt{1 - \xi_i^2}$。

将式(5.3)代入式(5.1)解得特征向量 $\boldsymbol{\varphi}_i \ (i = 1, 2, \cdots, n)$。由特征向量 $\boldsymbol{\varphi}_i$ 组成的矩阵即为模态矩阵 $[\boldsymbol{\Phi}]_{n\times n}$。

模态矩阵 $[\boldsymbol{\Phi}]_{n\times n}$ 不仅具有关于 $[M]$、$[K]$ 的正交性，还关于比例阻尼 $[C]$ 加权正交[9]，即

$$[\boldsymbol{\Phi}]^{\mathrm{T}}[C][\boldsymbol{\Phi}] = \mathrm{diag}[a_0 m_i + a_1 k_i] = \mathrm{diag}[c_i] \tag{5.4}$$

其中，$c_i = a_0 m_i + a_1 k_i$ 为模态黏性比例阻尼系数，$\mathrm{diag}[c_i]$ 为模态黏性比例阻尼矩阵。

取坐标变换式

$$\{x\} = \sum_{i=1}^{n}\varphi_i y_i = [\boldsymbol{\Phi}]\{y\} \tag{5.5}$$

代入式(5.1)并考虑特征矢量的正交性，得一组解耦方程：

$$\text{diag}[m_i]\{\ddot{y}\} + \text{diag}[c_i]\{\dot{y}\} + \text{diag}[k_i]\{y\} = 0 \tag{5.6}$$

或写成

$$\{\ddot{y}\} + \text{diag}[\sigma_i]\{\dot{y}\} + \text{diag}[\omega_{0i}]\{y\} = 0 \tag{5.7}$$

其中，$\sigma_i = \dfrac{c_i}{m_i}$ $(i = 1, 2, \cdots, n)$。

考虑初始条件

$$y_0 = \varphi^{-1}x_0 = \text{diag}\left[\frac{1}{m_i}\right][\Phi]^{\mathrm{T}}[M]x_0$$

$$\dot{y}_0 = \varphi^{-1}\dot{x}_0 = \text{diag}\left[\frac{1}{m_i}\right][\Phi]^{\mathrm{T}}[M]\dot{x}_0$$

代入方程(5.7)解得

$$y_i = Y_i\mathrm{e}^{-\xi_i\omega_i t}\sin(\omega_{\mathrm{d}i}t + \theta_i) \tag{5.8}$$

其中，
$$\begin{cases} Y_i = \sqrt{y_{0i}^2 + \left(\dfrac{\dot{y}_{0i} + \xi_i\omega_i y_{0i}}{\omega_{\mathrm{d}i}}\right)^2} \quad \text{为与初始条件有关的常数。} \\ \theta_i = \arctan\dfrac{\omega_{\mathrm{d}i}y_{0i}}{\dot{y}_{0i} + \xi_i\omega_i y_{0i}} \end{cases}$$

将式(5.8)代入式(5.5)得

$$x = \sum_{i=1}^{n}\varphi_i Y_i\mathrm{e}^{-\sigma_i t}\sin(\omega_{\mathrm{d}i}t + \theta_i) = \sum_{i=1}^{n}D_i\mathrm{e}^{-\sigma_i t}\sin(\omega_{\mathrm{d}i}t + \theta_i) \tag{5.9}$$

其中，$\sigma_i = \xi_i\omega_i$；$D_i = \varphi_i Y_i$，取前几阶模态位移响应的叠加即可满足精度要求。

结构动力模态参数时域识别的遗传算法，是根据实测停机过程中大轴自由振动响应信号，并基于系统识别的基本原理和遗传算法的优化理论，将轴系的自振频率和阻尼比表示成染色体，求出目标函数最优时对应的结构模态参数，即寻求一组使得实测响应和计算响应误差最小的结构自振频率和阻尼比的模态参数。

设 $x(t)$ 为结构实测振动响应；$\sum\limits_{i=1}^{M}D_i\mathrm{e}^{-\sigma_i t}\sin(\omega_{\mathrm{d}i}t + \theta_i)$ 为结构计算自由振动响应(M 为振动的模态阶数)；构造目标函数，即 $\min L(\xi_i, \omega_i) = \left[x(t) - \sum\limits_{i=1}^{M}D_i\mathrm{e}^{-\sigma_i t} \times \right.$

$\left. \sin(\omega_{\mathrm{d}i}t + \theta_i)\right]^2$，可求得结构的自振频率和阻尼比。

2. 含噪声信号定阶方法研究

特征分解技术的主要思想是把自相关矩阵中的信息空间分成两个子空间，即信号子空间和噪声子空间，这两个子空间的矢量函数在正弦波频率上有尖锐峰值，据此不仅可确定信号中含有的正弦波的个数，而且可以估计正弦波的频率。

设某一个平稳随机过程含有 N 个采样数据，即

$$x(n) = \sum_{i=1}^{M} A_i \mathrm{e}^{\mathrm{j}(\omega_i n + \varphi_i)} + w(n) \quad (n = 0, 1, \cdots, N-1) \tag{5.10}$$

其中，$\sum_{i=1}^{M} A_i \mathrm{e}^{\mathrm{j}(\omega_i n + \varphi_i)} \ (i = 1, 2, \cdots, M)$ 即为由 M 个正弦波组成的信号 $s_i(n)$，A_i 为振幅，ω_i 为频率，φ_i 为初相位，在 $[0, 2\pi]$ 内均匀分布的独立随机变量；$w(n)$ 为加性白噪声。信号定阶问题就是如何确定信号中含有正弦波的数目即 M 的值，为后续的模态参数识别做准备。

数据信号 $x(n)$ 的自相关函数为

$$R_x(m) = R_s(m) + R_w(m) = \sum_{i=1}^{M} A_i^2 \mathrm{e}^{\mathrm{j}\omega_i m} + \sigma_w^2 \delta(m) \quad (m = 0, 1, \cdots, N-1) \tag{5.11}$$

其中，σ_w 为随机信号的方差。

定义含噪声信号向量、正弦向量以及白噪声向量分别为

$$\boldsymbol{x} = [x(0) \quad x(1) \quad \cdots \quad x(N-1)]^{\mathrm{T}}$$

$$\boldsymbol{s}_i = \begin{bmatrix} s_i(0) & s_i(1) & \cdots & s_i(N-1) \end{bmatrix}^{\mathrm{T}}$$

$$\boldsymbol{w} = \begin{bmatrix} w(0) & w(1) & \cdots & w(N-1) \end{bmatrix}^{\mathrm{T}}$$

同时定义信号向量

$$\boldsymbol{e}_i = \begin{bmatrix} 1 & \mathrm{e}^{\mathrm{j}\omega_i} & \cdots & \mathrm{e}^{\mathrm{j}(N-1)\omega_i} \end{bmatrix}^{\mathrm{T}} \quad (i = 1, 2, \cdots, M)$$

则由式(5.10)有

$$\boldsymbol{s}_i = A_i \mathrm{e}^{\mathrm{j}\varphi_i} \boldsymbol{e}_i$$

$$\boldsymbol{x} = \sum_{i=1}^{M} A_i \mathrm{e}^{\mathrm{j}\varphi_i} \boldsymbol{e}_i + \boldsymbol{w}$$

由向量 $\boldsymbol{x}$ 可以求出含噪声信号 $x(n)$ 的自相关矩阵为

$$\boldsymbol{R}_x = \boldsymbol{E}[xx^{\mathrm{H}}] = \sum_{i=1}^{M} A_i^2 \boldsymbol{e}_i \boldsymbol{e}_i^{\mathrm{H}} + \sigma_w^2 \boldsymbol{I}_{NN} \tag{5.12}$$

其中，$\sigma_w^2 \boldsymbol{I}_{NN}$ 是白噪声的自相关矩阵，$\boldsymbol{I}_{NN}$ 是 $N \times N$ 维单位阵。写成展开形式为

$$\boldsymbol{R}_x = \boldsymbol{E}[xx^{\mathrm{H}}] = \begin{bmatrix} R_x(0) & R_x^*(1) & \cdots & R_x^*(N-1) \\ R_x(1) & R_x(0) & \cdots & R_x^*(N-2) \\ \vdots & \vdots & & \vdots \\ R_x(N-1) & R_x(N-2) & \cdots & R_x(0) \end{bmatrix}$$

其中，$R_x^*(m)$ 表示的是 $R_x(m)$ 的共轭 ($m = 0,1,\cdots,N-1$)。

将式(5.12)表示为

$$R_x = R_s + R_w \tag{5.13}$$

其中

$$R_s = \sum_{i=1}^{M} A_i^2 e_i e_i^{\mathrm{H}} \tag{5.14}$$

$$R_w = \sigma_w^2 I_{NN} \tag{5.15}$$

分别为信号自相关矩阵和噪声自相关矩阵，即含噪声信号的自相关矩阵可以分解为信号自相关矩阵和噪声自相关矩阵之和。

对 R_s 进行特征值分解，设 λ_i 和 v_i 分别为 R_s 的 N 个特征值及相应的特征向量 $i = 1,2,\cdots,N$，则有

$$R_s v_i = \lambda_i v_i \quad (i = 1,2,\cdots,N) \tag{5.16}$$

根据式(5.14)可以看出，信号自相关矩阵 R_s 为 Hermitian 矩阵，即 $R_s^{\mathrm{H}} = R_s$，所以它的不同特征值所对应的特征向量是正交的。假定特征向量 v_i 是已经归一化的，即 $v_i^{\mathrm{H}} v_i = 1$，则有

$$v_i^{\mathrm{H}} v_j = \begin{cases} 1, & i = j \\ 0, & i \neq j \end{cases}$$

以 N 个特征向量 $v_i (i = 1,2,\cdots,N)$ 作为列构成矩阵 V，即

$$V = \begin{bmatrix} v_1 & v_2 & \cdots & v_N \end{bmatrix}$$

则 V 是酉矩阵，有 $V^{\mathrm{H}} = V^{-1}$。对信号自相关矩阵 R_s 进行对角化，即

$$V^{\mathrm{H}} R_s V = \Lambda \tag{5.17}$$

其中，Λ 是以 R_s 的 N 个特征值作为主对角线元素的对角阵，即

$$\Lambda = \mathrm{diag}\begin{bmatrix} \lambda_1 & \lambda_2 & \cdots & \lambda_N \end{bmatrix}$$

利用 $V^{\mathrm{H}} = V^{-1}$，由式(5.17)可得

$$R_s = V \Lambda V^{\mathrm{H}} = \sum_{i=1}^{N} \lambda_i v_i v_i^{\mathrm{H}} \tag{5.18}$$

式(5.18)称为信号自相关矩阵 R_s 的特征值分解。

由于正弦信号自相关矩阵 R_s 的秩为 M，一般情况下 $M<N$，所以在 R_s 的 N 个特征值中只有 M 个特征值非 0，因此可将 R_s 的特征值分解表示为

$$R_s = \sum_{i=1}^{M} \lambda_i v_i v_i^{\mathrm{H}} \tag{5.19}$$

而对于单位阵 $\boldsymbol{I}_{NN}$，其 N 个特征值为 $\lambda_i = 1$ $(i = 1, 2, \cdots, N)$。因为任何向量都可以作为单位阵对于特征值为 1 的特征向量，所示正弦信号自相关矩阵 $\boldsymbol{R}_s$ 的特征向量 $\boldsymbol{v}_i$ 也可以作为单位阵 $\boldsymbol{I}_{NN}$ 的特征向量，由此可以得到噪声自相关矩阵 $\boldsymbol{R}_w$ 的特征值分解表示为

$$\boldsymbol{R}_w = \sigma_w^2 \boldsymbol{I}_{NN} = \sigma_w^2 \sum_{i=1}^{N} \boldsymbol{v}_i \boldsymbol{v}_i^{\mathrm{H}} \tag{5.20}$$

将式(5.19)和式(5.20)代入式(5.13)得

$$\boldsymbol{R}_x = \boldsymbol{R}_s + \boldsymbol{R}_w = \sum_{i=1}^{M} \lambda_i \boldsymbol{v}_i \boldsymbol{v}_i^{\mathrm{H}} + \sigma_w^2 \sum_{i=1}^{N} \boldsymbol{v}_i \boldsymbol{v}_i^{\mathrm{H}}$$

$$= \sum_{i=1}^{M} \left(\lambda_i + \sigma_w^2 \right) \boldsymbol{v}_i \boldsymbol{v}_i^{\mathrm{H}} + \sum_{i=M+1}^{N} \sigma_w^2 \boldsymbol{v}_i \boldsymbol{v}_i^{\mathrm{H}} \tag{5.21}$$

式(5.21)表明，特征向量 $\boldsymbol{v}_{M+1}, \boldsymbol{v}_{M+2}, \cdots, \boldsymbol{v}_N$ 有相同的特征值 σ_w^2，即噪声功率，因此常将这些特征向量称为噪声特征向量，并将噪声特征向量张成的空间称为噪声子空间。另一方面由于特征向量 $\boldsymbol{v}_1, \boldsymbol{v}_2, \cdots, \boldsymbol{v}_M$ 张成的子空间与信号向量 $\boldsymbol{e}_1, \boldsymbol{e}_2, \cdots, \boldsymbol{e}_M$ 张成的子空间相同[10]，所以常将特征向量 $\boldsymbol{v}_1, \boldsymbol{v}_2, \cdots, \boldsymbol{v}_M$ 张成的空间称为信号子空间，对应的特征值为 $\lambda_1 + \sigma_w^2, \lambda_2 + \sigma_w^2, \cdots, \lambda_M + \sigma_w^2$，即白噪声对于无噪声情况下信号子空间的特征值产生了影响。由于各特征向量互相正交，所以信号子空间与噪声子空间也是互相正交的，因此信号向量 $\boldsymbol{e}_i (i = 1, 2, \cdots, M)$ 与噪声空间的向量 $\boldsymbol{v}_{M+1}, \boldsymbol{v}_{M+2}, \cdots, \boldsymbol{v}_N$ 都正交，与它们的线性组合也正交，于是

$$\boldsymbol{e}_i^{\mathrm{H}} \left(\sum_{j=M+1}^{N} a_j \boldsymbol{v}_j \right) = 0 \quad (i = 1, 2, \cdots, M) \tag{5.22}$$

其中，$\boldsymbol{e}_i = \begin{bmatrix} 1 & \mathrm{e}^{\mathrm{j}\omega_i} & \cdots & \mathrm{e}^{\mathrm{j}(N-1)\omega_i} \end{bmatrix}^{\mathrm{T}}$，$\omega_i (i = 1, 2, \cdots, M)$ 为 M 个正弦信号的频率，令 $\boldsymbol{e}(\omega) = \boldsymbol{e}(\omega_i) = \begin{bmatrix} 1 & \mathrm{e}^{\mathrm{j}\omega_i} & \cdots & \mathrm{e}^{\mathrm{j}(N-1)\omega_i} \end{bmatrix}^{\mathrm{T}} = \boldsymbol{e}_i$ 时，有

$$\boldsymbol{e}^{\mathrm{H}}(\omega) \left[\sum_{j=M+1}^{N} a_j \boldsymbol{v}_j \boldsymbol{v}_j^{\mathrm{H}} \right] \boldsymbol{e}(\omega) = 0 \tag{5.23}$$

若令 $a_j = 1 (j = M+1, M+2, \cdots, N)$，则可以定义一种类似于功率谱的函数

$$P_x(\omega) = \cfrac{1}{\boldsymbol{e}^{\mathrm{H}}(\omega) \left(\displaystyle\sum_{j=M+1}^{N} \boldsymbol{v}_j \boldsymbol{v}_j^{\mathrm{H}} \right) \boldsymbol{e}(\omega)} \tag{5.24}$$

使式(5.24)取峰值时的 M 个 ω 就是含噪声正弦信号的 M 个频率估计。理论上，这

M 个 ω 应使式(5.24)所示的函数无限大，但由于特征向量 $\boldsymbol{v}_i$ 是由相关矩阵分解得到的，而相关矩阵是由估计得到的，由于估计存在误差所以 $P_x(\omega)$ 只能为有限尖峰值。由于定义的函数 $P_x(\omega)$ 能够对多个空间信号进行识别(分类)，故这种方法称为多信号分类法，简称 MUSIC(multiple signal classification)法。

这里 M 是需要我们确定的未知阶数，可以先假设 $M=1$，在可能的频域内分析 $P_x(\omega)$ 的峰值情况，如果有峰值则说明信号只含有一个正弦波，并且频率为该峰值对应的 ω，如果没有峰值则说明正弦波数目大于 1；假设 $M=2$，在可能的频域内分析 $P_x(\omega)$ 的峰值情况，如果有则说明信号含有 2 个正弦波，并且频率分别为两个峰值对应的 ω_1 和 ω_2，如果没有则说明正弦波数目为 3 个或更多；假设 $M=3$，继续分析 $P_x(\omega)$ 的峰值情况，如此类推直至发现峰值，此时的 M 值即为信号中正弦波个数，也就是信号中含有的结构振动模态阶次。

由于需要对每一个 M 的可能取值进行峰值分析，且每次分析都是在所有可能的频率内进行遍历，所以计算量较大。针对实际水电站机组轴系而言，一般 M 的可能取值为 1~10，频率的可能取值为 0~50Hz，所以需要的计算量还是可以接受的。此方法不但可以准确确定振动模态阶次 M，还可以大概了解各阶频率估计，为进一步的结构模态参数时域识别做好准备。

为了验证上述算法的正确性，建立模拟信号如下：

$$x(n)=1.2e^{(-0.2+3j)n}+1.5e^{(-0.3+8j)n}+1.8e^{(-0.3+10j)n}+w(n) \quad (n=0,1,2,\cdots,N-1) \quad (5.25)$$

其中，$w(n)$ 是均值为 0、方差为 σ_w^2 的加性复白噪声，该信号采样频率为 40Hz，时域时程曲线如图 5.11 所示。

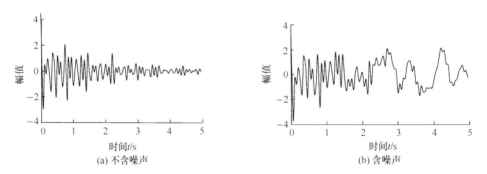

图 5.11　信号时程曲线图

应用上述模态定阶方法对信号进行定阶，当 $M=3$ 时，得到函数 $P_x(\omega)$ 的曲线如图 5.12 所示。从图中可以清楚地看到，当 $M=3$ 时，函数 $P_x(\omega)$ 在频域 2~12Hz 内有 3 个非常明显的峰值，即该信号含有 3 个振动模态阶次。

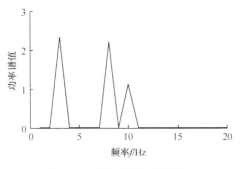

图 5.12　含噪声信号定阶图

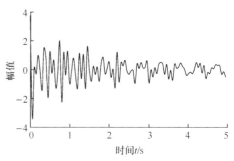

图 5.13　含噪信号滤波后时程曲线图

根据定阶图中的信息，可以确定三阶频率均在 2～12Hz 内，对信号进行带通滤波后得到的时程曲线如图 5.13 所示。应用滤波后的信号用 STD 法、ARMA 法和遗传识别方法进行模态参数时域识别的结果如表 5.11 所示。从表中可以看出，三种识别方法对自振频率识别结果均存在一定程度的误差，但误差相对较小仅在 5%以内；对阻尼比的识别结果，STD 法和 ARMA 法的误差与遗传识别方法相比较大，最大误差达到 48.27%，已经失去了可信性。

表 5.11　STD、ARMA 与遗传方法识别结果

指标	理论值	STD 法		ARMA 法		遗传识别方法	
		识别值	误差/%	识别值	误差/%	识别值	误差/%
频率/Hz	3	2.91	3.00	3.10	3.33	2.98	0.67
	8	8.17	2.12	8.21	2.63	8.13	1.62
	10	9.79	2.10	10.23	2.30	9.87	1.30
阻尼比/%	6.67	7.26	8.85	8.25	23.69	6.81	2.05
	3.75	2.41	35.70	5.56	48.27	3.21	14.40
	3.00	3.50	16.67	2.47	17.67	3.12	4.00

3. 机组轴系统模态参数识别结果

景洪水电站机组在空载无励磁工况下，停机阶段大轴水导轴承处自由振动响应时程曲线如图 5.14 所示。对该信号应用多信号分类，定阶结果如图 5.15 所示。从图中可以看出，该信号主要包含了机组大轴的 2 阶振动模态。对机组大轴进行模态参数时域识别，得到的轴系统前两阶自振频率分别为 3.9Hz 和 9.7Hz，前两阶阻尼比分别为 2.23%和 1.56%。

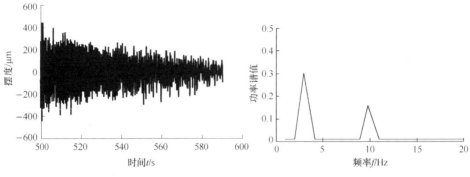

图 5.14　大轴摆度时程曲线图　　　　图 5.15　大轴摆度信号定阶图

5.4.2　机组轴系统轴承油膜动力特性系数识别

1. 识别方法

考虑不平衡力和油膜力的轴系统横向运动微分方程为

$$[M]\{\ddot{Q}\} + [D]\{\dot{Q}\} + [K]\{Q\} = \{h\} - \{F\} \tag{5.26}$$

其中，$[M]$ 为整体质量矩阵；$[K]$ 为整体刚度矩阵；$[D]$ 为阻尼矩阵；$\{Q\}$ 是结点位移列阵；$\{h\}$ 为不平衡力；$\{F\}$ 为轴承油膜力矩阵。根据理论分析和实测响应数据可知，转子系统的不平衡响应可以表示为多次谐波线性叠加，即

$$\{Q(t)\} = \sum_{i=1}^{n}\left[U^i\cos(J_i\omega t) + V^i\sin(J_i\omega t)\right] \tag{5.27}$$

其中，$J_i\ (i=1,2,\cdots,n)$ 为某一谐波对转频的倍数，可以是正整数或有理分数，n 为谐波数。则转子的不平衡力为

$$\{h(t)\} = \sum_{i=1}^{n}\left[h_c^i\cos(J_i\omega t) + h_s^i\sin(J_i\omega t)\right] \tag{5.28}$$

某个轴承支承点的位移可以表示为

$$\{Q_j(t)\} = \begin{Bmatrix} x_j \\ y_j \end{Bmatrix} = \begin{Bmatrix} \sum_{i=1}^{n}\left[x_{cj}^i\cos(J_i\omega t) + x_{sj}^i\sin(J_i\omega t)\right] \\ \sum_{i=1}^{n}\left[y_{cj}^i\cos(J_i\omega t) + x_{sj}^i\sin(J_i\omega t)\right] \end{Bmatrix} \tag{5.29}$$

$$= \sum_{i=1}^{n}\left[U_j^i\cos(J_i\omega t) + V_j^i\sin(J_i\omega t)\right]$$

其中，$j=1,2,\cdots,l$ 表示轴承编号，l 为系统一共含有的轴承个数。对 u_i 求导可得

$$\{\dot{Q}_j(t)\} = \sum_{i=1}^{n}\left[U_j^i\sin(J_i\omega t)\cdot(-J_i\omega) + V_j^i\cos(J_i\omega t)\cdot(J_i\omega)\right] \tag{5.30}$$

则该轴承处的油膜力可以表示为

$$\{F_j\} = \begin{bmatrix} K_j \end{bmatrix}\{Q_j\} + \begin{bmatrix} D_j \end{bmatrix}\{\dot{Q}_j\} = \begin{bmatrix} k_{xxj} & k_{xyj} \\ k_{yxj} & k_{yyj} \end{bmatrix}\begin{Bmatrix} x_j \\ y_j \end{Bmatrix} + \begin{bmatrix} d_{xxj} & d_{xyj} \\ d_{yxj} & d_{yyj} \end{bmatrix}\begin{Bmatrix} \dot{x}_j \\ \dot{y}_j \end{Bmatrix} \quad (5.31)$$

令

$$\{k_j\} = \begin{Bmatrix} k_{xxj} & k_{xyj} & k_{yxj} & k_{yyj} \end{Bmatrix}^{\mathrm{T}}, \quad \{d_j\} = \begin{Bmatrix} d_{xxj} & d_{xyj} & d_{yxj} & d_{yyj} \end{Bmatrix}^{\mathrm{T}}$$

把油膜力写成分量形式

$$\{F_j\} = \sum_{i=1}^{n}\Big[\Big(\begin{bmatrix} Y_{cj}^i \end{bmatrix}\{k_j\} + \begin{bmatrix} Y_{sj}^i \end{bmatrix}\{d_j\}\cdot(J_i\omega)\Big)\cos(J_i\omega t)$$
$$+ \Big(\begin{bmatrix} Y_{sj}^i \end{bmatrix}\{k_j\} - \begin{bmatrix} Y_{cj}^i \end{bmatrix}\{d_j\}\cdot(J_i\omega)\Big)\sin(J_i\omega t)\Big] \quad (5.32)$$

其中

$$\begin{bmatrix} Y_{cj}^i \end{bmatrix} = \begin{bmatrix} x_{cj}^i & y_{cj}^i & 0 & 0 \\ 0 & 0 & x_{cj}^i & y_{cj}^i \end{bmatrix}, \quad \begin{bmatrix} Y_{sj}^i \end{bmatrix} = \begin{bmatrix} x_{sj}^i & y_{sj}^i & 0 & 0 \\ 0 & 0 & x_{sj}^i & y_{sj}^i \end{bmatrix}$$

则有

$$\{F\} = \sum_{i=1}^{n}\Big[\{F_c^i\}\cos(J_i\omega t) + \{F_s^i\}\sin(J_i\omega t)\Big] \quad (5.33)$$

其中

$$\{F_c^i\} = \begin{bmatrix} Y_{c1}^i & Y_{c2}^i & \cdots & Y_{cl}^i \end{bmatrix}\begin{Bmatrix} k_1 \\ k_2 \\ \vdots \\ k_L \end{Bmatrix} + (J_i\omega)\begin{bmatrix} Y_{s1}^i & Y_{s2}^i & \cdots & Y_{sl}^i \end{bmatrix}\begin{Bmatrix} d_1 \\ d_2 \\ \vdots \\ d_L \end{Bmatrix}$$

$$\{F_s^i\} = \begin{bmatrix} Y_{s1}^i & Y_{s2}^i & \cdots & Y_{sl}^i \end{bmatrix}\begin{Bmatrix} k_1 \\ k_2 \\ \vdots \\ k_L \end{Bmatrix} - (J_i\omega)\begin{bmatrix} Y_{c1}^i & Y_{c2}^i & \cdots & Y_{cl}^i \end{bmatrix}\begin{Bmatrix} d_1 \\ d_2 \\ \vdots \\ d_L \end{Bmatrix}$$

令

$$\{\hat{k}\} = \begin{Bmatrix} k_1^{\mathrm{T}} & k_2^{\mathrm{T}} & \cdots & k_L^{\mathrm{T}} \end{Bmatrix} \quad \{\hat{d}\} = \begin{Bmatrix} d_1^{\mathrm{T}} & d_2^{\mathrm{T}} & \cdots & d_L^{\mathrm{T}} \end{Bmatrix}$$

$$\begin{bmatrix} Y_c^i \end{bmatrix} = \begin{bmatrix} Y_{c1}^i & Y_{c2}^i & \cdots & Y_{cl}^i \end{bmatrix} \quad \begin{bmatrix} Y_s^i \end{bmatrix} = \begin{bmatrix} Y_{s1}^i & Y_{s2}^i & \cdots & Y_{sl}^i \end{bmatrix}$$

则 $\{F_c^i\}$ 和 $\{F_s^i\}$ 可以简写为

$$\left\{F_c^i\right\} = \left[Y_c^i\right]\left\{\hat{k}\right\} + (J_i\omega)\left[Y_s^i\right]\left\{\hat{d}\right\} \tag{5.34}$$

$$\left\{F_s^i\right\} = \left[Y_s^i\right]\left\{\hat{k}\right\} - (J_i\omega)\left[Y_c^i\right]\left\{\hat{d}\right\} \tag{5.35}$$

把式(5.32)和式(5.27)代入式(5.26)，并分离 $\cos(J_i\omega t)$ 项和 $\sin(J_i\omega t)$ 项，得到可解方程

$$\begin{bmatrix} K - \omega^2 M & \omega D \\ -\omega D & K - \omega^2 M \end{bmatrix} \begin{Bmatrix} U^i \\ V^i \end{Bmatrix} = \begin{Bmatrix} h_c^i - F_c^i \\ h_s^i - F_s^i \end{Bmatrix} \quad (i = 1, 2, \cdots, n) \tag{5.36}$$

令

$$A = \begin{bmatrix} K - \omega^2 M & \omega D \\ -\omega D & K - \omega^2 M \end{bmatrix}$$

由此可解得

$$\begin{Bmatrix} U^i \\ V^i \end{Bmatrix} = A^{-1} \begin{Bmatrix} h_c^i - F_c^i \\ h_s^i - F_s^i \end{Bmatrix} \quad (i = 1, 2, \cdots, n) \tag{5.37}$$

类似式(5.37)的方程共有 n 个，n 为谐波数。这样系统任意一点的位移均可以用不平衡力和油膜力来表示，由于大轴的结构参数是确定的，所以 A 矩阵是确定的，而油膜力是轴承各刚度、阻尼系数的函数(轴承处轴颈的位移和速度是可测的、已知的)。这样就可以利用遗传算法，对油膜动特性参数进行识别。

2. 机组轴系统轴承油膜动力特性系数识别结果

用直接法形成总刚度矩阵和总质量矩阵，转子和转轮作为集中质量加到总质量矩阵中相应位置，转轮处集中质量应加上 20%～40%的附加水体质量。阻尼矩阵采用瑞利比例阻尼矩阵。轴系结构参数为：发电机上端轴外径 1.39m，高度 3.57m；发电机轴外径 2.20m，高度 6.71m；水轮机主轴外径 2.00m，高度 4.98m；各段轴内径 0.19m；转子和转轮重分别为 990t 和 369t；大轴材料为锻钢 20SiMn。

遗传算法在进化搜索时基本上不需要外部信息，仅以目标函数为依据。系统的寻优目标为求一组参数，包括三个导轴承的刚度、阻尼系数和转子与转轮不平衡量，使得机组轴系统识别方程所计算出的测点振动响应与实测振动响应的误差最小。因此，用所有谐波的计算响应和实测响应的误差平方和作为目标函数来评价某一参数即基因的优劣程度：

$$f = \sum_{i=1}^{n} \left[(U_m^i - U^i)^2 + (V_m^i - V^i)^2 \right] \quad (i = 1, 2 \cdots, n) \tag{5.38}$$

其中，n 为谐波数。

问题空间的参数包含各导轴承油膜的共28个动特性参数和转子转轮的不平衡

量参数。参数较多导致编码后个体的染色体串非常长,而且搜索空间大(群体规模大),且每次计算都要解一次矩阵方程,计算量大。因此考虑在编码时,把每个参数的搜索范围根据经验尽量设小,不同的参数不同对待,保证识别的参数在可信范围内。考虑优化效率,在参数空间包含所有解的情况下,越小越好。各导轴承油膜动态特性系数识别结果如表 5.12 所示。

表 5.12　轴承动态特性系数识别结果

参数	刚度系数/(10^9N/m)			参数	阻尼系数/(10^8N·s/m)		
	上导	下导	水导		上导	下导	水导
K_{xx}	0.95	7.85	1.26	C_{xx}	2.82	10.03	4.61
K_{xy}	0.46	5.43	0.89	C_{xy}	0.78	3.59	0.94
K_{yx}	−0.53	−5.51	−0.94	C_{yx}	0.86	3.74	1.04
K_{yy}	1.25	8.19	1.52	C_{yy}	5.94	20.44	10.06

　　根据识别得到的各导轴承的刚度系数,进行机组轴系统的有限元数值计算,得到轴系统的前两阶自振频率分别为 4.23Hz 和 9.37Hz。与前面模态参数识别结果吻合,证明模态参数和物理参数的识别所采用的方法是正确合理的,结果是可信的。此外,轴系统的一阶自振频率与转频 1.25Hz 和飞逸频率 2.5Hz 错开良好,说明机组处于稳定运行状态。

5.5　机组轴系统竖向动荷载识别

　　Ory 等[11]在 1985 年提出通过模态坐标转换建立模态空间非耦合离散动态荷载和位移求解逆模型,实现了在时域内识别动态荷载后,动态荷载时域识别技术在相关工程领域中得到了极大的应用和发展[12-17]。王海军等[18]以实测振动数据为基础,基于遗传算法对混流式水轮机轴向水推力进行了动荷载识别。王静等[19]假设动荷载在时间步长内为线性函数,结合精细积分法提出了一种新的冲击型动荷载时域识别方法。肖悦等[20]针对响应中的噪声对识别的影响,提出了联合奇异熵去噪修正和正则化预优的共轭梯度迭代识别方法。张勇成[21]基于正交多项式法提出了二维分布动荷载的时域识别技术,并指出了该方法中杜哈梅积分具有时间累积误差效应。祝德春等[22]提出了基于盖尔圆定理识别荷载数量的动荷载激励位置的时域识别技术。针对水轮发电机组竖向水力振动荷载及其通过推力轴承、机架传递至下机架基础等部位的不明确性,提出了基于正交多项式分解的水轮发电机组竖向动荷载识别方法,通过利用各阶多项式正交特性建立各阶模态位移与模态力的关系式,避免了杜哈梅积分的时间累积误差效应。在机墩竖向刚度及机墩动力系数复核中,竖向动荷载难以确定,一般根据水轮机生产厂家给出的下机架基础板最大荷载扣除转动部件重量获得。该方法的识别结果可以为机墩竖向动荷载的确定提供有效途径。

5.5.1 基于正交多项式分解的动荷载识别方法

广义正交多项式可用于逼近任意连续单值函数,只要阶数取得合理和足够,可以较好地识别任意形式的时变动荷载[21],其在广义时间区间[0,S]上的拟合形式为

$$f(t) = \sum_{j=0}^{\infty} a_j T_j(t) \tag{5.39}$$

$$\begin{cases} T_0(t) = \dfrac{1}{\sqrt{\pi}} \\[2mm] T_1(t) = \dfrac{\sqrt{2}}{\sqrt{\pi}} \left(\dfrac{2}{s} \cdot t - 1 \right) \\[2mm] T_2(t) = \dfrac{\sqrt{2}}{\sqrt{\pi}} \left[2 \left(\dfrac{2}{s} \cdot t - 1 \right)^2 - 1 \right] \\[2mm] \cdots\cdots \end{cases} \tag{5.40}$$

递推公式为

$$T_{j+1}(t) = 2 \left(\frac{2}{s} \cdot t - 1 \right) \cdot T_j(t) - T_{j-1}(t), \quad j \geqslant 2 \tag{5.41}$$

其中广义正交多项式系数 a_j 由式(5.42)确定:

$$a_j = \int_0^s h(t) \cdot f(t) T_j(t) \mathrm{d}t \tag{5.42}$$

$h(t)$ 为加权函数。

任意 n 阶多自由度系统运动方程为

$$[M] \begin{Bmatrix} \ddot{u}_1(t) \\ \vdots \\ \ddot{u}_k(t) \\ \vdots \\ \ddot{u}_n(t) \end{Bmatrix} + [C] \begin{Bmatrix} \dot{u}_1(t) \\ \vdots \\ \dot{u}_k(t) \\ \vdots \\ \dot{u}_n(t) \end{Bmatrix} + [K] \begin{Bmatrix} u_1(t) \\ \vdots \\ u_k(t) \\ \vdots \\ u_n(t) \end{Bmatrix} = \begin{Bmatrix} 0 \\ \vdots \\ F_m(t) \\ \vdots \\ 0 \end{Bmatrix} \tag{5.43}$$

其中,$[M]$、$[C]$、$[K]$ 分别为系统的质量矩阵、阻尼矩阵、刚度矩阵,$\{F\}$ 为外荷载向量矩阵,$\{\ddot{u}\}$、$\{\dot{u}\}$、$\{u\}$ 分别为系统的加速度、速度和位移列向量。

若阻尼为比例阻尼，则引入模态坐标变换

$$\{u(t)\} = [\Phi]\{y(t)\} = \begin{bmatrix} \phi_{11} & \phi_{1i} & \cdots & \phi_{1n} \\ \vdots & \vdots & & \vdots \\ \phi_{k1} & \phi_{ki} & \cdots & \phi_{kn} \\ \vdots & \vdots & & \vdots \\ \phi_{n1} & \phi_{ni} & \cdots & \phi_{nn} \end{bmatrix} \{y(t)\} \tag{5.44}$$

其中，$[\Phi]$ 为系统的主振型矩阵，$y(t)$ 为模态位移，将式(5.44)代入式(5.43)得

$$[M][\Phi]\{\ddot{y}(t)\} + [C][\Phi]\{\dot{y}(t)\} + [K][\Phi]\{y(t)\} = \{F(t)\} \tag{5.45}$$

将式(5.45)左乘 $[\Phi]^{\mathrm{T}}$，根据振型正交性，系统可以解耦成 n 个单自由度体系：

$$M_i^* \ddot{y}_i(t) + C_i^* \dot{y}_i(t) + K_i^* y_i(t) = \phi_{mi} F_m(t) = f_i(t) \quad (i = 1, 2, \cdots n) \tag{5.46}$$

其中，M_i^*、C_i^*、K_i^* 和 $f_i(t)$ 分别为第 i 阶模态质量、模态阻尼、模态刚度和模态力。

将第 i 阶模态力 $f_i(t)$ 进行正交多项式展开：

$$f_i(t) = \sum_{j=0}^{\infty} a_{ij} T_j(t) \quad (j = 0, 1, 2, \cdots, \infty) \tag{5.47}$$

由杜哈梅积分可得

$$\begin{aligned} y_i(t) &= \frac{1}{m_i^* \omega_{\mathrm{D}i}} \int_0^t f_i(\tau) \mathrm{e}^{-\xi_i \omega_i(t-\tau)} \sin[\omega_{\mathrm{D}i}(t-\tau)] \mathrm{d}\tau \\ &= \frac{\sum\limits_{j=0}^{\infty} a_j}{m_i^* \omega_{\mathrm{D}i}} \int_0^t T_j(\tau) \mathrm{e}^{-\xi_i \omega_i(t-\tau)} \sin[\omega_{\mathrm{D}i}(t-\tau)] \mathrm{d}\tau \\ &= \begin{bmatrix} d_{i0} & \cdots & d_{ij} & \cdots & d_{i\infty} \end{bmatrix} \begin{Bmatrix} a_{i0} \\ \vdots \\ a_{ij} \\ \vdots \\ a_{i\infty} \end{Bmatrix} \quad (j = 0, 1, 2, \cdots, \infty) \end{aligned} \tag{5.48}$$

其中，$C_i^* = 2\xi_i \omega_i M_i^*$；$\omega_{\mathrm{D}i} = \omega_i \sqrt{1 - \xi_i^2}$；$d_{ij} = \dfrac{1}{M_i^* \omega_{\mathrm{D}i}} \int_0^t T_j(\tau) \mathrm{e}^{-\xi_i \omega_i(t-\tau)} \sin[\omega_{\mathrm{D}i}(t-\tau)] \mathrm{d}\tau$。

将式(5.48)代入式(5.44)可得

$$\{u_k\} = \begin{bmatrix} \phi_{k1} \cdot [D_1] & \cdots & \phi_{ki} \cdot [D_i] & \cdots & \phi_{kn} \cdot [D_n] \end{bmatrix} \begin{Bmatrix} \{A_1\} \\ \vdots \\ \{A_i\} \\ \vdots \\ \{A_n\} \end{Bmatrix} \tag{5.49}$$

其中，$\{u_k\}$ 为已知测点位移列向量；$\{\phi_{ki}\}$ 为第 i 阶振型在 k 自由度的相对振幅值 (振型归一化处理后)；$[D_i] = \begin{bmatrix} d_{i0} & \cdots & d_{ij} & \cdots & d_{i\infty} \end{bmatrix}$；$\{A_i\} = \begin{Bmatrix} a_{i0} & \cdots & a_{ij} & \cdots & a_{i\infty} \end{Bmatrix}^{\mathrm{T}}$。

假设每阶模态力正交多项展开式取有限阶数 J 阶可以满足精度要求，系统自由度数为 n，则模态阶数为 n，那么所有模态力的系数总个数为 Jn，将测点位移 $\{u_k\}$ 在计算区间内离散，取 Jn 个时刻即可求出所有正交多项式系数，即可得到各阶模态力，进而可以得到待识别动荷载。

5.5.2　方法改进及算例验证

上述方法是通过模态坐标变换，将多自由系统在模态空间内进行解耦，针对每一阶模态位移与模态力，利用杜哈梅积分建立二者的关系。由式(5.48)可见，杜哈梅积分的积分上限为该计算时刻，也就是说，不同时刻的积分值不同，在式(5.48)中的每一个离散计算时刻均需要进行杜哈梅积分，在计算量增大的同时，也造成了时间累积误差，虽然可以通过缩短时间步长和增加多项式阶数来弥补该误差，但阶数的增加会造成计算成本增加和对已知的响应信息需求的增加[11]。

针对此问题，利用正交多项式的正交性质及位移与速度、加速度的导数关系，提出了另外一种方法建立各阶模态位移和模态力的关系，从而避免进行杜哈梅积分，提高计算效率和精度。

对第 i 阶模态力、模态加速度、模态速度和模态位移均进行正交多项式展开，即

$$\begin{cases} f_i(t) = \sum_{j=0}^{\infty} a_{ij} T_j(t) \\[2mm] y_i(t) = \sum_{j=0}^{\infty} b_{ij} T_j(t) \\[2mm] \dot{y}_i(t) = \sum_{j=0}^{\infty} b'_{ij} T_j(t) \\[2mm] \ddot{y}_i(t) = \sum_{j=0}^{\infty} b''_{ij} T_j(t) \end{cases} \tag{5.50}$$

将式(5.50)代入式(5.46)可得

$$M_i^* \sum_{j=0}^{\infty} b_{ij}'' T_j(t) + C_i^* \sum_{j=0}^{\infty} b_{ij}' T_j(t) + K_i^* \sum_{j=0}^{\infty} b_{ij} T_j(t) = \sum_{j=0}^{\infty} a_{ij} T_j(t) \tag{5.51}$$

假设计算时间区间为$[0,T]$，利用多项式正交特性，将式(5.51)两边乘以$T_j(t)h(t)$，取积分限$[0,T]$进行积分，根据广义正交多项式的加权正交性，当$i \neq j$时，乘积为零，可得

$$M_i^* b_{ig}'' + C_i^* b_{ig}' + K_i^* b_{ig} = a_{ig} \tag{5.52}$$

其中，b_{ig}''，b_{ig}'和b_{ig}分别为

$$\begin{cases} b_{ig}'' = \int_0^T \ddot{y}_i(t) \cdot T_g(t) \cdot h(t) \mathrm{d}t \\ b_{ig}' = \int_0^T \dot{y}_i(t) \cdot T_g(t) \cdot h(t) \mathrm{d}t \\ b_{ig} = \int_0^T y_i(t) \cdot T_g(t) \cdot h(t) \mathrm{d}t \end{cases} \tag{5.53}$$

根据速度和加速度与位移的导数关系：

$$\begin{cases} \ddot{y}_i(t) = \sum_{j=0}^{\infty} b_{ij} \ddot{T}_j(t) \\ \dot{y}_i(t) = \sum_{j=0}^{\infty} b_{ij} \dot{T}_j(t) \end{cases} \tag{5.54}$$

将式(5.54)代入式(5.53)得

$$\begin{cases} b_{ig}'' = \int_0^T \sum_{j=0}^{\infty} b_{ij} \ddot{T}_j(t) \cdot T_g(t) \cdot h(t) \mathrm{d}t = \sum_{j=0}^{\infty} p_{jg}^i b_{ij} \\ b_{ig}' = \int_0^T \sum_{j=0}^{\infty} b_{ij} \dot{T}_j(t) \cdot T_g(t) \cdot h(t) \mathrm{d}t = \sum_{j=0}^{\infty} q_{jg}^i b_{ij} \end{cases} \tag{5.55}$$

$$\begin{cases} p_{jg}^i = \int_0^T \ddot{T}_j(t) \cdot T_g(t) \cdot h(t) \mathrm{d}t \\ q_{jg}^i = \int_0^T \dot{T}_j(t) \cdot T_g(t) \cdot h(t) \mathrm{d}t \end{cases} \tag{5.56}$$

将式(5.55)代入式(5.52)可得在模态空间下各阶位移与各阶模态力关系式：

$$(M_i^*[I][P^i] + C_i^*[I][Q^i] + K_i^*[I])\{b_i\} = \{a_i\} \quad (i = 1, 2, \cdots n) \tag{5.57}$$

其中，$[I]$为单位矩阵；

$$\left[P^i \right] = \begin{bmatrix} p_{00}^i & p_{01}^i & \cdots & p_{0\infty}^i \\ p_{10}^i & p_{11}^i & \cdots & p_{1\infty}^i \\ \vdots & \vdots & & \vdots \\ p_{\infty 0}^i & p_{\infty 1}^i & \cdots & p_{\infty\infty}^i \end{bmatrix}; \quad \left[Q^i \right] = \begin{bmatrix} q_{00}^i & q_{01}^i & \cdots & q_{0\infty}^i \\ q_{10}^i & q_{11}^i & \cdots & q_{1\infty}^i \\ \vdots & \vdots & & \vdots \\ q_{\infty 0}^i & q_{\infty 1}^i & \cdots & q_{\infty\infty}^i \end{bmatrix}。$$

其中，$\{b_i\}$、$\{a_i\}$ 分别为第 i 阶模态位移和模态力的正交多项式系数列阵，利用各阶模态位移与主振型矩阵即可得到测点的时域位移响应，通过对测点位移进行时间离散可进一步求出各阶模态力系数及待识别荷载。

此方法利用多项式的正交特性和加速度、速度与位移的导数关系建立模态空间下各阶模态位移与模态力的关系，避免了杜哈梅积分的时间累积误差效应，同时 $[P]$ 和 $[Q]$ 矩阵虽然每个元素均需进行积分，积分运算次数较多，但积分上限不变，即积分计算值不随离散时刻变化而变化，不需要在每一时刻进行积分计算，提高了计算效率，保证了计算精度。

在荷载识别过程中需要知道结构的各阶模态参量如模态质量、模态刚度、模态阻尼、各阶振型及自振频率。进行模态分析可以得到各阶频率和振型，模态质量可以利用文献[23]推导的计算公式求出：

$$M_i^* = 2.0 E_i / \omega_i^2 \tag{5.58}$$

其中，E_i 为系统第 i 阶模态动能。在 ANSYS 软件中，可以利用 SSUM 命令提取单元的动能数据求和获得系统在第 i 阶模态时的动能 E_i，第 i 阶频率为已知，即可得到第 i 阶模态质量 M_i^*。利用求出的模态质量，可以进一步求出模态刚度和模态阻尼。

以简单悬臂梁模型为例，验证所提出的方法对于解决原方法中杜哈梅积分的时间累积误差效应问题的优越性。悬臂梁模型长度为 1.25m，横截面积为 0.04m^2，材料弹性模量为 2.1×10^{10}Pa，密度为 7800kg/m^3，各阶模态阻尼比为 0.05，仿真时间为 5s，在自由端施加动荷载为 0.14cos(2×3.14×0.5×t+1.7)MN，将有限元时程分析得到的某一结点位移加入 10% 的随机噪声作为测点响应，采用两种方案进行动荷载识别，方案一为通过杜哈梅积分建立模态空间下各阶模态位移和荷载关系；方案二为提出的改进方法，识别结果及误差分布如图 5.16 和图 5.17 所示，其中时间累积误差取为各时刻瞬时误差的绝对值的和。从图中可以看出，杜哈梅积分方法即方案一存在时间累积误差效应，而提出的改进方法避免了杜哈梅积分，累积误差在一定时间后可达到收敛，不会随时间步的加长而发散，避免了杜哈梅积分时间累积误差随时间步发散而导致识别结果的不可信。

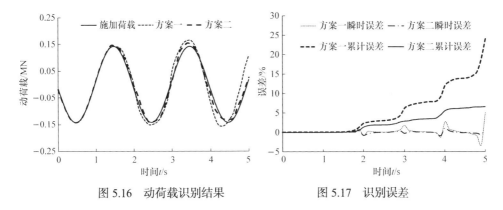

图 5.16　动荷载识别结果　　　　　　　图 5.17　识别误差

5.5.3　机组轴系统竖向动荷载识别

以某实际水轮发电机组为例，建模主要考虑水轮发电机组转动部件的竖向振动。将机墩底部作为刚性基础，推力轴承及机架中心体用质量弹簧单元代替，大轴简化为无质量弹性梁，其质量分布在轴的三个结点处，转子支臂简化为无质量弹性杆，其质量平均分配给转子边缘和支架中心体，建立 5 自由度的质量弹簧系统，如图 5.18 所示。各参数取值及含义如表 5.13 所示[2,24]。

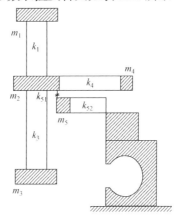

图 5.18　机组竖向振动系统简化模型

表 5.13　机组竖向振动系统简化模型参数及取值含义

参数	等效取值	等效含义
m_1	$8.28×10^4$kg	励磁机+1/2 大轴顶部至转子支架的轴系质量
m_2	$1.042×10^6$kg	转子支架中心质量+1/2 支臂总质量+1/2 整个轴质量
m_3	$3.29×10^5$kg	水轮机转轮质量+水体附加质量+1/2 转子支架至转轮的轴质量

参数	等效取值	等效含义
m_4	$9 \times 10^5 \text{kg}$	转子边缘磁轭、磁极质量
m_5	$1.2 \times 10^5 \text{kg}$	下机架中心体质量+1/2支臂的总质量
k_1	$7.2583 \times 10^{10} (\text{N/m})$	大轴抗拉伸刚度
k_3	$5.7155 \times 10^{10} (\text{N/m})$	大轴抗拉伸刚度
k_4	$2.3236 \times 10^{10} (\text{N/m})$	发电机全部支臂的竖向刚度之和
k_{51}	$2.20 \times 10^{12} (\text{N/m})$	m_2和m_5之间的推力轴承的简化等效刚度
k_{52}	$9.4080 \times 10^9 (\text{N/m})$	全部下机架支臂的竖向刚度之和

根据所给参数建立系统的总刚度矩阵为

$$[K] = \begin{pmatrix} k_1 & -k_1 & 0 & 0 & 0 \\ -k_1 & k_1+k_3+k_4+k_{51} & -k_3 & -k_4 & -k_{51} \\ 0 & -k_3 & k_3 & 0 & 0 \\ 0 & -k_4 & 0 & k_4 & 0 \\ 0 & -k_{51} & 0 & 0 & k_{51}+k_{52} \end{pmatrix} \tag{5.59}$$

质量矩阵为集中质量阵：

$$[M] = \text{diag}\{m_1, m_2, m_3, m_4, m_5\} \tag{5.60}$$

阻尼矩阵为瑞利阻尼，在确定瑞利阻尼系数时采用阻尼比为 $\xi=0.05$，频率采用前2阶自振频率：

$$[C] = \alpha[M] + \beta[K] \tag{5.61}$$

其中，$\alpha = \dfrac{2\xi\omega_1\omega_2}{\omega_1+\omega_2}$；$\beta = \dfrac{2\xi}{\omega_1+\omega_2}$。

根据有限元建模计算可知该系统的模态参数如表5.14所示。

表5.14 机组竖向振动系统模态参数值

参数 模态阶数	圆频率 /(rad/s)	模态质量/kg	模态刚度 /(N/m)	模态阻尼 /(N·s/m)	振型
1	59.75	2.08×10^6	7.42×10^9	1.24×10^7	$[0.87, 0.86, 0.88, 1, 0.86]^T$
2	204.24	1.59×10^6	6.66×10^{10}	3.26×10^7	$[-0.65, -0.62, -0.81, 1, -0.62]^T$
3	474.47	4.45×10^5	1.00×10^{11}	3.99×10^7	$[-0.40, -0.29, 1, 0.04, -0.30]^T$
4	972.32	9.01×10^4	8.51×10^{10}	3.27×10^7	$[1, -0.08, 0.02, 0.002, -0.08]^T$
5	4531.06	1.34×10^5	2.73×10^{12}	1.04×10^9	$[0.005, -0.12, 0.001, 0.0001, 1]^T$

根据文献[3]构造混流式水轮机竖向动荷载的表达式如下：

$$F = 142.7 \times 10^3 \cos(2\pi \times 0.29t + 1.04) + 438.9 \times 10^3 \cos(2\pi \times 1.25t + 4.39)$$
$$- 287.4 \times 10^3 \cos(2\pi \times 2.5t + 5.07) + 489.7 \times 10^3 \cos(2\pi \times 8.75t + 1.43) \quad (5.62)$$

将式(5.62)荷载施加于混流式水轮机转轮即前面所建立的模型结点 3，通过有限元计算得到下机架中心体位移即结点 5 位移，并加 10%随机噪声作为已知测点位移，进行竖向动荷载识别。

识别方法采用了两种方案，方案一为通过杜哈梅积分建立模态空间下各阶模态位移和荷载关系；方案二提出了改进方法。两种方案的动荷载识别结果如图 5.19 和图 5.20 所示，可以看出，改进方法避免了杜哈梅积分，不会出现时间累积误差效应，同时由于[P]和[Q]矩阵不随离散时刻变化而变化，不需要在每一时刻进行积分计算，在保证计算精度的同时提高了计算效率。

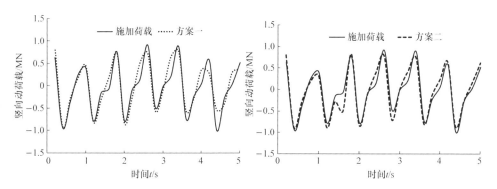

图 5.19　方案一动荷载识别结果　　　　　　图 5.20　方案二动荷载识别结果

图 5.21 给出了两种识别方案的相对瞬时误差和时间累积误差，其中时间累积误差取为各时刻相对误差的绝对值的和，可以看出，改进方法的累积误差在一定时间后可达到收敛，不会随时间步的加长而发散，避免了杜哈梅积分时间累积误差随时间步发散而导致识别结果的不可信。关于正交多项式阶数的确定，文献[25]给出了经验公式，但该公式计算结果阶数偏高，主要适用二维正交多项式识别分布式动荷载，对于一维正交多项式，可以根据识别结果累积误差随正交多项式项数收敛趋势图得到合适的多项式阶数。图 5.22 给出了动荷载识别结果累积误差随正交多项式阶数的变化趋势，可以看出，累积误差随阶数增加基本呈线性递减趋势，当多项式阶数达到 16 阶时，误差收敛，识别结果可信。

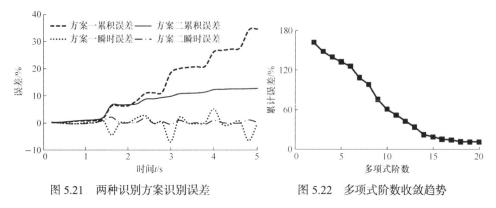

图 5.21 两种识别方案识别误差   图 5.22 多项式阶数收敛趋势

将识别得到的动荷载施加于结构，可得到结构上任一点的动态响应数据，在本模型中利用结点 5 的位移响应乘以 k_{52} 刚度，则可以得到下机架和机墩间所传递的动态荷载，即为机墩激励动态荷载。

5.6 厂房结构振动响应预测

机组振动诱发厂房振动的问题十分复杂，各类振源相互耦合加之厂房结构的弹性支承作用导致机组和厂房结构振动体系具有非线性、耦联性和随机性[4]。因此通过监测机组振动响应预测复杂振源引起的厂房结构振动响应一直是十分困难的课题[26-28]。但随着我国水电站机组和厂房结构尺寸的巨型化发展，机组厂房振动特性及振动状态监测和振动响应预测分析又显得十分必要。

针对标准 BP 神经网络预测响应时存在的收敛慢、泛化能力差、网络预测精度不高等缺陷，提出了通过萤火虫算法(firefly algorithm, FA)优化 BP 神经网络初始权值和阈值以提高网络预测性能和精度的厂房结构振动响应预测模型。对基本萤火虫算法予以改进，引入动态随机局部搜索加快收敛速度，对最优解进行变异操作防止陷入局部最优，在最优解附近动态调整步长，解决最优解附近振荡问题。结合水电站厂房振动响应预测实例，表明建立的基于改进萤火虫算法优化 BP 神经网络的水电站厂房振动预测模型预测精度得到有效改善，可以满足工程要求。

5.6.1 萤火虫算法及其改进

1. 萤火虫算法

萤火虫算法是一种新型的基于群体搜索的随机优化算法[29]。利用发光萤火虫模拟搜索空间中的点，荧光素值大小代表个体位置(即优化解)的优劣，个体在一定感知范围(即决策域)内向优秀个体移动，通过重复、选择、移动，最终实现在搜索空间内的寻优。FA 算法过程主要包括初始化萤火虫、荧光素更新、移动概率更新、位置和决策域更新等阶段。该算法不需要遗传算法中大量的初始种群和复杂的交叉和变异操作，无需二进制编码，算法结构简单。相比粒子群算法，萤火虫算法无需设置个体移动速度，无需进行多次计算取概率平均值。已经有多位研究者利用萤火虫算法解决结构优化设计问题[30-35]，Pal 等[36]通过研究比较，证明了萤火虫算法在求解精度和稳定性方面均超过遗传算法、粒子群算法等其他优化算法。但将该算法用于优化神经网络的研究目前还比较少，Nandy 等[37]尝试利用该算法优化了神经网络初始权值，通过仿真实验证明了其可行性。

基本萤火虫算法具体步骤如下。

(1) 在求解空间内随机分布 N 只萤火虫，每只萤火虫个体 i $(i=1, 2, \cdots, N)$由其所在位置 $x_i(t)$和该处的荧光素值 $l_i(t)$定义，该位置对应的目标函数为 $f[x_i(t)]$。

(2) 每个萤火虫个体在其感知域范围内寻找荧光素值比自己大的所有个体及其邻域集合，在 t 时刻，萤火虫 i 的个体邻域集合 $N_i(t)$为

$$N_i(t) = \left\{ j : \left\| x_i(t) - x_j(t) \right\| < r_d^i(t); l_i(t) < l_j(t) \right\} \tag{5.63}$$

$$r_{ij} = \left\| x_i(t) - x_j(t) \right\| = \sqrt{\sum_{d=1}^{D} \left(x_{i,d} - x_{j,d} \right)^2} \tag{5.64}$$

其中，r_{ij}为萤火虫 i 和萤火虫 j 之间的距离；D 为决策变量的维数。

(3) 在邻域集合内，萤火虫个体 i 被更亮的萤火虫 j 吸引而发生位置移动，萤火虫的吸引度为

$$\beta = \beta_0 e^{-\gamma r_{ij}^2} \tag{5.65}$$

$\beta_0 \in [0,1]$为 $r_{ij}=0$ 时的吸引度，$\gamma \in [0,1]$为荧光吸收系数。萤火虫 i 被吸引而移动后新的位置为

$$x_i^{k+1} = x_i^k + \beta_0 e^{-\gamma r_{ij}^2} \cdot \left(x_j^k - x_i^k \right) + \alpha \left(\varsigma - 0.5 \right) \tag{5.66}$$

其中，x_i^k 表示第 i 只萤火虫在第 k 代的位置，k 为当前代数；α 为随机步长，$\alpha \in [0,1]$，ς 为$(0, 1)$内的随机数。

(4) 发光强度最亮的萤火虫随机飞行的位置为

$$x_{\text{best}}^k = x_{\text{best}}^k + \alpha \left(\varsigma - 0.5 \right) \tag{5.67}$$

其中，x_{best}^k 为第 k 代群体中的全局最优位置。

(5) 萤火虫所在新位置的荧光素值为

$$l_i(t+1) = (1-\rho) l_i(t) + \gamma f \left[x_i(t) \right] \tag{5.68}$$

其中，$\rho \in [0,1]$为荧光素挥发系数。

(6) FA 算法动态调整决策半径 r_d^i 更新萤火虫个体决策范围为

$$r_d^i(t+1) = \min\left\{r_s, \max\left\{0, r_d^i(t) + \varphi\left(n_t - \left|N_i(t)\right|\right)\right\}\right\} \tag{5.69}$$

其中，r_s 为决策范围；$r_d^i(t)$ 为萤火虫 i 在 t 时刻的决策半径；φ 为邻域变化率；n_t 为邻域阈值，用来控制萤火虫的邻居的数目。

2. 动态随机局部搜索

针对 FA 算与其他优化算法共有的局部搜索能力差的缺陷，引入动态随机局部搜索技术[38]对其进行性能改善，具体步骤如下：

(1) 在当前最优个体为 $x_{\text{current}} = x_{\text{best}}$ 时，产生随机向量 dx，满足，$-\alpha_k \leqslant dx \leqslant \alpha_k$，$\alpha_k$ 为搜索步长上限；

(2) 计算新的适应度 $f_{\text{new}} = f(x+dx)$，如果新的适应度值更优，则 $x_{\text{best}} = x_{\text{current}} + dx$，未满足当前搜索步长迭代上限时，返回(1)，如果新的适应度值不如原值，则个体不移动；

(3) 计算新的适应度 $f_{\text{new}} = f(x-dx)$，如果新的适应度值更优，则 $x_{\text{best}} = x_{\text{current}} - dx$，未满足当前搜索步长迭代上限时，返回(1)，如果新的适应度值不如原值，则个体不移动；

(4) $k=k+1$，$\alpha_{k+1} = 0.5\alpha_k$，返回到(1)直至达到局部搜索最大迭代次数。

3. 多样性变异策略

变异算子可避免算法陷入局部最优，保持个体多样性[39]。假设某个体为 $x=(x_1, x_2, \cdots, N)$，以概率 $1/n$ 随机从个体 x 中选择一个元素 $x_k(k=1,2, \cdots, n)$，然后在 $[l_i, u_i]$ 内产生一个实数替代个体 x 中的元素 x_k，从而产生一个新的个体：

$$x_i' = \begin{cases} l_i + \lambda(u_i - l_i), & i = k \\ x_i, & i \neq k \end{cases}, \quad \lambda \in U[0,1] \tag{5.70}$$

4. 动态步长更新

在基本的萤火虫算法中，个体会因为其邻域集合为空而停止移动，直至有其他个体进入其邻域集合，从而减慢收敛速度。若寻优过程中的移动步长 s 为固定值，当个体与最优值之间的距离随着种群代数的进化会逐渐缩小直至小于 s，从而引起峰值附近振荡，导致收敛精度降低、收敛速度下降。为此，提出动态步长更新的改进措施如下。

(1) 在个体邻域为空时，强迫萤火虫个体按式(5.71)移动，若更新后的位置更优，则保留更新位置，否则，位置不更新。

$$x_i(t+1) = x_i(t) + (1-2m) \times r_d^i(t) \times s \tag{5.71}$$

(2) 个体邻域非空时，随着迭代次数的增加，按式(5.72)计算个体与邻域集合内的其他个体平均距离，若平均距离小于固定移动步长，则引入步长更新机制，按式(5.73)缩小步长，否则不更新步长。

$$d_i = \frac{1}{|N_i(t)|} \sum_{j \in N_i(t)} \left(\|x_i - x_j\| \right) \tag{5.72}$$

$$s_i(t) = s_i(t-1) \times n \tag{5.73}$$

其中，$n(0<n<1)$为步长缩小因子。

5. 改进的萤火虫算法函数测试

选取的函数为如下几种。

(1) Sphere 函数：

$$f(x_i) = \sum_{i=1}^{D} x_i^2 \tag{5.74}$$

函数定义域 $-100 \leqslant x_i \leqslant 100$，在(0，0，$\cdots$，0)处取得全局最小值为 0。

(2) Griewank 函数：

$$f(x_i) = \frac{1}{4000} \sum_{i=1}^{D} x_i^2 - \prod_{i=1}^{D} \cos\left(\frac{x}{\sqrt{i}}\right) + 1 \tag{5.75}$$

函数定义域为 $-600 \leqslant x_i \leqslant 600$，在(0，0，$\cdots$，0)处取得全局最小值为 0。

(3) Rosenbrock 函数：

$$f(x_i) = \sum_{i=1}^{D-1} \left[100\left(x_{i+1} - x_i^2\right)^2 + \left(x_i - 1\right)^2 \right] \tag{5.76}$$

函数定义域为 $-30 \leqslant x_i \leqslant 30$，在(1，1，$\cdots$，1)处取得全局最小值为 0。

(4) Schaffer 函数：

$$f(x_i) = 0.5 + \left\{ \left[\sin\left(\sum_{i=1}^{n} x_i^2 \right) \right]^2 - 0.5 \right\} \Bigg/ \left(1 + 0.001 \sum_{i=1}^{n} x_i^2 \right)^2 \tag{5.77}$$

函数定义域为 $-2.048 \leqslant x_i \leqslant 2.048$，在(0，0，$\cdots$，0)处取得全局最小值为 0。

这四个函数中，Sphere 和 Rosenbrock 为单峰函数，Griewank 为多峰函数。Rosenbrock 函数为非线性非凸多模态函数，当维数为 2 时，等值线大致呈抛物线形，全域最小值位于香蕉型山谷中，因此又称为山谷函数或香蕉函数，虽然山谷容易找到，但谷内函数值变化小，对于各种优化算法要找到全局极小点也是不容易的。

对函数应用上述改进的萤火虫算法进行优化寻找函数极值，结果如表 5.15 所示。从结果可以看出，当维数较小时，改进萤火虫算法的优越性体现不明显；当函数维数增大时，标准萤火虫算法容易陷入局部最优，收敛速度慢的缺点开始显现，改进的萤火虫算法在函数维数增大时，仍然保持有较好的稳定性和收敛速度。

表 5.15　函数优化测试结果

维数 D	算法	Sphere	Griewank	Rosenbrock	Schaffer
3	FA	5.652×10^{-5}	5.68×10^{-5}	1.254×10^{-5}	1.426×10^{-4}
	IFA	8.318×10^{-6}	3.24×10^{-5}	1.264×10^{-4}	1.164×10^{-4}
10	FA	1.25×10^{-6}	1.62×10^{-1}	1.245	2.02
	IFA	1.87×10^{-7}	2.36×10^{-3}	1.23×10^{-2}	1.156×10^{-1}

5.6.2　基于改进萤火虫算法优化的 BP 神经网络

神经网络结构通常为三层拓扑映射结构，包含输入层、隐含层和输出层。输入、输出层节点数由训练样本的输入、输出维数确定。隐含层的节点数根据经验公式选定。

各层之间的传递函数为 Sigmoid 函数，隐含层第 j 个节点的输出为

$$h_j = 1 / \left[1 + \exp\left(-\sum_{i=1}^{n} w_{ij} p_i - \theta_j \right) \right] \quad (j = 1, 2, \cdots, H) \tag{5.78}$$

其中，w_{ij} 为输入层第 i 个节点到隐含层第 j 个节点的连接权值；θ_j 为隐含层第 j 个节点的阈值；p_i 为隐含层第 i 个输入。将隐含层输出 h_j 进一步向后传递，相应得到输出层第 k 个节点的输出为

$$q_k = 1 / \left[1 + \exp\left(-\sum_{j=1}^{H} \overline{w}_{jk} h_j - \overline{\theta}_k \right) \right] \quad (k = 1, 2, \cdots, O) \tag{5.79}$$

其中，$\overline{w}_{jk}$ 为隐含层第 j 个节点和输出层第 k 个节点之间的连接权值；$\overline{\theta}_k$ 为输出层第 k 个节点的阈值。

萤火虫神经网络训练时，每个萤火虫个体 x_i 代表神经网络各层的连接权值 w_{ij}、$\overline{w}_{jk}$ 和阈值 θ_j、$\overline{\theta}_k$，个体编码采用实数矢量形式，编码长度(即需要优化的变量总数)由各层节点数 N、H 和 O 决定，如下所示：

$$L = N \times H + H + H \times O + O \tag{5.80}$$

训练时，神经网络的训练精度由误差 RMSE 来衡量：

$$\text{RMSE} = \sqrt{\left[\sum_{i=1}^{Q} \sum_{k=1}^{O} (q_k^i - t_k^i)^2 \right] / (Q \cdot O)} \tag{5.81}$$

其中，Q 为训练样本数；t_k^i 为第 i 个训练样本在输出层第 k 个节点的期望输出。

萤火虫神经网络训练过程中，萤火虫每一个个体代表一个神经网络，神经网络的性能用训练误差来表示，萤火虫个体的适应度值可以直接取为该个体代表的网络训练迭代终止时的误差值。即

$$f(x_i) = m \times \text{RMSE}_{x_i} \tag{5.82}$$

其中，m 为系数。

算法流程如图 5.23 所示，具体步骤如下：

(1) 算法参数设置、计算编码长度、萤火虫种群初始化；

(2) 输入训练样本，计算个体适应度值，根据神经网络训练误差计算适应度；

(3) 依据个体适应度即荧光素值大小，个体进行移动，种群更新；

(4) 动态随机局部搜索，变异策略及动态步长更新；

(5) 训练误差达到收敛值或迭代次数达到最大，结束，否则返回(3)；

(6) 训练结束，得到适应度值最大个体，将测试样本输入，进行厂房振动响应预测。

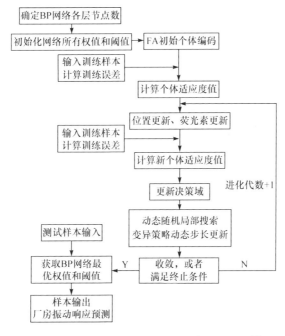

图 5.23　改进萤火虫算法优化 BP 网格的厂房振动预测模型流程图

在萤火虫神经网络训练中，为了防止随着个体随机移动，种群分布范围扩张导致个体之间距离增加，吸引力下降，种群寻优转变为完全随机运动的现象，设

置吸引力下限为 $\beta_{\min}$：

$$X_{jd}^{k+1} = X_{jd}^k + \left[\left(\beta_0 - \beta_{\min} \right) \exp\left(\gamma r_{ij}^2 \right) + \beta_{\min} \right] \cdot \left(X_{id}^k - X_{jd}^k \right) + \alpha \left(\varsigma - 0.5 \right) \quad (5.83)$$

$\beta_{\min}$ 代表个体相互吸引移动的最小程度，不受个体距离影响。随机参数 α 刻画了个体移动中随机成分的大小。

5.6.3 厂房结构振动响应预测

以某实际水电站厂房结构振动响应预测为例，选取某 8 种运行工况下的机组及厂房振动原型观测数据如表 5.16 所示，测点布置如图 5.1～图 5.3 所示。以机组振动数据为样本，通过神经网络训练，建立机组振动数据和厂房振动数据之间的非线性关系。

表 5.16　实测机组厂房结构振动数据

参数			不同工况对应数据							
			1	2	3	4	5	6	7	8
机组振动加速度	上机架 /(m/s²)	竖向	0.0892	0.0882	0.0813	0.0628	0.0837	0.0367	0.0861	0.0595
		横向	0.0857	0.1042	0.0815	0.0895	0.0854	0.0744	0.0894	0.0674
	下机架 /(m/s²)	竖向	0.1546	0.1701	0.1312	0.0975	0.1332	0.0228	0.1352	0.0864
		横向	0.1514	0.1760	0.1448	0.1027	0.1518	0.0274	0.1589	0.0720
	顶盖/(m/s²)	竖向	0.1844	0.1781	0.1802	0.0313	0.1855	0.0285	0.1661	0.4733
		横向	0.1583	0.1096	0.1144	0.0321	0.1211	0.0142	0.1075	0.2896
	定子机座 /(m/s²)	横向	0.5581	0.6018	0.5613	0.5084	0.5834	0.4123	0.6062	0.2860
厂房振动加速度	定子基础 /(m/s²)	竖向	0.0972	0.1058	0.0969	0.0221	0.1058	0.0178	0.1041	0.0417
		横向	0.0886	0.0999	0.0834	0.0203	0.0932	0.0172	0.0893	0.0448
	下机架基础 /(m/s²)	竖向	0.2905	0.3294	0.2514	0.0737	0.2673	0.0594	0.2652	0.1685
		横向	0.1067	0.1072	0.1064	0.0297	0.1175	0.0272	0.1165	0.0481
脉动压力	导叶后转轮前/mWC		0.0923	0.1442	0.1175	0.1075	0.1117	0.0839	0.0895	0.0950
	蜗壳进口/mWC		0.2916	0.4935	0.2612	0.1021	0.2494	0.1153	0.3564	0.0887
	蜗壳末端/mWC		0.1681	0.2053	0.2281	0.0793	0.2386	0.0814	0.3550	0.0874

把所有的样本数据进行归一化处理，并将其分为测试部分和训练部分，训练数据用来进行网络的训练，测试数据用来检验网络的仿真预测效果及误差分析。随机选取工况 5 数据为测试数据，其余工况作为训练数据。

改进萤火虫算法神经网络，采用三层结构，输入层节点数根据输入特征维数为 10、输出维数为 4 确定，隐含层节点数根据经验公式确定[40]：

$$H = \log_2 Q \tag{5.84}$$

Q 为训练样本数，Q=7，近似取 H 为 3。

对于 IFABP 神经网络，有 10 个输入参数，4 个输出参数，即输入层节点数和输出层节点数为 10 和 4，隐含层节点数为 3，则根据式(5.80)，可以得到总共需要优化的权值和阈值总数为 10×3+3+3×4+4=49，即为萤火虫算法的个体编码长度。

在 IFABP 网络中：种群规模 N=50；荧光素初始值取 l_0=5；邻域变化率为 ϕ=0.08；邻域阈值 n_t=5，荧光素吸收系数 γ=0.6；荧光素挥发系数 ρ=0.4；萤火虫感知范围 r_s=5；初始步长 s=0.05；最大进化次数 150；动态随机局部搜索步长初值 α_0=0.2；变异概率 λ=0.1，最小吸引度 β_0=0.15。神经网络训练中进化参数学习率为 0.1，训练目标为 1×10^{-5}。

萤火虫算法优化过程中最优个体适应度值变化如图 5.24 所示，从图中可见，萤火虫算法在种群为 50 的情况下，经过约 80 代进化和移动，收敛于最佳适应度值。采用改进的萤火虫算法在进化到约 40 代时，收敛到最佳适应度值 0.085，算法趋于稳定，可见对于萤火虫算法的改进是非常必要的。通过算法改进不但可以加快找到 BP 网络的最优权值和阈值，而且获得的权值和阈值的质量也是远好于基本算法的。

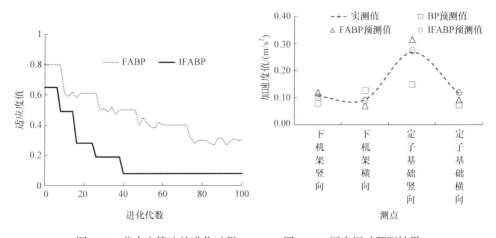

图 5.24　萤火虫算法的进化过程　　图 5.25　厂房振动预测结果

厂房结构定子基础和下机架基础的振动加速度预测值如表 5.17 和图 5.25 所示，可见改进的萤火虫算法优化 BP 网络的预测性能相比基本算法优化及无算法优化的 BP 网络预测得到了明显的改善。水电站厂房振动控制标准[1]对于机墩结构的振动加速度要求是竖向和水平振动加速度均须小于 1m/s²，基于改进萤火虫算法优化 BP 网络的机墩预测振动加速度相对于实测值的最大相对误差不超过 5%，而实测最大值不超过 0.3m/s^2，也就是最大误差绝对值不超过 0.015m/s^2，仅为振动控制标准值的 1.5%，因此预测误差完全可以满足工程精度要求。

表 5.17　厂房振动预测结果

厂房测点		实测值	BP		FA–BP		IFA–BP	
			预测值	相对误差/%	预测值	相对误差/%	预测值	相对误差/%
下机架基础	竖向	0.1058	0.0790	−25.331	0.1186	12.098	0.1017	−3.8752
	横向	0.0932	0.1256	34.764	0.0698	−25.107	0.0892	−4.2918
定子基础	竖向	0.2673	0.1496	−44.033	0.3125	16.909	0.2736	2.3569
	横向	0.1175	0.0725	−38.298	0.0914	−22.212	0.1193	1.5319

5.7　本 章 小 结

本章以景洪水电站为实例，对机组和厂房结构联合振动测试系统和测试方案等进行介绍，对机组及厂房结构的振动测试数据进行了对比分析，并依据振动测试数据对机组轴系的模态参数、轴承油膜动态特性系数、水轮机竖向动荷载等进行了识别，最后研究了利用改进萤火虫算法进行水电站厂房振动响应预测的方法，得出了如下结论。

(1) 机组的振动测试能反映厂房振动的某些规律，但厂房结构振动与其自身结构型式、刚度和材料等因素有密切关系，所以有其自身的振动特性；机组及厂房结构所有测点在额定负荷工况的振动均满足控制标准要求；水轮机脉动压力主要通过蜗壳外围混凝土和机墩混凝土结构传递到上部，并引起楼板竖向振动加速度的放大效应，通过有限元数值反馈计算，得到了容易引起楼板共振的频率点，与实测结果相符。

(2) 针对大型水电站机组连续运行、无法施加有效激振、油膜只在机组运行时存在等特点，将模态参数时域识别方法引入水电站机组轴系振动特性研究中；同时针对传统油膜动特性参数识别方法的不足，引入了可以不受测点少、工况少等实际情况限制的遗传识别方法；对传统正交多项式识别方法进行改进，避免了杜哈梅积分的时间累积误差效应，提高了效率和识别精度，并将其应用于竖向动荷载识别；对基本萤火虫算法进行改进，提高了其寻优的精度和效率，进而对 BP 神经网络参数进行优化以提高其学习和泛化能力，进行了水电站厂房振动响应预测方法研究。

参 考 文 献

[1] 电力行业水电站水轮发电机标准化技术委员会. 水轮发电机组启动试验规程: DL/T 507—2002[S]. 北京: 中国电力出版社, 2002.

[2] 马震岳, 董毓新. 水轮发电机组动力学[M]. 大连: 大连理工大学出版社, 2003.

[3] 中国水轮机标准化技术委员会. 水轮机基本技术条件: GB/T 15468—2006[S]. 北京: 中国标准出版社, 2006.

[4] 马震岳, 董毓新. 水电站机组及厂房振动的研究与治理[M]. 北京: 中国水利水电出版社, 2004.

[5] 杨静, 马震岳, 陈靖, 等. 张河湾抽水蓄能电站厂房机墩组合刚度复核[J]. 水力发电, 2006, 32(12): 33-35.

[6] 中华人民共和国水利部. 水电站厂房设计规范: SL 266—2014[S]. 北京: 中国水利水电出版社, 2014.

[7] 王济, 胡晓. MATLAB 在振动信号处理中的应用[M]. 北京: 中国水利水电出版社, 2006.

[8] 楼向明. 运行状态下转子不平衡识别方法的研究[D]. 杭州: 浙江大学博士学位论文, 1998.

[9] 张辉东. 水电站厂房结构的非线性和耦联振动分析与模态参数识别[D]. 天津: 天津大学博士学位论文, 2006.

[10] 陆光华, 彭学愚, 张林让, 等. 随机信号处理[M]. 西安: 西安电子科技大学出版社, 2002.

[11] ORY H, GLASER H, HOLZDEPPE D. The reconstruction of forcing function based on measured structural responses[C]. International Symposium On Aeroelasticity and structural Dynamics, Aachen, 1985.

[12] CHU L C, QU N S, WU R F. Dynamic load indentification in time domain[J]. Chain Ocean Engineering, 1991, 5(3): 279-286.

[13] 许峰, 陈怀海, 鲍明. 机械振动荷载识别研究的现状与未来[J]. 中国机械工程, 2002, 13(6): 526-531.

[14] 李守巨, 刘迎曦, 任明法, 等. 基于改进遗传算法的水轮发电机振动荷载参数识别[J]. 工程力学, 2003, 20(5): 163-169.

[15] 孙万泉, 黄雄辉. 水电站机组与厂房结构耦合动力系统振动传递路径识别[J]. 振动与冲击, 2014, 33(6): 23-28.

[16] 彭凡, 马庆镇, 肖健, 等. 整体平动自由结构荷载时域识别技术研究[J]. 振动与冲击, 2016, 35(6): 91-94.

[17] 张运良, 林皋, 王永学, 等. 一种改进的动态荷载时域识别方法[J]. 计算力学学报, 2001, 21(2): 209-215.

[18] 王海军, 练继建, 杨敏, 等. 混流式水轮机轴向动荷载识别[J]. 振动与冲击, 2007, 26(4): 123-125.

[19] 王静, 陈海波, 王靖. 基于精细积分的冲击荷载时域识别方法研究[J]. 振动与冲击, 2013, 32(20): 81-85.

[20] 肖悦, 陈剑, 李家柱, 等. 动态荷载时域识别的联合去噪修正和正则化预优迭代方法[J]. 振动工程学报, 2013, 26(6): 854-862.

[21] 张勇成. 二维分布动载荷时域识别技术[D]. 南京: 南京航空航天大学硕士学位论文, 2007.

[22] 祝德春, 张方, 姜金辉, 等. 动态载荷激励位置时域识别技术研究[J]. 振动与冲击, 2013, 32(17): 74-78.

[23] 商霖. 基于 ANSYS 有限元分析的模态质量计算方法[J]. 导弹与航天运载技术, 2011, (3): 55-57.

[24] 职保平, 马震岳, 吴嵌嵌. 考虑顶盖系统的水轮机竖向振动传递路径分析[J]. 水力发电学报, 2013, 32(3): 241-245.

[25] 张方. 时域动态荷载识别技术研究[D]. 南京: 南京航空航天大学硕士学位论文, 1994.

[26] 马震岳, 孙万泉, 陈维江. 基于遗传算法的地下发电厂房动态识别[J]. 大连理工大学学报, 2004, 3(44): 292-296.

[27] 练继建, 张辉东, 王海军. 水电站厂房结构振动响应的神经网络预测[J]. 水利学报, 2007, 3(38): 361-364.

[28] 徐国宾, 韩文文, 王海军. 基于 SSPSO 优化 GRNN 的水电站厂房结构振动响应预测[J]. 振动与冲击, 2015, 34(4): 104-109.

[29] YANG X. Firefly algorithms for multimodal optimization [C]. Proceeding of the International Conference on

Stochastic Algorithms: Foundations and Applications, Beilin: Springer, Verlag, 2009: 169-178.

[30] 龙文，蔡绍洪，焦建军，等. 求解约束优化问题的萤火虫算法及其工程应用[J]. 中南大学学报(自然科学版)，2015，4(46): 1260-1266.

[31] 陈洁钰，姚佩阳，王勃，等. 基于结构熵和 IGSO-BP 算法的动态威胁评估[J]. 系统工程与电子技术，2015，37(5): 1076-1083.

[32] FISTER I, JR F, YANG X S. A comprehensive review of firefly algorithm[J]. Swarm and Evolutionary Computation, 2013, 13: 34-46.

[33] YANG X, HOSSEINI S, GANDOMI A. Firefly algorithm for solving non-convex economic dispatch problems with value loading effect[J]. Applied Soft Computing, 2012, 12(3): 1180-1186.

[34] KUMBHARANS S, PANDEY M. Solving traveling salesman problem using firefly algorithm[J]. International Journal for Research in Science and Advanced Technologies, 2013, 2(2): 53-57.

[35] 曾冰，李明富，张翼，等. 基于萤火虫算法的装配序列规划研究[J]. 机械工程学报，2013, 49(11): 177-184.

[36] PAL S, RAI C, SINGH A. Comparative study of firefly algorithm and partical swarm optimization for noisy non-linear optimization problems[J]. International Journal of Intelligent Systems and Applications, 2012, 4(10): 50-57.

[37] NANDY S, SARKA P P, DAS A. Analysis of nature-inspired firefly algorithm based back-propagation neural network training [J]. International Journal of Computer Applications, 2012, 43(22): 8-16.

[38] HAMZACEBI C. Improving genetic algorithms' performance by local search for continuous function optimization[J]. Applied Mathematics and Computation, 2008, 196(1): 309-317.

[39] WANG Y，CAI Z，ZHOU Y, et al. Constrained optimization based on hybrid evolutionary algorithm and adaptive constraint-handing technique [J]. Structural and Multidisciplinary Optimization, 2009, 37(4): 395-413.

[40] WANAS N，AUDA G，KAMEL M S，et al. On the optimal number of hidden nodes in a neural network [C]. Proceeding of 1998 IEEE Canada Conference on Electrical and Computer Engineering, Toronto, Canada, 1998, 2002: 918-921.

第6章 水电站厂房地震响应分析

由中国国家质量监督检验检疫总局、中国国家标准化管理委员会发布的 GB 18306—2015《中国地震动参数区划图》[1]自 2016 年 6 月 1 日起正式实施，替代原有 GB 18306—2001《中国地震动参数区划图》[2]，主要修订内容包括：①取消了不设防地区；②附录中将地震动参数明确对应到乡镇。由中国国家能源局发布的 NB 35047—2015《水电工程水工建筑物抗震设计规范》[3](以下简称新规范)自 2015 年 9 月 1 日起正式实施，替代原有 DL 5073—2000《水工建筑物抗震设计规范》[4]。新规范倡导由基于经验的安全系数法向基于可靠度理论的分项系数法"转轨"，同时引入表征非随机性不确定性的结构系数，这符合潘家铮院士提出的"积极慎重，转轨套改"的指导思想，也符合水工建筑物"基于性能的抗震设计"要求[5,6]。新规范涉及水电站厂房抗震的具体修订主要包括：①由于水工建筑物选址处的地质条件通常大大优于其他类型建筑物，所以新规范在场地分类上将原 I 类场地细分为 I_0 和 I_1 类两类场地，这将直接影响到标准设计反应谱的特征周期选取；②增加了场地标准设计地震动加速度反应谱特征周期调整表，规定反应谱特征周期按《中国地震动参数区划图》(新版)查得后应按调整表进行调整；③将标准设计反应谱下降段衰减系数由 0.9 修订为 0.6；④调整水电站厂房等附属建筑物的阻尼比建议值为 7%。

以上两部在水工结构抗震分析中起重要指导作用的规范均基于汶川、玉树两次强震后所广泛开展的震害调查与分析，同时吸收了当前这一领域内最新的主流研究成果，可以为水电站厂房等水工建筑物的抗震设计提供更可靠的理论和实践支撑。新规范的颁布和实施对水工结构抗震安全性提出了更为严格的要求。水电站厂房上、下部结构质量，刚度特性差异明显，地震动响应规律及抗震性能明显区别于大坝、进水塔等水工建筑物，厂房抗震安全分析评价滞后于工程实践。

水电站厂房上部梁柱结构高度高、跨度大，导致其前两阶自振周期较大，因此可认为其在承受地震动荷载时属于长周期结构，楼梦麟[7]通过研究指出应对长周期结构在动力分析中的瑞利阻尼系数解法作进一步讨论，因此，若想得到水电站厂房在地震动作用下最接近真实的响应，则必须对现有阻尼模型及其解法展开讨论，使得计算中所取阻尼尽可能地逼近其真实阻尼水平。

基于性能的抗震设计目标要求计算模型应尽可能真实地还原分析对象在整个地震动过程中的响应情况，以使计算所得到的控制性结果尽可能地接近实际，在保证安全的前提下尽可能地降低工程的建设难度和造价，实现最为经济、可靠的设计方案。水电站厂房主体结构由混凝土浇筑而成，而混凝土材料属于典型的脆性材料，其力学性能带有明显的非线性特点；考虑混凝土的损伤塑性特性，发挥混凝土材料的抗震性能，是基于性能抗震设计目标得以实现的必经之路。

　　大量计算和观测研究表明，水工建筑物地震动响应计算需要考虑外行波动能完全通过人工边界向远域传播逸散过程，即需要考虑远域地基的辐射阻尼效应，否则响应将普遍放大 30%以上[8-11]。现有的若干考虑辐射阻尼效应的人工边界模拟方法虽经验证可以取得不错效果，但仍存在运算代价巨大，参数取值依赖经验，静、动力不统一，实际操作过程繁复等突出问题，想要实现基于性能的抗震设计思想，使地震动响应计算趋于真实水平，亟需找到有效的人工边界解决方案。

　　本章首先研究适合水电站厂房结构型式特点的地震动时程分析中的瑞利阻尼系数确定方法；然后对基于无限元人工边界的地震动输入方法展开研究；最后考虑混凝土材料的塑性损伤特性，建立了水电站厂房地震动响应分析有限元-无限元耦合模型，分析了水电站厂房非线性地震动响应特性及远域地基辐射阻尼效应影响规律，探讨了厂房薄弱构件的混凝土损伤演化发展破坏规律，总结了水电站厂房结构抗震性能评价的关键因素，为基于性能的水电站厂房抗震设计提供了理论参考。

6.1　瑞利阻尼系数确定方法研究

　　随着中国西南水能资源的开发利用，在地震频发地带建立大型水电工程已经不可避免。水电站厂房里面安装水轮发电机组设备，运行维护人员也居于其中，抗震安全性关系重大。水电站厂房结构地震反应分析常采用时程分析方法，由此涉及阻尼矩阵的建立问题。与刚度矩阵和质量矩阵不同，阻尼的形成机理十分复杂，所以阻尼矩阵无法直接根据结构构件的材料、尺寸和特性等进行理论计算得到[12]，而是采用构造的方法，出现了多种不同的阻尼矩阵构造理论[13-20]。其中瑞利阻尼因其数学处理简便、满足振型正交条件、便于方程解耦和计算而得到广泛的应用[21-23]。大多数商业有限元软件都内嵌该阻尼模型应用模块，水工建筑物结构地震动时域分析中普遍应用的阻尼矩阵构造方法便是基于瑞利阻尼模型。

　　瑞利阻尼假定结构的阻尼矩阵是结构质量矩阵和刚度矩阵的线性组合，即

$$[C] = \alpha[M] + \beta[K] \tag{6.1}$$

其中，α、β分别为质量和刚度比例阻尼系数(统称为瑞利阻尼系数)。$[M]$、$[C]$、$[K]$分别为结构体系的质量矩阵、阻尼矩阵和刚度矩阵。为了计算α和β，传统

的办法是指定两阶参考振型(i 阶和 j 阶)的阻尼比 ζ_i 和 ζ_j(通过实测或根据试验数据的可靠推定得到)及其频率 ω_i 和 ω_j 进行计算，即

$$\begin{Bmatrix} \alpha \\ \beta \end{Bmatrix} = \frac{2\omega_i\omega_j}{\omega_j^2 - \omega_i^2} \begin{pmatrix} \omega_j & -\omega_i \\ -\dfrac{1}{\omega_j} & \dfrac{1}{\omega_i} \end{pmatrix} \begin{Bmatrix} \zeta_i \\ \zeta_j \end{Bmatrix} \tag{6.2}$$

当振型阻尼比 $\zeta_i = \zeta_j = \zeta$ 时，式(6.2)可简化为

$$\begin{Bmatrix} \alpha \\ \beta \end{Bmatrix} = \frac{2\zeta}{\omega_i + \omega_j} \begin{Bmatrix} \omega_i\omega_j \\ 1 \end{Bmatrix} \tag{6.3}$$

当结构的自由度少或结构动力反应由少数低阶模态控制时，选择合适的两阶参考频率确定瑞利阻尼是容易的(如传统方法一般取前 2 阶作为参考频率)。对于复杂结构，对结构有显著贡献的模态阶数较多时，如何选择两阶参考频率以确定合理的瑞利阻尼系数 α 和 β 是比较困难的事情，如果阻尼系数选择不当，可能导致结构地震动反应计算结果严重失真[24-26]。

许多学者针对瑞利阻尼系数的取法问题进行了研究。PAN 等[27]针对复杂结构提出了瑞利阻尼系数的一种约束优化算法，目标函数为一个反应谱分析的峰值反应模态误差的完全平方和。该方法基于杜哈梅积分并只适用于线弹性系统。由于传统的二阶模态确定瑞利阻尼系数的方法对单层柱面网壳结构不适用，Yang 等[28]研究了基于多阶模态的阻尼系数计算方法。Jehel 等[29]提供了初始刚度和更新的切线刚度的瑞利阻尼模型，一是能保证客观选择最适合的瑞利阻尼模型，二是为设计具有良好阻尼比控制的瑞利阻尼模型提供一个非常有用的分析工具。李哲等[30]提出了一种改进的岸桥结构地震响应时程分析的瑞利阻尼系数计算方法，考虑了地面运动的频谱特性和结构的频率特性，使计算结果与实验结果吻合得很好。刘红石[31]以截断频率内各阶计算阻尼比同实际阻尼比之差的总和最小为目标，提出了通过最小二乘法计算瑞利阻尼系数的方法。李小军等[32]利用加权最小二乘法确定比例阻尼系数，提出了相应的核电厂结构地震反应分析方法。

楼梦麟等[24,33]针对大跨度拱桥和超高层建筑这两类长周期结构地震动作用下的动响应规律进行分析与研究，发现传统瑞利阻尼系数的确定方法(采用前两阶自振频率作为参考频率)并不能准确反映长周期结构体系在动力过程中的实际阻尼效果，甚至偏差较大，这说明有必要对长周期结构动力分析中的瑞利阻尼系数的确定方法作进一步讨论。

长周期结构与短周期结构间的界定是一个相对的概念，取决于结构基本周期同动荷载特征周期之间的大小关系：当结构基本周期小于或接近于动荷载特征周

期时，可以称为短周期结构，反之称为长周期结构。水电站厂房由于其上部框架结构刚度相对较弱，基本特征周期通常处于 10^{-1}s 甚至更高水平，相对于地震波特征周期而言属于长周期结构。水电站厂房上、下部结构质量和刚度差异明显，前两阶振型往往仅反映上部结构的动力特性，通过传统瑞利阻尼系数确定方法构造的阻尼矩阵难以反映厂房整体结构实际阻尼情况。因此有必要研究瑞利阻尼系数确定方法对地震动作用下水电站厂房结构动力响应规律的影响，探讨提出适合水电站厂房结构地震动响应研究的瑞利阻尼系数确定方法。

　　Chopra[12]建议瑞利阻尼系数的构造方法为：在处理实际问题时，应该选择具有特定阻尼比的振型 i 和振型 j 以保证对反应有显著贡献的所有振型阻尼比的值都合理。水电站厂房上、下部结构质量和刚度差异明显导致结构动力特性表现为：厂房前两阶振型往往只有相对柔软的上部结构参与，相对整个厂房来说振型参与质量很小。水电站厂房这类建筑物在地震动作用下的阻尼主要来自于构件内部及构件之间的各种摩擦与变形，因此振型参与质量应该被考虑为影响计算阻尼效果的关键因素。因此提出依据振型参与质量确定对反应有显著贡献的阶次，进而确定瑞利阻尼系数。

6.1.1　三维动力有限元模型

　　建立某水电站典型机组段三维有限元模型，如图 6.1 所示。考虑地基的弹性耦联作用，地基延伸深度约为厂房 1 倍高度，上、下游及左右侧延伸 1 倍高度，地基边界条件为底部固定，四周边界法向约束。水轮发电机组、吊车、屋面荷载和动水压力等在相应位置以附加质量模拟。厂房结构采用线弹性模型，忽略蜗壳钢板和座环等的局部加强作用，不考虑蜗壳外围混凝土的损伤开裂。张运良等[34]通过研究认为蜗壳外围混凝薄弱部位的裂缝对蜗壳局部刚度有较大改变，但对厂房上部结构的位移、速度和加速度等并无较大影响，与不开裂相比差别不大。基础采用无质量地基不影响各方案间结构响应峰值的大小关系，为简化计算基础取为无质量地基。

　　工程设计中，某单一的地震动时程对结构的动力响应影响并不具有普遍意义，应依据各类建筑物抗震设计规范的规定，综合考虑工程所在地的场地特征、设防烈度和设计地震动出现概率等诸多因素。因此，根据规范[3]中的标准设计反应谱人工拟合地震动时程。结合算例实际情况，场地类别为 I_0 类，场地特征周期 T_s=0.20s，标准设计反应谱最大值的代表值 β_{max} 取 2.25，地震设计烈度根据建筑物级别及重要性要求由 7 度提高至 8 度，水平向设计地震动峰值加速度由 0.05g 提高至 0.1g，地震动时间步长取 0.01s，总时长 20s。生成的各向地震动时程如图 6.2 所示，其中 x 向与 y 向、x 向与 z 向、y 向与 z 向地震动时程的相关系数依次为 0.0011、0.1737、0.0002，均小于 0.3，满足规范[3]中关于单组人工时程三向互相独立的要求。

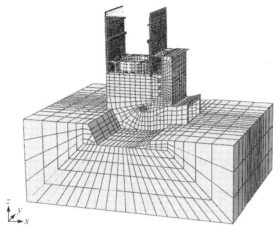

图 6.1　厂房三维有限元模型图

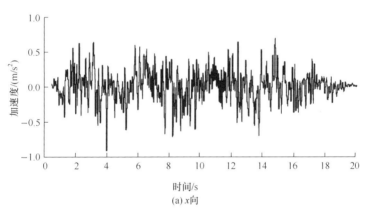

(a) x 向

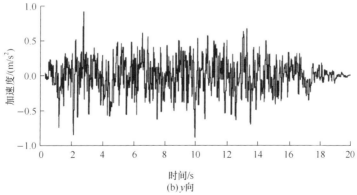

(b) y 向

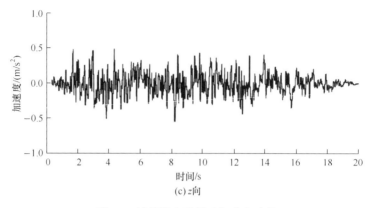

图 6.2　计算输入地震动加速度时程

6.1.2　瑞利阻尼系数确定方法

　　结构动力时程分析方法包括模态叠加法和逐步积分法。模态叠加法在模态空间内将一个多自由度体系振动问题解耦成多个单自由度体系振动，单自由度系统的动力响应分析可利用杜哈梅精确积分，具有阻尼输入准确、运算速度快等优点。但模态叠加时程分析法仅适用于线弹性结构体系，因为在结构考虑材料非线性、接触状态非线性等后，结构在不同时刻具有不同的振型分解。因此，对于非线性体系，只能采用逐步积分时程分析方法，这时需要基于瑞利阻尼模型构建合理的比例阻尼矩阵。此时瑞利阻尼系数的取法将直接显著影响到动力分析的结果。

　　因此，为了评价逐步积分法中各种瑞利阻尼系数的取法对地震动响应的影响情况，以线弹性结构体系水电站厂房为例，以模态叠加时程分析法(简称模态法)的响应计算结果为参考，即衡量标准。规范[3]规定水电站厂房在地震动作用下的阻尼比为 0.07，将此阻尼比代入以下各瑞利阻尼系数确定方法求得各方法相应的阻尼矩阵，进而应用于逐步积分求解水电站厂房结构地震动响应。

　　为确定瑞利阻尼系数计算所需的结构某阶自振频率值，首先对水电站厂房有限元模型进行模态分析。截取厂房前 80 阶模态，x 向、y 向、z 向振型参与质量分别占模型总质量的 92.1%、90.8%、91.0%，均大于模型总质量的 90%，满足计算精度要求。厂房整体结构自振特性的分析结论为：地面式厂房结构的典型振动特征明显，频率低且密集，前 10 阶自振频率为 0.55~6.21Hz。第 1 阶自振周期为 1.83s，远大于地震波特征周期，说明水电站厂房应属于长周期结构，第 1 阶振型主要表现为厂房上、下游框架柱及屋顶网架的振动。低阶模态中大多数阶次的振型主要表现为上部框架结构的弯曲和扭转振动，以及发电机楼板、风罩等薄弱部位的振动。三向振型参与总质量最大的两阶振型为 13 阶(7.72Hz)和 25 阶(12.81Hz)，振型参与质量分别为 14.6%和 25.3%。

根据水电站厂房结构自振频率和各阶振型特征情况，总结当前各种普遍采用的及本节提出的瑞利阻尼系数确定方法如下。

(1) 方法 1。依照传统方法取厂房前两阶自振频率为参考确定瑞利阻尼系数，这种做法是建立在假设低阶振型对结构动力响应贡献较大的前提下。实际上，水电站厂房结构模态阶数较多且密集，低阶振型主要表现为上部薄弱构件的振型，上述假定低阶振动对动力响应更大的前提不一定成立。由此法求得的各阶振型阻尼比中除前两阶等于实际阻尼比外，其余均偏大，因此第 3 阶及之后各阶对动力响应的贡献将被削弱而导致结构总响应偏小，以响应结果为参考进行水电站厂房抗震设计是危险的。

经过对厂房有限元结构的计算，前两阶自振频率为 0.55Hz 和 2.96Hz。根据式(6.3)可求得按方法 1 确定的阻尼系数为 α_1=0.4053，β_1=0.0064。

(2) 方法 2。确定瑞利阻尼的原则是选择的两个确定常数 α 和 β 的频率点 ω_i 和 ω_j 要覆盖结构分析中感兴趣的频段。感兴趣频段的确定要根据作用于结构上的荷载的频率成分和结构的动力特性综合考虑。此方法可能存在的问题：①感兴趣频段的选取更多需要依靠经验；②在这之间的所有阶的阻尼比可能取得偏小，计算的结构响应偏大，但如果偏离实际较多也不合适。

根据厂房自振特性计算选取感兴趣的频率段，即第 1 阶自振频率与所截取的最后一阶(第 80 阶)自振频率。第 1 阶自振频率为 0.55Hz，第 80 阶自振频率为 27.96Hz。根据式(6.3)可得此方法的阻尼系数为：α_2=0.4709，β_2=0.0008。

(3) 方法 3。无权重系数的最小二乘法：以截断频率内各阶计算阻尼比同实际阻尼比之差的平方和最小为目标，通过最小二乘法拟合阻尼系数，公式如下：

$$\min_{\alpha,\beta} \sum_{i=1}^{n} \left(\frac{\alpha}{2\omega_i} + \frac{\beta\omega_i}{2} - \zeta \right)^2 \tag{6.4}$$

(4) 方法 4。通过赋予权重系数 $1/\omega_i$ 来强化对阻尼效果有显著影响的阶次，同时弱化对阻尼效果影响小的阶次，目标函数如式(6.5)所示：

$$\min_{\alpha,\beta} \sum_{i=1}^{n} \frac{1}{\omega_i} \left(\frac{\alpha}{2\omega_i} + \frac{\beta\omega_i}{2} - \zeta \right)^2 \tag{6.5}$$

其中，权重系数的选取方式为各阶自振频率的倒数，越低阶模态的权重系数越大，该方法同样假定低阶振型对结构动力响应贡献较大。

(5) 方法 5。同方法 4，区别是权重系数取为以各阶自振频率为 e 的负指数函数：

$$\min_{\alpha,\beta} \sum_{i=1}^{n} \exp(-\omega_i) \left(\frac{\alpha}{2\omega_i} + \frac{\beta\omega_i}{2} - \zeta \right)^2 \tag{6.6}$$

(6) 方法 6。即本节提出的方法，依据振型参与质量确定对反应有显著贡献的阶次。以三个方向总的振型参与质量最大的两阶自振频率为参数确定阻尼系数，根据水电站厂房结构自振特性分析结果，振型参与质量最大的两阶为 13 阶(7.72Hz)和 25 阶(12.81Hz)，振型参与质量分别为 14.6%和 25.3%。

(7) 方法 7。在方法 6 的基础上，提出以振型参与质量比重为权重系数的最小二乘法：

$$\min_{\alpha,\beta} \sum_{i=1}^{n} \frac{m_i}{M} \left(\frac{\alpha}{2\omega_i} + \frac{\beta\omega_i}{2} - \zeta \right)^2 \tag{6.7}$$

各方法计算依据的模态阶次及得到的阻尼系数结果总结如表 6.1 所示。

表 6.1 依据不同方法确定的瑞利阻尼系数

计算方案	α	β	方法概述	选取阶次
模态法	—	—	取固定阻尼比 0.07	1~80 阶
方法 1	0.4053	0.0064	取结构前两阶自振频率	1 阶，2 阶
方法 2	0.4709	0.0008	取与结构相关的频率段	1 阶，80 阶
方法 3	0.9553	0.0010	最小二乘法	1~80 阶
方法 4	0.5286	0.0012	加权最小二乘法，权重系数：$1/W_i$	1~80 阶
方法 5	0.4064	0.0063	加权最小二乘法，权重系数：$\exp(-W_i)$	1~80 阶
方法 6	4.2364	0.0011	取振型参与总质量最多的两阶自振频率	13 阶，25 阶
方法 7	0.7878	0.0015	加权最小二乘法，权重系数：m_i/M	1~80 阶

6.1.3 各方法厂房地震动响应对比分析

为全面且有代表性地反映厂房地震动响应情况，在厂房整体模型中选取节点 8079(下游墙顶中部)、6636(发电机层楼板同下游墙连接处中部)、8255(发电机层楼板跨中某一点)、8088(风罩靠下游侧某一点)和 2889(座环靠下游侧某一点)共五处典型位置节点。各典型节点在不同计算方案下的相对峰值加速度(不考虑加速度的方向，取绝对值最大者)列于表 6.2，将模态法得到的各节点各方向的相对峰值加速度作为精确解，对方法 1~7 的结果进行归一化，并求得与模态法结果的相对偏差百分比，如图 6.3 所示。

表 6.2　各方法各典型节点相对峰值加速度　（单位：m/s²）

节点	方向	模态法	方法 1	方法 2	方法 3	方法 4	方法 5	方法 6	方法 7
2889	x 向	0.482	0.423	0.732	0.623	0.603	0.424	0.483	0.535
	y 向	1.368	1.239	1.835	1.680	1.675	1.245	1.437	1.617
	z 向	0.442	0.380	0.834	0.725	0.707	0.383	0.558	0.641
6636	x 向	2.947	2.193	5.407	4.665	4.642	2.208	3.133	4.108
	y 向	2.186	1.996	2.898	2.522	2.595	1.999	2.112	2.357
	z 向	1.360	0.852	2.333	2.031	1.929	0.860	1.559	1.706
8079	x 向	3.971	2.807	7.310	5.983	5.944	2.829	4.179	5.139
	y 向	4.163	3.457	4.971	4.902	4.913	3.475	3.892	4.831
	z 向	2.844	1.534	4.898	4.459	4.354	1.555	3.395	3.901
8088	x 向	1.919	1.541	3.349	2.999	2.989	1.551	2.212	2.707
	y 向	1.864	1.744	2.757	2.421	2.465	1.747	1.811	2.239
	z 向	1.167	0.792	1.703	1.556	1.534	0.800	1.233	1.422
8255	x 向	2.830	2.141	5.207	4.501	4.483	2.156	3.030	3.971
	y 向	2.168	1.967	2.955	2.557	2.622	1.971	2.077	2.370
	z 向	1.666	1.060	2.536	2.301	2.243	1.069	1.798	2.060

注：x 向为上、下游方向，y 向为垂直水流方向，z 向为竖直方向。

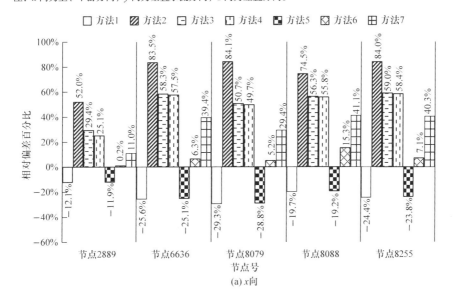

(a) x 向

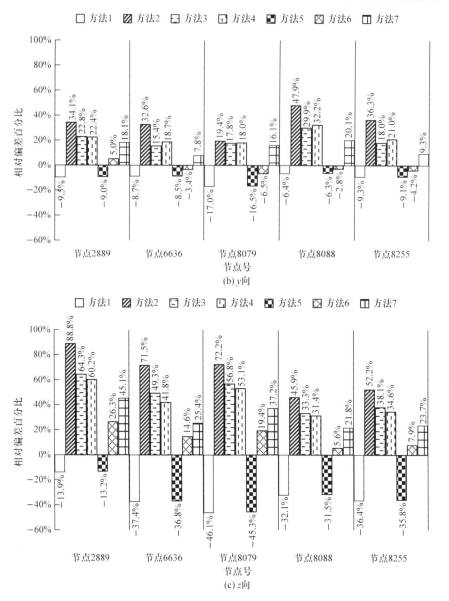

图 6.3　相对峰值加速度误差

由表 6.2 及图 6.3 可见,不同的阻尼系数确定方法对厂房地震动响应的计算结果有显著影响。

方法 1(即传统方法)确定阻尼系数计算各典型点在不同方向上的相对峰值加速度均小于精确解,这是由于此法保证厂房第 1、2 阶振型阻尼比等于 0.07,第 3～80 阶振型阻尼比均大于 0.07,且随着阶次的升高,阻尼升高趋势显著增大,导致结构阻尼水平偏高、结构地震动响应偏小。说明对于类似水电站厂房上、下部存在明显质量、刚度差异时，低阶振型不是(至少第 1、2 阶不是)结构动力反应的主要贡献者。低阶振型主要表现为上部结构振动，振型参与质量比重较小。因此用该方法计算结果进行水电站厂房抗震设计是偏于危险的。算例中，相对于 x、y 向，各典型点均为 z 向相对峰值加速度偏离精确解最远，下游墙顶中部位置节点 z 向相对峰值加速度偏离精确解最多，达到 46%。

方法 2 各点在不同方向上的相对峰值加速度最大，这是由于此法确保第 1 阶和第 80 阶振型阻尼比等于 0.07，第 2～79 阶振型阻尼比均小于 0.07，导致结构阻尼水平偏低、结构响应偏大。算例中，座环靠下游侧某一点 z 向相对峰值加速度偏离精确解最多，达到 89%，当高于精确解过多时将造成建设成本的增加，且不符合当前提倡的基于性能的抗震设计要求。

方法 3 是基于最小二乘法，算例中，各点在不同方向上的相对峰值加速度均大于精确解，偏保守，但整体偏离程度比方法 2 低。节点 2889(座环靠下游侧某一点)z 向相对峰值加速度偏离精确解最多，达到 64%。

方法 4 是基于加权最小二乘法，算例中，各点在不同方向上的相对峰值加速度均大于精确解，偏保守，略小于方法 3 下的计算结果，更接近于精确解，数值分布规律与方法 3 相似。相对峰值加速度偏离精确解最多的仍然为节点 2889(座环靠下游侧某一点)的 z 向，达到 60%。

方法 5 也是基于加权最小二乘法求解得到阻尼系数，算例中，该方法下所得各点在不同方向下的相对峰值加速度同在方法 1 下所得结果很接近并略大于方法 1，小于精确解，动力响应计算结果偏小。节点 8079(下游墙顶中部)z 向相对峰值加速度偏离精确解最多，达到 45%。

方法 6 依据振型参与质量确定对反应有显著贡献的阶次，将振型参与质量考虑为影响水电站厂房阻尼系数求解的最重要因素，算例中，取振型参与质量最大的两阶即第 13 阶与第 25 阶振型阻尼比为 0.07，第 1～12、26～80 阶振型阻尼比大于 0.07，第 14～24 阶振型阻尼比小于 0.07，计算所得各点在不同方向下的相对峰值加速度十分接近精确解，节点 2889(座环靠下游侧某一点)z 向相对峰值加速度偏离精确解最多，仅为 26.3%。大部分典型节点各向相对峰值加速度偏差在 10% 以内。

方法 7 也是基于加权最小二乘法求解得到阻尼系数，但与方法 4、方法 5 的不同在于采用了各阶振型参与质量为权重系数，即同方法 6 一样依据振型参与质量确定对反应有显著贡献的阶次，该方法虽然通过加权最小二乘法使得更多模态阶次的阻尼比更接近实际阻尼比，但是对反应有显著贡献的阶次的阻尼比的精度有可能被降低。通过比较，方法 7 下各点在不同方向上的相对峰值加速度较方法

2、方法 3、方法 4、方法 5 更为接近精确解，但没有方法 6 接近精确解。

　　方法 3、方法 4、方法 5 和方法 7 均是基于最小二乘法求解阻尼系数，所得各点在不同方向上的相对峰值加速度均较方法 1、方法 2 更接近精确解，由此可以看出，相较于方法 1、方法 2 来说，最小二乘法及加权最小二乘法确实可以起到改善阻尼系数求解准确度的作用。方法 4 与方法 5 同样基于加权最小二乘法，且同样以经典阻尼体系下通常低阶振型对结构动力响应贡献高为依据，计算结果却相差很多，方法 4 下得到的厂房响应大于精确解，而方法 5 下得到的厂房响应小于精确解，点 8079 在方法 4 下的相对峰值加速度达到了方法 5 下的 2.8 倍之多。方法 7 与方法 6 一样考虑振型参与质量为影响水电站厂房阻尼系数求解精度的重要因素，但基于加权最小二乘法的方法 7 却没能得到比方法 6 更贴近精确解的计算结果。通过以上的比较与分析发现了最小二乘法及加权最小二乘法不可回避的缺陷：一方面权重系数的确定对计算结果影响很大，也就是说，虽然最小二乘法可以全面考虑截断频率内所有阶振型阻尼比从而避免人为选择某两阶振型所造成的不确定性，却无法避免权重系数选取所造成的不确定性；另一方面，最小二乘法及加权最小二乘法本身在试算迭代的过程中以目标函数值最小为唯一控制标准，并不能保证把对响应有重要贡献的模态阶次放在重要的位置上来考虑，甚至可能严重降低有重要贡献的阶次的阻尼比精度。因此说最小二乘法及加权最小二乘法具有一定的不可控性，在实际工程应用中应该持谨慎的态度。

　　表 6.3 及图 6.4 给出了不同方法下各典型点各方向的相对峰值位移(不考虑位移方向，取绝对值最大者)及与模态法相比的偏差百分比。由表 6.3 与图 6.4 不难看出，不同方法下各点在不同方向上的相对峰值位移与前面的相对峰值加速度分析结论相似，仅有个别代表值表现为方法 1 或方法 5 下所得结果更接近精确值，这是由于在同样的地震动输入前提下，阻尼水平的改变将影响结构各部分相对位移在时程上的分布，进而通过累积效应影响峰值位移的大小。整体来看方法 6 下所得结果仍是最接近精确解的方法，且更稳定可靠。算例中，方法 1～方法 7 下各点在不同方向上的相对峰值位移偏离精确解最多依次为–28.39%、63.61%、41.59%、41.44%、–27.83%、30.37%、–28.67%。

表 6.3　不同方法下各节点相对峰值位移　　　　　　　　(单位：cm)

节点	方向	模态法	方法 1	方法 2	方法 3	方法 4	方法 5	方法 6	方法 7
	x 向	0.020	0.022	0.027	0.026	0.025	0.022	0.026	0.024
2889	y 向	0.121	0.112	0.138	0.137	0.136	0.113	0.133	0.134
	z 向	0.016	0.015	0.025	0.022	0.022	0.015	0.019	0.020

续表

节点	方向	模态法	方法 1	方法 2	方法 3	方法 4	方法 5	方法 6	方法 7
	x 向	0.134	0.120	0.214	0.187	0.187	0.120	0.173	0.170
6636	y 向	0.191	0.188	0.230	0.209	0.213	0.188	0.218	0.206
	z 向	0.033	0.026	0.054	0.046	0.045	0.026	0.037	0.040
	x 向	6.882	7.287	7.429	6.164	7.116	7.289	7.739	6.431
8079	y 向	0.527	0.502	0.597	0.583	0.580	0.503	0.541	0.573
	z 向	0.302	0.307	0.326	0.278	0.308	0.308	0.317	0.287
	x 向	0.093	0.082	0.143	0.129	0.128	0.082	0.118	0.117
8088	y 向	0.164	0.157	0.194	0.180	0.181	0.157	0.184	0.177
	z 向	0.028	0.021	0.043	0.038	0.038	0.021	0.032	0.034
	x 向	0.129	0.116	0.208	0.182	0.182	0.116	0.168	0.166
8255	y 向	0.186	0.183	0.228	0.205	0.212	0.183	0.212	0.201
	z 向	0.042	0.030	0.065	0.058	0.058	0.030	0.045	0.052

注：x 向为上、下游方向，y 向为垂直水流方向，z 向为竖直方向。

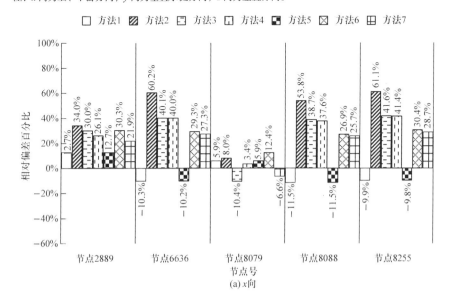

(a) x 向

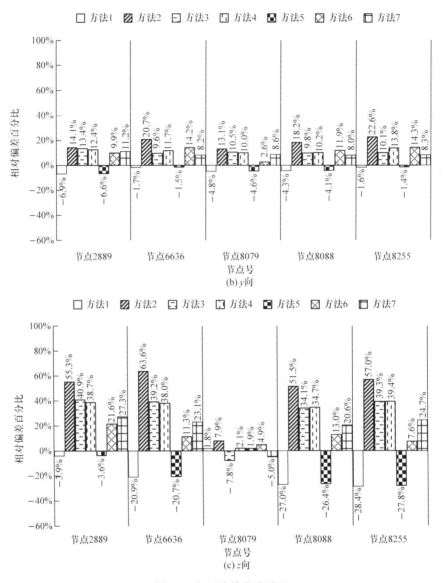

图 6.4　相对峰值位移误差

综合以上比较结果与分析结论发现：不同的瑞利阻尼系数确定方法会对水电站厂房及具有类似结构特点的建筑物的地震响应分析结果造成不可忽视的影响。传统方法(方法 1)造成除前两阶外其余所有阶阻尼比偏大，导致结构动力响应明显偏小。水电站厂房前两阶振型往往仅反映上部结构的振动情况，而不能反映整个厂房的耗能情况。依据感兴趣频段的方法(方法 2)由于中间多数阶次振型阻尼比均偏小导致响应明显偏大。最小二乘法及加权最小二乘法确实能提高阻尼输入准确性，但在追求目标函数整体最优的情况下，不能保证对响应有最重要贡献的阶次的阻尼比的精确性，甚至可能造成有最重要贡献的阶次的阻尼比反而相对误差较大，进而导致结构动力响应仍然难以满足工程精度要求。

上述算例验证了各阶模态振型参与质量与该阶对结构动力反应贡献度确实存在相关关系，可以依据振型参与质量确定对结构总体动力反应有显著贡献的模态阶次，以振型参与质量最大的两阶模态自振频率为参考确定瑞利阻尼系数。该方法贯彻了 Chopra[12] 提出的"选择具有特定阻尼比的振型 i 和振型 j 以保证对反应有显著贡献的所有振型阻尼比的值都合理"的关于确定瑞利阻尼系数的思想。该方法既可以避免参考模态阶次选取的不合适造成瑞利阻尼差异进而导致结构地震动反应失真，又较最小二乘法简单易行。数值试验表明依据该方法确定的瑞利阻尼系数构造的阻尼矩阵更贴近实际阻尼情况，厂房结构地震动响应更趋合理。

6.2　基于无限元边界的地震动输入方法研究

在应用有限元方法求解水工建筑物地震动响应问题时，由于水工建筑物通常体型和质量很大，研究者往往建立基础-结构整体有限元模型，以兼顾基础变形等因素对建筑物静、动力响应情况的影响。基础可以被看作是一个顶面自由的半无限域实体，考虑到实际中的可操作性及运算规模的限制，研究者往往仅将建筑物附近有限范围内的基础截取出来并离散为有限单元，这样便在人工截断的地方产生了夹在半无限域和有限域间的人工边界，这样的人工边界在现实中是不存在的。在大多数的静力工况下，通过截取有限尺寸基础的做法可以满足工程精度的要求，但在动力工况下，根据辐射阻尼效应理论，由建筑物反射回来的散射波本应从人工边界上穿透，但实际上，若不对人工边界进行处理，则散射波将又被人工边界反射并传至建筑物，拔高了此后的地震动能量输入水平，导致建筑物地震动响应被人为放大，并最终造成建筑物设计过于保守。已有的大量观测和分析成果表明，对同一水工建筑物进行相同条件下的地震动响应计算，不考虑辐射阻尼效应时的计算结果可比考虑时的计算结果普遍高 30%以上[8-11,35,36]，因此，辐射阻尼效应的影响不可忽略。

模拟辐射阻尼效应最为直观的方法是将建筑物基础的截取尺寸取到足够大，使得由人工边界反射回来的散射波在人们所关注的时间内不会传到建筑物里，该方法无须引入新的概念且易于理解，但大大提升了计算规模，占用巨量运算资源，且对散射波的控制能力有限，因此在实际中应用极少。目前，经验证其计算精度可以达到工程要求的辐射阻尼效应模拟方法主要包括黏性边界法、黏弹性边界法、无限元边界法和透射边界法等。

Lysmer 等[37]在 1969 年最早提出了黏性边界理论，后通过研究者的不断完善与发展最终形成了可以模拟辐射阻尼效应并易于实际应用的黏性边界法，其主要原理是通过在人工边界节点处增加阻尼器来消耗反射回来的散射波能量，以达到模拟能量向半无限远域辐射开去的效果。该理论未考虑介质的弹性恢复特性，导致模拟精度不高，且易出现低频失稳的问题。

循着黏性边界法的思路，Deeks 等[38]在 1994 年初步提出了黏弹性边界理论的雏形，后经过刘晶波等[39]、杜修力[40]、王振宇[41]等的深入研究、发展和完善，最终使该方法得以成功应用于复杂案例并取得令人满意的结果。该方法的原理可以解释为在黏性边界法的基础上，在与阻尼器相同的位置并联了弹簧单元，以模拟人工边界处的弹性恢复特性，提高了计算精度的同时，又解决了黏性边界法易在低频失稳的缺陷。

20 世纪 70 年代，Ungless[42]最早提出了无限元的大胆设想和理论基础，后经过学者的不断改进与完善[43]，由 Bettess 在 1992 年整理并出版了 *Infinite Elements*[44]这一针对无限元理论的专著，为无限元理论解决无限区域模拟问题提供了较为全面且坚实的理论基础及丰富的解决思路。无限元边界法的基本原理是通过建立有限元-无限元耦合模型，将对应于有限域的局部坐标系映射到无穷大的无限域整体坐标系中，实现计算范围趋于无限远，同时考虑位移在无限域内的衰减以实现在无限远处位移为零的边界条件。无限元边界法的计算精度高，对多类复杂波动问题适应性好[45]，因此在实际工程中有着广泛应用，但多集中在爆炸、冲击等内源震动领域，在结构抗震领域由于涉及外源波动的输入而应用很少。

廖振鹏等[46-48]在 20 世纪 70 年代首先提出了人工透射边界的设想，并在此基础上进行了将近半个世纪的完善与发展，形成了现今应用于模拟辐射阻尼效应的透射边界法。该方法建立的位移边界条件可以直接模拟散射波透射人工边界的过程，保证散射波在通过人工边界时完全透射，但其稳定性不容易保证，现有的稳定实现方法均依赖于经验性的取值[49]，这使得该法在实际复杂工程的应用中显得比较不易实现。

在当前的水工抗震研究领域里，黏弹性边界法由于其效果稳定可靠、相对易用且占用计算资源较少而被应用最多，但由于其静、动力不统一，造成实际应用过程十分繁复，加之弹簧-阻尼系统繁重的前处理工作，令不少研究者望而生畏。无限元边界法同时适用于静力分析与动力分析，实现了静、动力分析统一边界的模拟，大大简化了分析的过程，且由于其理论本身是对无限区域的直接模拟而对复杂散射波动的控制能力更优，大型通用有限元分析软件 Abaqus 本身提供的无限单元功能可以方便地建立无限元边界[50]，相对于黏弹性边界法省去了弹簧-阻尼系统的计算和布置等前处理工作。本节选择无限元边界法模拟水电站厂房在地震动作用下的辐射阻尼效应，着力解决无限元边界地震动输入的问题。

6.2.1 无限元动力边界原理

Abaqus 软件内置了对无限单元(图 6.5)的定义，文献[42]、文献[43]、文献[50]、文献[51]对其在静、动力条件下的作用原理及应用有详细介绍与讨论，本节重点讨论无限元动力边界模拟辐射阻尼效应的原理及实现方法。

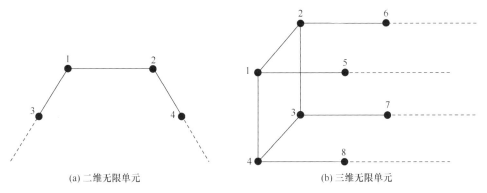

(a) 二维无限单元   (b) 三维无限单元

图 6.5 无限单元示意图

Abaqus 软件提供的无限元边界在充当动力边界时借鉴了 Lysmer 等[37]提出的黏性边界理论，与之不同的是在 Abaqus 中已自动将阻尼器嵌入自身并自动计算和分配阻尼参数，省去了人工计算和布置的过程，通过无限单元内嵌的分布阻尼器可以吸收来自有限区域内的散射波能量，来实现辐射阻尼效应的模拟。

以 P 波(压缩波)为例说明 Abaqus 软件中无限单元内嵌分布阻尼器吸收散射波能量的原理。

P 波在无限弹性介质中的运动方程可表达为

$$\frac{\partial^2 \overline{\varepsilon}}{\partial t^2} = \frac{\lambda + 2G}{\rho} \nabla^2 \overline{\varepsilon} = c_{\mathrm{p}}^2 \nabla^2 \overline{\varepsilon} \tag{6.8}$$

其中，$\overline{\varepsilon}$ 为体应变；c_{p} 为 P 波波速；λ 与 G 为弹性常数；ρ 为弹性介质质量密度。

现假设一沿 x 轴正向传播的 P 波自有限区域散射至人工边界，则通过求解式(6.8)可得边界节点如下形式的位移解：

$$\begin{cases} u_{x1} = f_1(x - c_{\mathrm{p}}t) \\ u_{y1} = 0 \\ u_{z1} = 0 \end{cases} \tag{6.9}$$

对应在边界节点处被反射回有限域的位移波为

$$\begin{cases} u_{x2} = f_2(x + c_p t) \\ u_{y2} = 0 \\ u_{z2} = 0 \end{cases} \tag{6.10}$$

则此时人工边界节点合位移为

$$u_x = f_1(x - c_p t) + f_2(x + c_p t) \tag{6.11}$$

合速度为

$$\dot{u}_x = -c_p(f_1' - f_2') \tag{6.12}$$

依据弹性力学原理有

$$\sigma_x = 2G\varepsilon_x + \lambda\bar{\varepsilon} \tag{6.13}$$

将 $\varepsilon_x = \bar{\varepsilon} = f_1' + f_2'$ 代入式(6.13)得

$$\sigma_x = (\lambda + 2G)(f_1' + f_2') \tag{6.14}$$

而边界节点阻尼力可表示为

$$\sigma_{\text{damp}} = -C_{\text{BN}}\dot{u}_x = C_{\text{BN}}c_p(f_1' - f_2') \tag{6.15}$$

其中，C_{BN} 即为对应 P 波的无限单元内嵌分布阻尼器的系数。

若要消除散射波的影响，则在人工边界处应有 $\sigma_x = \sigma_{\text{damp}}$，因此有

$$(\lambda + 2G)(f_1' + f_2') = C_{\text{BN}}c_p(f_1' - f_2') \tag{6.16}$$

整理式(6.16)得

$$(\lambda + 2G - C_{\text{BN}}c_p)f_1' + (\lambda + 2G + C_{\text{BN}}c_p)f_2' = 0 \tag{6.17}$$

为保证任何入射情况下均不产生反射波(即 $f_1' \neq 0$，$f_2' = 0$)，则必须有

$$C_{\text{BN}} = \frac{\lambda + 2G}{c_p} = \rho c_p \tag{6.18}$$

式(6.18)即为无限单元内嵌分布阻尼器内对应 P 波沿 x 方向的阻尼系数 C_{BN} 的表达式，同理，对应 S 波的无限单元内嵌分布阻尼器系数 C_{BT} 的表达式为

$$C_{\text{BT}} = \rho c_s \tag{6.19}$$

以上即为通过 Abaqus 无限单元实现散射波能量耗散的原理。

对照文献[52]中有关计算可发现，无限单元自定义的 C_{BN}、C_{BT} 在数值上与黏性边界及黏弹性边界的人工阻尼器系数相同，但以上的计算与赋值操作均由 Abaqus 软件自动完成，相对黏性边界及黏弹性边界节省了大量前处理工作。

6.2.2　无限元边界地震动输入方法

无限元边界法多应用于爆炸、冲击等研究领域，若要用于结构地震动响应分析，还需解决外部地震动输入的问题。如前面所述，Abaqus 软件提供的无限元动力边界借鉴了 Lysmer 等[37]提出的黏性边界理论，与之不同的是 Abaqus 是将阻尼器自动嵌入在无限单元内，因此无限元边界法下的自由场波动输入方式可参考黏性边界法或黏弹性边界法，即可将人工边界处的自由场运动转化为作用在人工边界节点上的等效节点力后施加。由于当前有关黏弹性边界法的应用与改进较多，成果较成熟且丰富，本节在部分黏弹性边界法研究成果[52-55]的基础上分析和整理可应用于无限元边界法的地震动输入方式。

图 6.6 反映了黏弹性边界法的基本原理和具体应用方式，在边界节点上并联布置外端固定的人工阻尼器-弹簧系统，一方面造成外传散射波在人工边界节点被完全吸收，另一方面导致在人工边界节点上施加的等效节点力需要克服阻尼器-弹簧系统造成的刚度项和阻尼项。

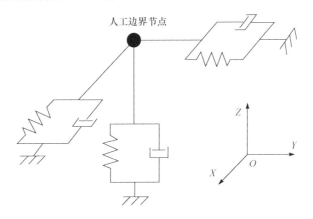

图 6.6　黏弹性边界示意图

将地震波动转化为作用在人工边界节点上的等效力公式如下：

$$F_b = \left(K_b u_b^{ff} + C_b \dot{u}_b^{ff} + \sigma_b^{ff} n \right) A_b \tag{6.20}$$

其中，$u_b^{ff} = \begin{bmatrix} u & v & w \end{bmatrix}^T$ 为自由场位移向量；$\dot{u}_b^{ff} = \begin{bmatrix} \dot{u} & \dot{v} & \dot{w} \end{bmatrix}^T$ 为自由场速度向量；K_b 为构成黏弹性边界的弹簧刚度；C_b 为黏性边界处阻尼系数；σ_b^{ff} 为自由场应力张量；A_b 为边界节点影响面积；n 为边界面外法线方向的余弦向量。

当令弹簧刚度为 0，即式(6.20)去掉刚度项后即可，可应用于 Abaqus 动力无限元边界地震动输入的节点等效力表达式，C_b 在不同边界面上的表达形式不同，当边界面法线方向与 x 轴平行时为 $\begin{bmatrix} C_{BN} & & \\ & C_{BT} & \\ & & C_{BT} \end{bmatrix}$，与 y 轴平行时为

$\begin{bmatrix} C_{BT} & & \\ & C_{BN} & \\ & & C_{BT} \end{bmatrix}$，与 z 轴平行时为 $\begin{bmatrix} C_{BT} & & \\ & C_{BT} & \\ & & C_{BN} \end{bmatrix}$，其中，$C_{BN}$、$C_{BT}$ 的意义

及求解方式在前面已经给出。

根据文献[55]，由于地壳介质的密度通常由深及表依次减小，地震波经过反射、折射后在到达接近地表的位置时其传播方向已经近似垂直水平地表，所以可以假设地震波是从底边界垂直入射，此时可在整个自由场速度向量的基础上依据一维波动理论求得各人工边界节点处的等效波动荷载，不同边界面上等效节点力的计算表达式不同。

(1) 对于底面，有

$$
\left\{
\begin{aligned}
F_{bx}^{-z} &= A_b \left\{ C_{BT} \left[\dot{u}_0(t) + \dot{u}_0 \left(t - \frac{2H}{c_s} \right) \right] + \rho c_s \left[\dot{u}_0(t) - \dot{u}_0 \left(t - \frac{2H}{c_s} \right) \right] \right\} \\
F_{by}^{-z} &= A_b \left\{ C_{BT} \left[\dot{v}_0(t) + \dot{v}_0 \left(t - \frac{2H}{c_s} \right) \right] + \rho c_s \left[\dot{v}_0(t) - \dot{v}_0 \left(t - \frac{2H}{c_s} \right) \right] \right\} \\
F_{bz}^{-z} &= A_b \left\{ C_{BN} \left[\dot{w}_0(t) + \dot{w}_0 \left(t - \frac{2H}{c_p} \right) \right] + \rho c_p \left[\dot{w}_0(t) - \dot{w}_0 \left(t - \frac{2H}{c_p} \right) \right] \right\}
\end{aligned}
\right. \tag{6.21}
$$

其中，等效节点力上标代表节点所在人工边界面的外法线方向，规定与坐标轴正方向一致为正，相反为负；下标表示等效节点力分量的方向；H 为底边界到地表的距离。

(2) 对于 x 负向侧面，有

$$
\left\{
\begin{aligned}
F_{bx}^{-x} &= A_b \left\{ C_{BN} \left[\dot{u}_0 \left(t - \frac{h}{c_s} \right) + \dot{u}_0 \left(t - \frac{2H-h}{c_s} \right) \right] + \frac{\lambda}{c_p} \left[\dot{w}_0 \left(t - \frac{h}{c_p} \right) - \dot{w}_0 \left(t - \frac{2H-h}{c_p} \right) \right] \right\} \\
F_{by}^{-x} &= A_b \left\{ C_{BT} \left[\dot{v}_0 \left(t - \frac{h}{c_s} \right) + \dot{v}_0 \left(t - \frac{2H-h}{c_s} \right) \right] \right\} \\
F_{bz}^{-x} &= A_b \left\{ C_{BT} \left[\dot{w}_0 \left(t - \frac{h}{c_p} \right) + \dot{w}_0 \left(t - \frac{2H-h}{c_p} \right) \right] + \rho c_s \left[\dot{u}_0 \left(t - \frac{h}{c_s} \right) - \dot{u}_0 \left(t - \frac{2H-h}{c_s} \right) \right] \right\}
\end{aligned}
\right.
$$

$$\tag{6.22}$$

其中，h 为人工边界节点到底边界的距离。

(3) 对于 x 正向侧面, 有

$$
\begin{cases}
F_{bx}^{+x} = A_b \left\{ C_{\mathrm{BN}} \left[\dot{u}_0(t - \dfrac{h}{c_s}) + \dot{u}_0(t - \dfrac{2H-h}{c_s}) \right] - \dfrac{\lambda}{c_p} \left[\dot{w}_0(t - \dfrac{h}{c_p}) - \dot{w}_0(t - \dfrac{2H-h}{c_p}) \right] \right\} \\
F_{by}^{+x} = A_b \left\{ C_{\mathrm{BT}} \left[\dot{v}_0(t - \dfrac{h}{c_s}) + \dot{v}_0(t - \dfrac{2H-h}{c_s}) \right] \right\} \\
F_{bz}^{+x} = A_b \left\{ C_{\mathrm{BT}} \left[\dot{w}_0(t - \dfrac{h}{c_p}) + \dot{w}_0(t - \dfrac{2H-h}{c_p}) \right] - \rho c_s \left[\dot{u}_0(t - \dfrac{h}{c_s}) - \dot{u}_0(t - \dfrac{2H-h}{c_s}) \right] \right\}
\end{cases}
$$
(6.23)

(4) 对于 y 负向侧面, 有

$$
\begin{cases}
F_{bx}^{-y} = A_b \left\{ C_{\mathrm{BT}} \left[\dot{u}_0(t - \dfrac{h}{c_s}) + \dot{u}_0(t - \dfrac{2H-h}{c_s}) \right] \right\} \\
F_{by}^{-y} = A_b \left\{ C_{\mathrm{BN}} \left[\dot{v}_0(t - \dfrac{h}{c_s}) + \dot{v}_0(t - \dfrac{2H-h}{c_s}) \right] + \dfrac{\lambda}{c_p} \left[\dot{w}_0(t - \dfrac{h}{c_p}) - \dot{w}_0(t - \dfrac{2H-h}{c_p}) \right] \right\} \\
F_{bz}^{-y} = A_b \left\{ C_{\mathrm{BT}} \left[\dot{w}_0(t - \dfrac{h}{c_p}) + \dot{w}_0(t - \dfrac{2H-h}{c_p}) \right] + \rho c_s \left[\dot{v}_0(t - \dfrac{h}{c_s}) - \dot{v}_0(t - \dfrac{2H-h}{c_s}) \right] \right\}
\end{cases}
$$
(6.24)

(5) 对于 y 正向侧面, 有

$$
\begin{cases}
F_{bx}^{+y} = A_b \left\{ C_{\mathrm{BT}} \left[\dot{u}_0(t - \dfrac{h}{c_s}) + \dot{u}_0(t - \dfrac{2H-h}{c_s}) \right] \right\} \\
F_{by}^{+y} = A_b \left\{ C_{\mathrm{BN}} \left[\dot{v}_0(t - \dfrac{h}{c_s}) + \dot{v}_0(t - \dfrac{2H-h}{c_s}) \right] - \dfrac{\lambda}{c_p} \left[\dot{w}_0(t - \dfrac{h}{c_p}) - \dot{w}_0(t - \dfrac{2H-h}{c_p}) \right] \right\} \\
F_{bz}^{+y} = A_b \left\{ C_{\mathrm{BT}} \left[\dot{w}_0(t - \dfrac{h}{c_p}) + \dot{w}_0(t - \dfrac{2H-h}{c_p}) \right] - \rho c_s \left[\dot{v}_0(t - \dfrac{h}{c_s}) - \dot{v}_0(t - \dfrac{2H-h}{c_s}) \right] \right\}
\end{cases}
$$
(6.25)

在实际的工程应用中, 已知地震动加速度时程, 可利用 MATLAB 等软件通过数值积分求得相应的地震动速度时程; 节点影响面积可通过 ANSYS 软件的 ARNODE 函数直接提取, 也可通过 Abaqus 软件输出反力的方式间接提取; 依据式(6.21)~式(6.25), 通过 Excel、MATLAB、Fortran、Python 等软件将速度时程和节点影响面积代入即可求得所有人工边界节点在每一时刻下的节点等效力。对于水工建筑物这类体型特别巨大且复杂的结构，通过 CAE 施加等效节点力的前处理工作显得极其繁重，且需要十分的耐心，何建涛[55]在黏弹性边界的实际应用中，将等效节点力以.inp 文件的编写规则加以处理作为荷载文件存储在工作文件夹下，并通过关键词*include 读入经过处理的荷载文件，实现人工边界等效节点力的施加，这样在大大减少前处理工作量的同时又保证了荷载的准确施加。在借鉴何建涛处理思路的基础上对 Abaqus 软件进行了二次开发，基于 Python 语言编写了等效节点力计算与施加为一体的脚本文件，完成了等效节点力的"一键"施加，使得前处理工作更加方便，脚本程序主要节点流程见图 6.7。

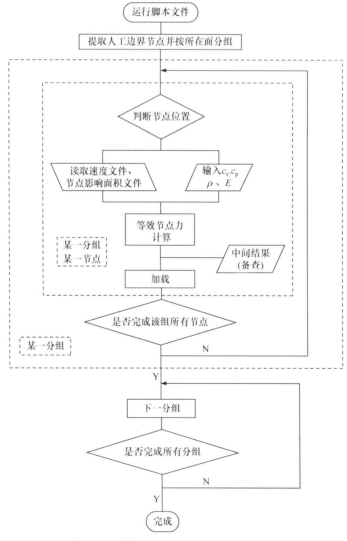

图 6.7　无限元边界地震动输入程序流程图

6.2.3　算例验证

为验证所讨论的无限元边界法(包括无限元边界的建立与自由场波动的输入)是否正确及精度如何，现通过一算例进行验证。

建立如图 6.8(a)所示的长方体有限元模型，长方体高 50m，顶、底面为 6m×6m 的正方形，网格尺寸 1m×1m×1m。假设该长方体取自顶面自由的半无限空间，底面及四周为人工截取边界，在人工边界处将有限元部分与无限元耦合，生成有限元-无限元耦合模型，如图 6.8(b)所示。

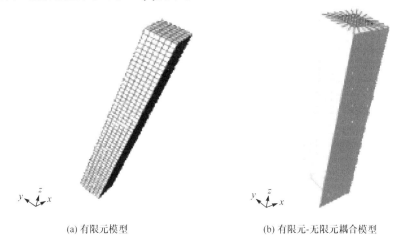

(a) 有限元模型　　　　　　　　　　　　(b) 有限元-无限元耦合模型

图 6.8　算例模型

定义材料密度为 1000kg/m³，弹性模量为 24MPa，剪切模量为 10MPa，泊松比为 0.2。无限介质中 S 波(剪切波)与 P 波(压缩波)的传播速度仅与介质的弹性性质有关：

$$c_{s} = \sqrt{\frac{G}{\rho}} = \sqrt{\frac{1}{2(1+\upsilon)}\frac{E}{\rho}} \tag{6.26}$$

$$c_{p} = \sqrt{\frac{1-\upsilon}{(1+\upsilon)(1-2\upsilon)}\frac{E}{\rho}} \tag{6.27}$$

其中，c_{s}、c_{p} 分别为无限介质中的 S 波、P 波波速；ρ、G、E、υ 分别为材料的质量密度、剪切模量、弹性模量和泊松比。

由式(6.26)和式(6.27)易求得本算例中 c_{s} =100m/s，c_{p} =163.30m/s。

假设分别有沿 x 向、y 向的单位脉冲剪切位移波[式(6.28)]和沿 z 向的单位脉冲压缩位移波[式(6.28)]从人工底边界垂直向上入射，计算总时长取 2.0s(S 波与 P 波波形如图 6.9 所示)。

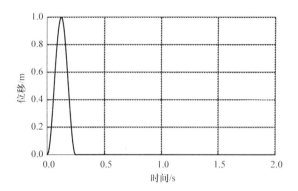

图 6.9　入射位移波波形图

$$u(t) = \frac{1}{2}\left[1 - \cos(8\pi t)\right], \quad 0 \leqslant t \leqslant 0.25 \tag{6.28}$$

　　根据一维波动理论可求得截取自半无限域中的长方体底部、中部和顶部三个横截面处的位移响应理论解，如图 6.10 所示。

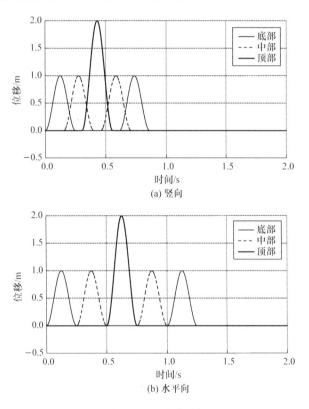

图 6.10　理论位移解

单位脉冲压缩位移波从 $t=0\text{s}$ 时刻开始穿过模型底部横截面，并在 $t=0.25\text{s}$ (单位脉冲波时长)时刻完全通过；在 $t=0.153\text{s}$ 时刻首次到达并开始穿过中部横截面，在 $t=0.403\text{s}$ 时刻完全通过；在 $t=0.306\text{s}$ 时刻开始到达顶部横截面，由于顶部横截面为自由表面，故位移波会在此处叠加而放大为两倍同时经反射后向下传播；在 $t=0.459\text{s}$ 时刻第二次到达并穿过中部横截面，并在 $t=0.709\text{s}$ 时刻完全通过；在 $t=0.612\text{s}$ 时刻到达底部横截面并穿过人工边界传向无限远处，在 $t=0.862\text{s}$ 时刻位移波完全通过；此后至计算时长结束，各位置横截面静止，不再产生竖向位移响应。同理可得单位脉冲剪切位移波的传播过程。

可通过对入射位移波求导得到入射速度波并存为速度文件，通过提取反力的方式提取节点影响面积并存为面积文件，运行已编好的 Python 脚本文件，依据提示输入对应参数完成入射波的输入，最后采用 H.H.T 时间积分法计算该模型位移响应，计算结果如图 6.11 所示。

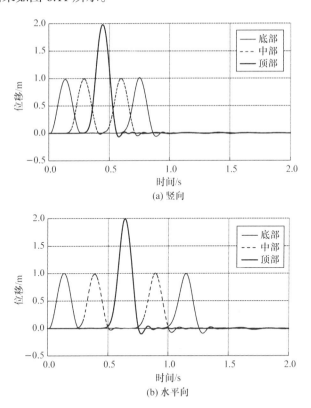

图 6.11　耦合模型位移解

通过以上比较可以看出，所确定的无限元边界法(包括无限元边界的建立与自由场波动的输入)可以较好地模拟自由场波动入射情况下的辐射阻尼效应，使散射波"穿过"人工边界向无限远处辐射开去。

6.3 基于混凝土损伤塑性的厂房地震响应分析

6.3.1 混凝土损伤塑性本构

水电站厂房主体是由混凝土浇筑而成，因此混凝土材料的力学性能成为决定厂房静、动力响应情况的一个特别重要的方面，在厂房结构的响应计算中，对混凝土材料力学特性的定义与描述也成为决定厂房结构静、动力响应计算结果可靠与否的一个极其重要的因素。混凝土是一种由胶凝材料将骨料胶结而成的复合材料，水灰比、浇筑温度、养护条件等均可对其最终的力学特性造成显著影响，其本构模型的建立十分复杂，当前似乎并没有某一种本构可以同时精确描述其所有的力学特性并被人们普遍接受。基于此种研究现状，可以说有关混凝土本构关系的研究成果一方面既是所有混凝土结构静、动力分析研究的基础，另一方面又成为制约相关研究更精细化开展的因素之一。

在大量实验数据分析及相对合理假设的基础上，人们提出了混凝土弹塑性本构模型，它可以在特定前提下保证所关注对象计算结果的可靠性，因此得到了广泛的承认与应用。混凝土材料本身存在近似均匀分布的微孔洞、微裂缝等细观缺陷，在外荷载作用下微裂缝进一步扩展、累积，并合同新产生的微裂缝使微孔洞互相连通，导致宏观上出现塑性变形及刚度退化。混凝土弹塑性本构理论并不能准确表征这样的材料演化过程，基于此，人们结合连续损伤力学理论提出了混凝土损伤塑性本构模型。

损伤是指结构在外载及外环境的作用下，其细观层面上微缺陷的产生、发展及因此而造成的材料或结构劣化的过程[56]。损伤力学理论是人们用来研究结构损伤的一个专门的学科方向，利用该理论，研究者既可以实现对混凝土材料初始损伤的考虑，又可以表达材料在受力过程中因损伤扩展和累积而导致的刚度退化。Abaqus 大型通用有限元软件作为当前最受欢迎的一款非线性有限元分析软件之一，其本身所提供的混凝土损伤塑性模型(concrete damaged plasticity model，CDP模型)可以较好地反映混凝土在复杂加载条件下的损伤发展、材料刚度退化和塑性形变及破坏等力学特性，被广泛应用于多类混凝土结构的静、动力分析。CDP 模型以 Lubliner 等[57]所建议的屈服函数为主要理论依据建立了混凝土材料的屈服条件，并在此基础上汲取 Lee 等[58]关于区分拉、压不同强度演化规律的研究成果，结合连续损伤力学理论和不可逆热力学理论，采用各向同性弹性损伤及各向同性拉伸与压缩塑性理论来表征混凝土的非弹性行为，该模型可以较好地模拟低静水压力条件下混凝土承受单调、循环及动力荷载时的力学行为[59]。郑晓东[60]在其博士论文中结合试验的结果对 Abaqus 损伤塑性本构模型给予了验证，证明了其模拟的准确性及在实际应用中的有效性。

在这里需要说明的是，除 CDP 模型外，Abaqus 软件同时提供另一类描述混凝土材料非线性力学特性的本构关系模型——弥散裂缝模型(concrete smeared cracking model)，它可以表征混凝土材料开裂及开裂后的各向异性等力学特性，可以描述混凝土材料承受单调荷载时的拉伸裂纹或者压碎行为，但不能用于描述往复荷载作用下混凝土的力学特性，因此，当混凝土结构承受地震动等往复荷载时应采用 CDP 模型。

1. CDP 模型单轴压、拉应力–应变关系

CDP 模型假定混凝土的破坏主要是由于材料的压缩破碎与拉伸开裂导致，且材料在受压与受拉时的强度演化规律及屈服强度均不相同，分别采用压缩损伤因子与拉伸损伤因子描述混凝土材料在受压、受拉两种荷载条件下的刚度退化情况，规定混凝土完好时损伤因子为 0，完全破坏时为 1。

图 6.12 为 CDP 模型的单轴压、拉应力-应变曲线，该曲线准确地把握住了混凝土承受单轴压、拉作用时的主要变形特点：图 6.12(a)中，混凝土材料单轴受压，在达到屈服强度 σ_{co} 前为线弹性，屈服后进入硬化阶段并开始出现塑性变形及损伤，当达到极限强度 σ_{cu} 后材料开始软化并至最终完全破坏；图 6.12(b)中，混凝土材料单轴受拉，在达到屈服强度 σ_{t0} 前是线弹性阶段，之后开始产生塑性变形及损伤并进入软化阶段迅速破坏。

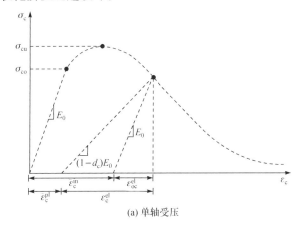

(a) 单轴受压

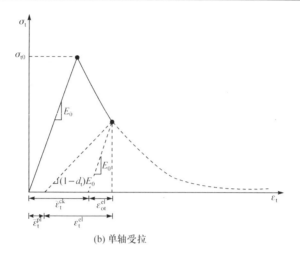

(b) 单轴受拉

图 6.12 混凝土损伤塑性模型应力-应变关系

ε_{oc}^{el}，ε_{c}^{el} 分别为混凝土无损伤受压弹性应变和考虑损伤受压弹性应变；$\tilde{\varepsilon}_{c}^{pl}$，$\tilde{\varepsilon}_{c}^{in}$ 分别为混凝土受压塑性应变和受压非弹性应变；ε_{ot}^{el}，ε_{t}^{el} 分别为混凝土无损伤受拉弹性应变和考虑损伤受拉弹性应变；$\tilde{\varepsilon}_{t}^{pl}$，$\tilde{\varepsilon}_{t}^{ck}$ 分别为混凝土的受拉塑性应变和受拉非弹性应变

图 6.12 的应力–应变关系可分别表示为

$$\sigma_c = (1-d_c)E_0(\varepsilon_c - \tilde{\varepsilon}_c^{pl}) \tag{6.29a}$$

$$\sigma_t = (1-d_t)E_0(\varepsilon_t - \tilde{\varepsilon}_t^{pl}) \tag{6.29b}$$

2. CDP 模型单轴往复荷载应力-应变关系

大量试验结果表明，混凝土在承受单轴往复荷载作用的过程中，当荷载方向发生变化后材料的弹性刚度将得到部分恢复，CDP 模型假定材料损伤后的弹性模量可表示为

$$E = (1-d)E_0 \tag{6.30}$$

其中，d 表示压、拉损伤因子。

为了表征混凝土材料在压拉转换时的刚度恢复，引入应力状态函数 s_c、s_t：

$$1-d = (1-s_t d_c)(1-s_c d_t) \quad (0 \leqslant s_t, s_c \leqslant 1) \tag{6.31}$$

$$s_t = 1 - \omega_t r^*(\bar{\sigma}_{11}) \quad (0 \leqslant \omega_t \leqslant 1) \tag{6.32}$$

$$s_c = 1 - \omega_c[1 - r^*(\bar{\sigma}_{11})] \quad (0 \leqslant \omega_c \leqslant 1) \tag{6.33}$$

其中，ω_t、ω_c 为权重因子，用于控制压、拉荷载转换时的刚度恢复；$\bar{\sigma}_{11}$ 表示单轴压、拉有效应力，当 $\bar{\sigma}_{11} < 0$ 时表示有效拉应力，$\bar{\sigma}_{11} > 0$ 时表示有效压应力；规

定 $r^*(\bar{\sigma}_{11}) = \begin{cases} 1, & \bar{\sigma}_{11} > 0 \\ 0, & \bar{\sigma}_{11} < 0 \end{cases}$ 。

下面通过介绍权重因子 ω_c 与 ω_t 的意义及取值来说明在 CDP 模型中压、拉荷载转换时弹性刚度恢复原理，以由受拉变为受压为例，如图 6.13 所示。

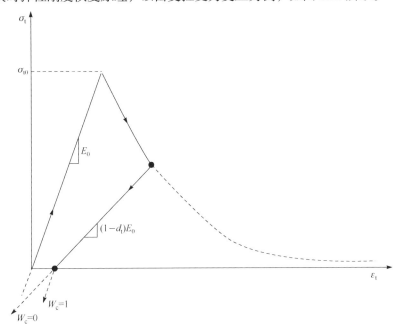

图 6.13　权重因子 ω_c 的意义

假设混凝土材料在之前的受压过程中未产生损伤(即 $d_c = 0$)，则由式(6.31)～式(6.33)得

$$1 - d = 1 - s_c d_t = 1 - \left[1 - \omega_c (1 - r^*(\bar{\sigma}_{11}))\right] d_t \tag{6.34}$$

由式(6.34)讨论损伤因子 d 的大小如下。

(1) 承受拉力($\bar{\sigma}_{11} > 0$)的过程中有：$d = d_t = 0$。

(2) 由受拉变为受压后($\bar{\sigma}_{11} < 0$)，有 $d = (1 - \omega_c)d_t$：若 $\omega_c = 1$，则得 $d = 0$，即材料压缩刚度得以完全恢复；若 $\omega_c = 0$，则得 $d = d_t$，即材料压缩刚度不恢复；若 $0 < \omega_c < 1$，则材料压缩刚度得到部分恢复。

同理得到对材料由受压变为受拉时的规定：若 $\omega_t = 1$，材料拉伸刚度得以完全恢复；若 $\omega_t = 0$，材料拉伸刚度不恢复；若 $0 < \omega_t < 1$，则材料拉伸刚度得到部分恢复。

Abaqus 软件规定混凝土材料由受拉转换到受压时压缩刚度完全恢复,由受压转换到受拉时拉伸刚度不恢复,即 $\omega_t = 0$, $\omega_c = 1$。图 6.14 为 Abaqus 软件自带 CDP 模型在往复荷载作用下的应力-应变曲线,其受压侧与受拉侧曲线形状分别与单轴压、拉曲线相同。

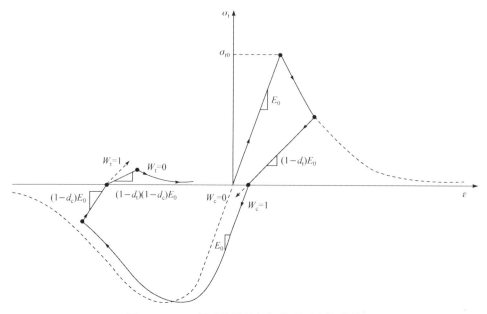

图 6.14　CDP 模型单轴往复加载(拉-压-拉)曲线

混凝土受拉、受压应力-应变曲线示意图绘于同一坐标系中,但取不同比例,符号取受拉为正、受压为负。

单轴拉压循环时塑性应变演化方程可表示为

$$\dot{\bar{\varepsilon}}_t^{pl} = r^*(\bar{\sigma}_{11})\dot{\varepsilon}_{11}^{pl} \tag{6.35}$$

$$\dot{\bar{\varepsilon}}_c^{pl} = \left[1 - r^*(\bar{\sigma}_{11})\right](-\dot{\varepsilon}_{11}^{pl}) \tag{6.36}$$

3. 损伤因子计算方法

CDP 模型建立所需要的大多数参数可从 Abaqus 帮助文档中查询到具体意义及选用方法或取值范围,唯独没有明确给出关于损伤因子的确定方法,因此求得合适的损伤因子成为建立 CDP 模型的关键,诸多文献对此进行了细致的讨论与验证[61,62],结合现行混凝土结构设计规范[63],这里选用能量等价法求解混凝土拉、压损伤因子。

如前面所述,CDP 模型以连续损伤力学理论为基础,同时依据不可逆热力学理论来描述混凝土损伤的演化过程,在该理论体系下,存在于连续介质中的细观缺陷可被看作是连续的“损伤场”变量,且由损伤所造成的能量耗散过程不可逆,此时, 可认为"损伤场"变量是一种内变量, 并可以用它描述混凝土损伤的发展与演变。依据 Najar 的混凝土损伤理论[64-66], 损伤因子可以依据材料无损伤本构同损伤本构间应变能的数量关系定义为

$$d = \frac{W_0^e - W_d^e}{W_0^e} \tag{6.37}$$

其中, W_0^e、W_d^e 分别为材料在无损伤本构下的应变能和损伤本构下的应变能。

W_0^e 按式(6.38)进行计算:

$$W_0^e = \frac{E_0 \varepsilon^2}{2} \tag{6.38}$$

W_d^e 的大小在数值上等于图 6.15 中阴影部分的面积并可按式(6.39)进行计算:

$$W_d^e = \int f(\varepsilon) \mathrm{d}\varepsilon \tag{6.39}$$

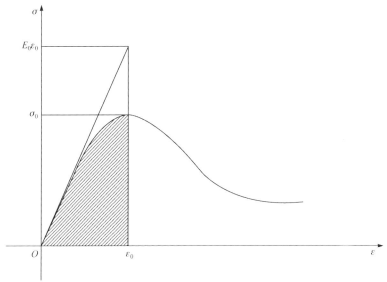

图 6.15　Najar 线性损伤塑性模型

6.3.2　动力计算模型与地震动时程

选择中间标准机组段建立水电站厂房有限元-无限元耦合模型如图 6.16 所示, 基岩范围为向下及向四周各延伸 70.0m(约等于 1 倍厂房高度), 建立水电站厂房有限域模型, 以无限元边界模拟有限域外的半无限区域。厂房混凝土及有限域内基岩离散为 C3D8 实体单元, 发电机层楼板、副厂房楼板、钢蜗壳、风罩、尾水管

和机井里衬以 S4 壳单元模拟，钢网架和钢筋以 T3D2 桁架单元模拟，梁、柱以 B33 梁单元模拟，无限域内基岩离散为 CIN3D8 无限单元。

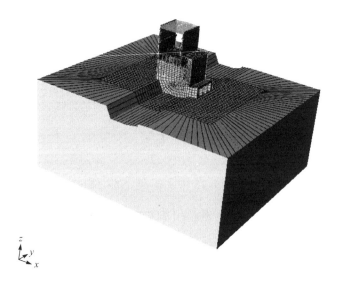

图 6.16　水电站厂房有限元-无限元耦合动力计算模型

另建立一无质量地基模型，以比较辐射阻尼效应对设计地震动水平下的水电站厂房响应的影响。

以往的震害调查结果均表明，水电站厂房上部结构在地震过程中响应剧烈，容易发生损伤或破坏，而下部大体积混凝土通常震损较轻，不易发生破坏，本节重点关注水电站厂房上部结构在设计地震动水平下的响应情况，因此将远离厂房上部结构的基岩以线弹性材料简化考虑，为厂房主体混凝土(简化考虑为通体采用 C25 混凝土)赋予相应的损伤塑性(CDP)本构关系。混凝土及基岩材料部分主要力学参数见表 6.4。

表 6.4　材料参数表

材料	质量密度/(kg/m³)	弹性模量/GPa	泊松比
C25 混凝土	2500	28	0.17
基岩	2700	35	0.20
钢构件	7850	200	0.28

依据 GB 50010—2010《混凝土结构设计规范(2015 年版)》[55]确定 C25 混凝土弹塑性本构关系，混凝土动态强度值取为其相应的静态强度标准值(f_{ck} =16.7MPa，

f_{tk} =1.78MPa)，根据 6.3.1 小节中有关内容求解混凝土拉、压损伤因子，建立 C25
混凝土损伤塑性本构关系，其拉、压本构及损伤曲线见图 6.17。

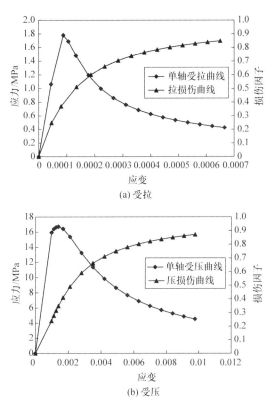

(a) 受拉

(b) 受压

图 6.17　混凝土单轴拉、压及损伤曲线

混凝土材料瑞利阻尼系数通过结构振型参与质量最大的两阶自振频率求解，
取为 $\alpha_0 = 4.2364$，$\alpha_1 = 0.0011$。

工程所在场地类型、设防烈度及地震动加速度时程等参数的确定与 6.1 节相
同。提取所有人工边界节点的节点影响面积，依据基岩力学参数计算工程实例中
的 P 波、S 波波速，对已知地震动加速度时程进行数值积分求得对应的速度时程
如图 6.18 所示，最后运行已经编辑好的 Python 脚本文件，输入要求的各类材料
参数，完成人工边界等效节点力的求解与施加，至此，有限元-无限元耦合模型的
地震动输入便完成了。

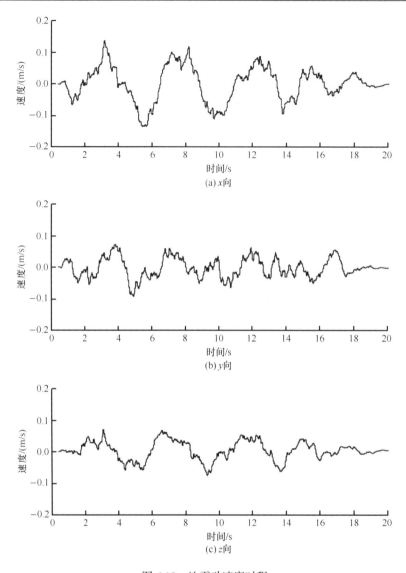

图 6.18　地震动速度时程

6.3.3　厂房地震动响应特性及规律

施加重力形成初始应力状态后在人工边界节点上施加等效节点力，采用H.H.T 法进行动力时程分析。

1. 应力响应

不考虑辐射阻尼效应时厂房主体混凝土结构最大主拉应力达到了 11.7MPa，发生在上游墙靠近顶部的位置，最大主压应力为 25.9MPa，发生在上游墙靠近牛腿顶部的位置;考虑辐射阻尼效应时厂房主体混凝土结构最大主拉应力为 3.4MPa,较不考虑辐射阻尼效应时降低 70.9%,发生在发电机层楼板与上游墙的连接处,最大主压应力为 14.6MPa,较不考虑辐射阻尼效应时降低 77.4%,发生在上游墙与屋顶钢网架连接处。

　　无质量地基模型的主应力最值与有限元-无限元耦合模型的主应力最值发生的部位不同,且最值出现的位置均有应力向周围迅速衰减的情况,因此不排除因几何轮廓突变或有限元网格划分局部不规则等原因造成的与实际不符的应力集中情况,从厂房整体应力水平及分布情况不难看出,考虑辐射阻尼效应可大大削弱厂房主体混凝土结构应力响应水平。

　　上、下游墙的牛腿起着支撑吊车等设备的重要作用,其在地震中的损坏与否直接关系到水电站震后抢修的难易,因此人们往往重视该处的应力响应情况,希望得到最准确的结果。以牛腿为例,比较辐射阻尼效应对水电站厂房应力响应时程的影响,选取下游墙牛腿顶部中心一点,提取其主拉应力与主压应力时程(图 6.19),比较不同模型下该点的应力响应情况:不考虑辐射阻尼效应时该点最大主拉应力为 2.27MPa,发生在 11.31s,最大主压应力为 8.74MPa,发生在 15.46s;考虑辐射阻尼效应时最大主拉应力为 0.81MPa,发生在 7.40s,较不考虑辐射阻尼效应时降低 64.3%,最大主压应力为 4.80MPa,发生在 7.33s,较不考虑辐射阻尼效应时降低 45.1%。由此可以看出,对于复杂实际工程而言,辐射阻尼效应不仅显著影响应力峰值的大小,同时影响应力沿时间长度上的分布。

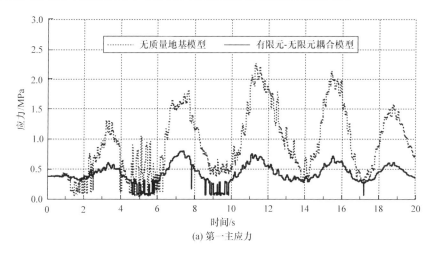

(a) 第一主应力

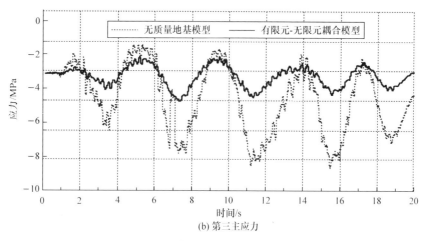

(b) 第三主应力

图 6.19　下游墙牛腿顶部主应力时程图

2. 位移响应

从考虑了辐射阻尼效应的结果文件中提取并整理得到厂房混凝土主体结构的位移包络图如图 6.20 所示，发现厂房上部结构的位移峰值更大，同时下部结构的位移峰值分布更小且更为均匀，这是由于鞭梢效应使然。所谓鞭梢效应，是指当结构中存在质量、刚度差异明显的两部分时，其质量、刚度较小的部分在动力荷载作用下的响应将被放大的现象，水电站厂房上部结构与下部结构质量、刚度差异明显，在地震动作用下极易在顺水流方向产生鞭梢效应。

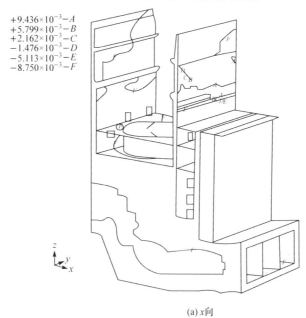

(a) x 向

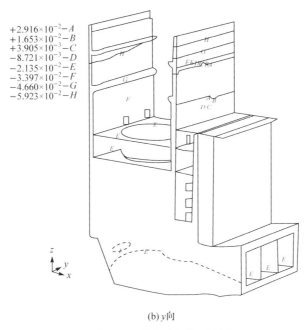

(b) y 向

图 6.20 水电站厂房位移包络图(单位: m)

由图 6.20(a)不难发现，相较于下游墙，上游墙各处的 x 向位移峰值(取位移峰值的绝对值)更大且均向上游倾斜，自下向上表现为中间部分大、底部和顶端较小的规律，这是由于上游墙在底端被下部大体积混凝土结构固定、顶端被下游墙通过屋顶钢网架约束；下游墙各处的 x 向位移峰值(取位移峰值的绝对值)相对较小，底部与顶部倾向上游，中部向下游突出，这是由于下游墙除了底部、顶部受到的约束外，还有受到的与其下游侧连接副厂房的约束，因此约束相对较多且更复杂，导致下游墙 x 向的位移峰值分布相对不匀称。由图 6.20(b)可以看出，厂房沿 y 向位移峰值水平较 x 向小，且除了下游墙外，自下而上分布相对匀称，这是由于厂房各部分结构在 y 向上的刚度均较大的缘故，而下游墙所受约束相对复杂，故在中间部分表现出异于其他部分的位移峰值分布规律。

正是由于鞭梢效应的影响，厂房越高的部位其水平向位移响应越大，可能造成的变形及不协调变形也更大，因此人们更关心上部结构墙顶或柱顶的水平向真实位移响应情况。以上游墙为例，提取墙顶中心一点相对于地面的水平向位移时程如图 6.21 所示。比较不同模型下该点的位移响应情况：不考虑辐射阻尼效应时该点沿 x 向、y 向的最大相对位移分别为 19.3cm(倾向上游)、1.3cm(倾向右岸)；考虑辐射阻尼效应时最大相对位移分别为 5.3cm(倾向上游)、0.4cm(倾向右岸)，分别较不考虑辐射阻尼效应时减小 72.5%和 69.2%。

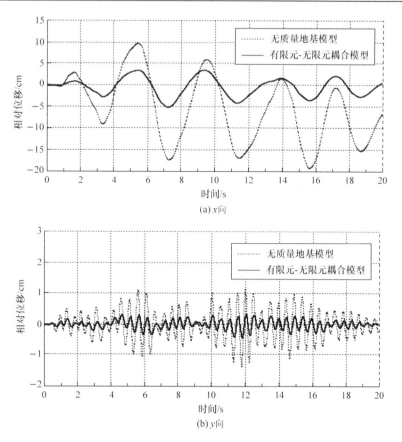

图 6.21　上游墙顶水平向相对位移时程图

　　上、下游墙在承受地震作用时其位移响应不能同步，若两者互相远离过多，将可能导致吊车梁从牛腿脱落，若互相靠近过多，又会造成因屋顶钢网架变形过大而使屋面板变形、碎裂甚至脱落，这一现象应被予以重视。提取上、下游墙间的相对位移如图 6.22 所示。比较不同模型下的响应情况：不考虑辐射阻尼效应时 x 向、y 向和 z 向最大相对位移分别为 2.7cm(互相靠近)、0.6cm(互相远离)和 0.2cm(互相靠近)；考虑辐射阻尼效应时最大位移分别为 1.0cm(互相靠近)、0.2cm(互相远离)和 0.1cm(互相靠近)，分别较不考虑辐射阻尼效应时减小 63.0%、66.7%和50%。通过对比不难看出，上、下游墙间的相对位移以 x 向为主，其余两个方向的较小，从整体数值水平上来看，各向相对位移仍在可接受的范围内，不会造成吊车梁脱落或屋面板脱落。

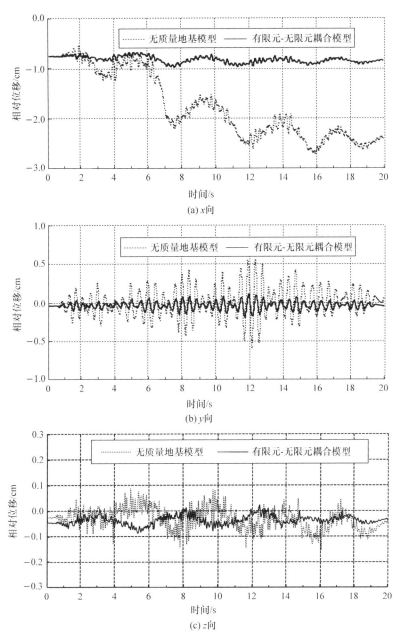

(a) x向

(b) y向

(c) z向

图 6.22　上、下游墙顶相对位移时程图

相对位移正值代表互相远离，负值代表互相靠近

3. 加速度响应

水轮机组的正常运行对发电机层楼板、机墩等部位的振动加速度大小有严格

的要求，文献[67]通过归纳总结国内外相关研究成果，提出了一套水电站厂房振动控制标准建议值，该标准的提出是面向正常运行工况的，而地震工况下楼板、机墩等部位的反应极可能大大超出标准中的建议值，但该标准的制定也说明该指标可以成为评价水电站厂房在震后能否尽快恢复运行为抢险救灾提供能源保障的一个重要方面。提取发电机层楼板某一点的加速度时程如图 6.23 所示。比较不同

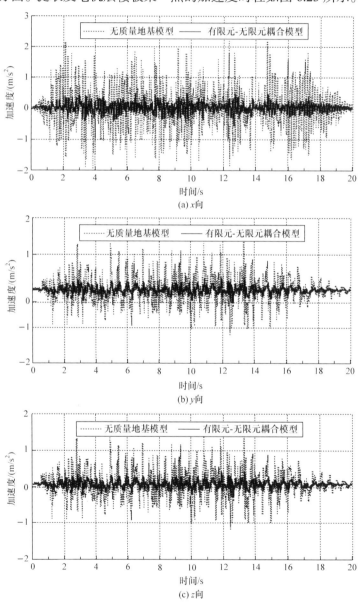

图 6.23　发电机层楼板加速度时程图

模型下的响应情况：不考虑辐射阻尼效应时 x 向、y 向和 z 向最大加速度分别为 2.2m/s²(取加速度绝对值最大值，下同)、1.5m/s² 和 1.6m/s²；考虑辐射阻尼效应时最大位移分别为 0.6m/s²、0.4m/s² 和 0.4m/s²，分别较不考虑辐射阻尼效应时减小 72.7%、73.3% 和 75.0%。

4. 损伤演化

图 6.24 为考虑辐射阻尼效应后水电站厂房的损伤耗能情况，由此图可以大概了解水电站厂房在设计地震动水平下的损伤程度及演化过程：当地震波到达后，水电站厂房很快便产生小范围损伤，在第 3.0s 前后和第 7.0s 前后各有一次损伤迅速产生和扩展的过程。

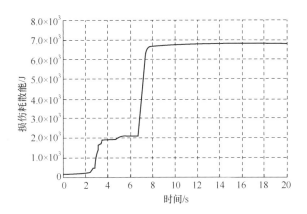

图 6.24　水电站厂房损伤耗散能曲线

下面详细分析该水电站厂房在设计地震动水平下的损伤演化过程。首先分析厂房拉损伤的产生与扩展：大约在 1.0s 时，在发电机层楼板与厂房上游墙连接的地方开始出现拉损伤并向周围扩展，见图 6.25(a)；3.5s 时拉损伤基本贯通发电机层楼板并在与厂房上游墙的连接处继续扩展，副厂房楼板在靠近厂房下游墙的地方出现拉损伤，见图 6.25(b)；5.0s 时副厂房楼板处拉损伤开始缓慢扩展，见图 6.25(c)；6.9s 时上游墙在与发电机层楼板连接的地方开始出现拉损伤并迅速扩展，但损伤扩展范围很有限，同时上、下游墙顶与钢网架连接处出现小范围轻微损伤，见图 6.25(d)；至 8.6s 后，厂房各处损伤基本不再扩展和加重，见图 6.25(e) 与图 6.25(f)。

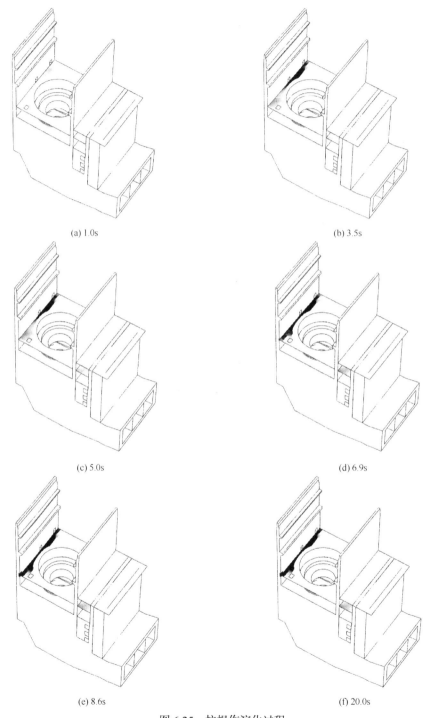

(a) 1.0s   (b) 3.5s

(c) 5.0s   (d) 6.9s

(e) 8.6s   (f) 20.0s

图 6.25 拉损伤演化过程

由图 6.25 不难看出,该水电站厂房在设计地震动水平下的损伤主要发生在相对薄弱的上部结构,特别是在不同构件之间连接的地方,即有几何突变的位置容易首先发生损伤并由此开始扩展,如发电机层楼板和上、下游墙体的连接处,这是由于这些位置更容易产生应力集中。整体来看,该厂房在设计地震动水平下的损伤仍在可控范围内,当进一步考虑钢筋作用后其损伤情况可得到大大改善,这也说明了该厂房的结构布置和尺寸设计合理,满足该工程在地震工况下的多类要求。

6.4　本 章 小 结

本章主要针对水电站厂房地震响应分析中的瑞利阻尼系数确定、基于无限元边界的地震动输入和基于混凝土损伤塑性的厂房地震响应分析问题开展了探索性研究,具体如下。

(1) 不同的瑞利阻尼系数确定方法会对水电站厂房及具有类似结构特点的建筑物的地震响应分析结果造成不可忽视的影响。传统方法(方法 1)造成除前两阶外其余所有阶阻尼比偏大,导致结构动力响应明显偏小。水电站厂房前两阶振型往往仅反映上部结构的振动情况,而不能反映整个厂房的耗能情况。依据感兴趣频段的方法(方法 2)由于中间多数阶次振型阻尼比均偏小导致响应明显偏大。最小二乘法及加权最小二乘法的确能提高阻尼输入准确性,但在追求目标函数整体最优的情况下不能保证对响应有最重要贡献的阶次的阻尼比的精确性,甚至可能造成对响应有最重要贡献的阶次的阻尼比反而相对误差较大,进而导致结构动力响应仍然难以满足工程精度要求。提出依据振型参与质量确定对结构总体动力反应有显著贡献的模态阶次,以振型参与质量最大的两阶模态自振频率为参考确定瑞利阻尼系数。该方法既可以避免参考模态阶次选取的不合适造成瑞利阻尼差异进而导致结构地震动反应失真,又较最小二乘法简单易行。数值试验表明依据该方法确定的瑞利阻尼系数构造的阻尼矩阵更贴近实际阻尼情况,厂房结构地震动响应更趋合理。

(2) 引入了无限元边界替代黏弹性边界,可以大大减少设置黏弹性边界的前处理工作量,通过编写基于 Python 语言的脚本文件可以实现等效节点力的准确计算与施加,解决了无限元边界地震动输入问题,通过了算例验证,为各类水工建筑物的抗震分析提供了一个更为方便且能保证计算精度的选择。

(3) 基于构造的瑞利阻尼模型和无限元地震动输入模型,考虑混凝土塑性损伤,建立了水电站厂房地震动响应分析有限元-无限元耦合模型。分析了水电站厂房非线性地震动响应特性及远域地基辐射阻尼效应影响规律, 探讨了厂房薄弱构件的混凝土损伤演化发展破坏规律, 总结了水电站厂房结构抗震性能评价的关键因素。

参 考 文 献

[1] 中华人民共和国国家质量监督检验检疫总局, 中国国家标准化管理委员会. 中国地震动参数区划图: GB 18306—2015[S]. 北京: 中国质检出版社, 2016.

[2] 中华人民共和国国家质量技术监督局. 中国地震动参数区划图: GB 18306—2001[S]. 北京: 中国标准出版社, 2004.

[3] 中华人民共和国国家能源局. 水电工程水工建筑物抗震设计规范: NB 35047—2015[S]. 北京: 中国电力出版社, 2015.

[4] 中华人民共和国国家经济贸易委员会. 水工建筑物抗震设计规范: DL 5073—2000[S]. 北京: 中国电力出版社, 2001.

[5] 陈厚群. 水工抗震设计规范和可靠性设计[J]. 中国水利水电科学研究院学报, 2007, 5(3): 163-169.

[6] 陈厚群. 水工建筑物抗震设计规范修编的若干问题研究[J]. 水力发电学报, 2011, 30(6): 4-10.

[7] 楼梦麟. 长周期结构时域分析中的阻尼矩阵[R]. 宜昌: 中国水力发电工程学会, 2015.

[8] 吴健, 金峰, 张楚汉, 等. 无限地基辐射阻尼对溪洛渡拱坝地震响应的影响[J]. 岩土工程学报, 2002, 24(6): 716-719.

[9] 陈厚群. 坝址地震动输入机制探讨[J]. 水利学报, 2006, 37(12): 1417-1423.

[10] 李志全, 杜成斌, 艾亿谋. 地基辐射阻尼对结构地震响应的影响[J]. 河海大学学报(自然科学版), 2009, 37(4): 400-404.

[11] 王璨, 张伯艳, 李德玉. 考虑地震输入机制的强度折减动力有限元方法[J]. 中国水利水电科学研究院学报, 2015, 13(2): 100-105.

[12] CHOPRA A K. Dynamics of Structures: Theory and Applications to Earthquake Engineering[M]. Upper Saddle River: Prentice Hall, 2011.

[13] CAUGHEY T K, O'KELLY M E J. Classical normal modes in damped linear dynamic systems[J]. Journal of Applied Mechanics, 1965, 32(3): 583-588.

[14] LIANG Z, LEE G C. Representation of damping matrix[J]. Journal of Engineering Mechanics, 1991, 117(5): 1005-1019.

[15] 黄宗明, 白绍良, 赖明. 结构地震反应时程分析中的阻尼问题评述[J]. 地震工程与工程振动, 1996, 16(2): 95-102.

[16] DONG J, DENG H Z, WANG Z M. Studies on the damping models for structural dynamic time history analysis[J]. World Information on Earthquake Engineering, 2000, 16(4): 63-69.

[17] ADHIKARI S. Samping modeling using generalized proportional damping[J]. Journal of Sound and vibration, 2006, 293(1/2): 156-170.

[18] 淡丹辉, 孙利民. 结构动力有限元分析的阻尼建模及评价[J]. 振动与冲击, 2007, 26 (2): 121-124.

[19] LUCO J. EA note on classical damping matrices[J]. Earthquake Engineering and Structural Dynamic, 2008, 37(4): 615-626.

[20] 张辉东, 王元丰. 复阻尼模型结构地震时程响应研究 [J]. 工程力学, 2010, 27 (1): 109-115.

[21] PANT D R, WIJEYEWICKREMA A C, ELGAWADY M A. Appropriate viscous damping for nonlinear time-history analysis of base-isolated reinforced concrete buildings[J]. Earthquake Engineering and Structural Dynamics, 2013, 42(15): 2321-2339.

[22] WANG J. Rayleigh coefficients for series infrastructure systems with multiple damping properties[J]. Journal of Vibration and Control, 2015, 21(6): 1234-1248.

[23] SPEARS R E, JENSEN S R. Approach for selection of Rayleigh damping parameters used for time history analysis[J]. Journal of Pressure Vessel Technology-Transactions of the ASME, 2012, 134(6): 1-8.

[24] 楼梦麟, 隋磊, 沈飞. 不同阻尼矩阵建模对超高层结构地震反应分析的影响[J]. 结构工程师, 2013, 29(1): 55-61.

[25] 邹德高, 徐斌, 孔宪京. 瑞利阻尼系数确定方法对高土石坝地震反应的影响研究[J]. 岩土力学, 2011, 32(3): 797-803.

[26] 潘旦光, 高莉莉. Rayleigh 阻尼系数解法比较及对结构地震反应影响[J]. 工程力学, 2015, 32(6): 192-199.

[27] PAN D G, CHEN G D, GAO L L. A constrained optimal Rayleigh damping coefficients for structures with closely spaced natural frequencies in seismic analysis[J]. Advances in Structural Engineering, 2017, 20(1): 81-95.

[28] YANG D B, ZHANG Y G, WU J Z. Computation of Rayleigh damping coefficients in seismic time-history analysis of spatial structures[J]. Journal of the International Association for Shell and Spatial Structures, 2010, 51(2): 125-135.

[29] JEHEL P, LEGER P, IBRAHIMBEGOVIC A. Initial versus tangent stiffness-based Rayleigh damping in inelastic time history seismic analyses[J]. Earthquake Engineering and Structural Dynamic, 2014, 43(3): 467-484.

[30] 李哲, 王贡献, 胡勇, 等. 改进的瑞利阻尼系数计算方法在岸桥结构地震反应分析中的应用[J]. 2015, 43(6): 103-109.

[31] 刘红石. 相对误差与 Rayleigh 阻尼比例系数的确定[J]. 湖南工程学院学报, 2001, (3-4): 36-38.

[32] 李小军, 侯春林, 潘蓉, 等. 阻尼矩阵选取对核电厂结构地震响应的影响分析[J]. 振动与冲击, 2015, 34(1): 110-116.

[33] 楼梦麟, 张静. 大跨度拱桥地震反应分析中阻尼模型的讨论[J]. 振动与冲击, 2009, 28(5): 22-25.

[34] 张运良, 马震岳, 王洋, 等. 混凝土开裂对巨型水电站主厂房动力特性的影响[J]. 水利学报, 2008, 39(8): 982-986.

[35] 张运良, 韩涛, 侯攀, 等. 大型水电站地下厂房的水力振动数值分析[J]. 水力发电, 2011, 37(8): 35-38, 58.

[36] 喻虎圻, 何蕴龙, 曹学兴, 等. 基于粘弹性边界的河床式厂房地震动力响应分析[J]. 武汉大学学报(工学版), 2015, 48(1): 27-33.

[37] LYSMER J. Finite dynamic model for infinite media[J]. Journal of the Engineering Mechanics Division, 1969. 95(4): 859-877.

[38] DEEKS A J, RANDOLPH M F. Axisymmetric time-domain transmitting boundaries[J]. Journal of Engineering Mechanics, 1994, 120(1): 25-42.

[39] 刘晶波, 吕彦东. 结构-地基动力相互作用问题分析的一种直接方法[J]. 土木工程学报, 1998, 31(3): 55-64.

[40] 杜修力. 局部解耦的时域波分析方法[J]. 世界地震工程, 2000, 16(3): 22-26.

[41] 王振宇. 大型结构-地基系统动力反应计算理论及其应用研究[D]. 北京: 清华大学博士学位论文, 2002.

[42] UNGLESS R F. An infinite finite element [D]. Vancouver: University of British Columbia, 1973.

[43] ZIENKIEWICZ O C, BETTESS P. Infinite element in study of fluid_structure interaction problems[A]. In computing methods in applied science engineering [C]. IRIA, Versailles, France, 1975.

[44] BETTESS P. Infinite elements [J]. International Journal for Numerical Methods in Engineering, 1977 , 11: 53-64.

[45] 戚玉亮, 大塚久哲. ABAQUS 动力无限元人工边界研究[J]. 岩土力学, 2014, (10): 3007-3013.

[46] LIAO Z P, YANG B, YUAN Y. Feedback effects of low-rise building on vertical earthquake ground motion and application of transmitting boundaries for transient wave analysis[R]. Institute of Engineering Mechanics, Academia Sinica, Research Report, 1978: 1-46.

[47] 廖振鹏, 杨柏坡, 袁一凡. 暂态弹性波分析中人工边界的研究[J]. 地震工程与工程振动, 1982, 01: 1-11.

[48] 廖振鹏, 黄孔亮, 杨柏坡, 等. 暂态波透射边界[J]. 中国科学(A 辑 数学 物理学 天文学 技术科学), 1984, 06: 556-564.

[49] 赵密. 粘弹性人工边界及其与透射人工边界的比较研究[D]. 北京: 北京工业大学硕士学位论文, 2004.

[50] ABAQUS Theory Manual Version 6. 12[M]. Valley Street Providence, 2007.

[51] 张存慧. 大型水电站厂房及蜗壳结构静动力分析[D]. 大连: 大连理工大学博士学位论文, 2010.

[52] 刘云贺, 张伯艳, 陈厚群. 拱坝地震输入模型中黏弹性边界与黏性边界的比较[J]. 水利学报, 2006, 06: 758-763.

[53] 谷音, 刘晶波, 杜义欣. 三维一致粘弹性人工边界及等效粘弹性边界单元[J]. 工程力学, 2007, 24(12): 31-37.

[54] 杜修力, 赵密. 基于黏弹性边界的拱坝地震反应分析方法[J]. 水利学报, 2006, 37 (9): 1063-1069.

[55] 何建涛. 地震作用下大坝-地基体系的损伤破坏研究[D]. 北京: 中国水利水电科学研究院, 2010.

[56] 封伯昊, 张立翔, 李桂青. 混凝土损伤研究综述[J]. 昆明理工大学学报(自然科学版), 2001, 03: 21-30.

[57] LUBLINER J, OLIVER S, OLLER S, et al. A Plastic-damage model for concrete[J]. International Journal of Solids and Structures, 1989, 25(3): 299-326.

[58] LEE J, FENVES G L. Plastic-damage model for cyclic loading of concrete structures[J]. Journal of Engineering Mechanics, 1998, 124(8): 892-900.

[59] 刘巍, 徐明, 陈忠范. ABAQUS 混凝土损伤塑性模型参数标定及验证[J]. 工业建筑, 2014, S1: 167-171, 213.

[60] 郑晓东. 强震作用下高耸进水塔损伤破坏机理分析[D]. 西安: 西安理工大学硕士学位论文, 2016.

[61] 秦浩, 赵宪忠. ABAQUS 混凝土损伤因子取值方法研究[J]. 结构工程师, 2013, 06: 27-32.

[62] 张劲, 王庆扬, 胡守营, 等. ABAQUS 混凝土损伤塑性模型参数验证[J]. 建筑结构, 2008, 08: 127-130.

[63] 中华人民共和国住房和城乡建设部, 中华人民共和国国家质量监督检验检疫总局. 混凝土结构设计规范(2015 年版): GB 50010—2010[S]. 北京: 中国建筑工业出版社, 2015.

[64] KRAJCINOVIC D, FONSEKA G U. The continuous damage theory of brittle materials, Part1: General Theory[J]. Journal of Applied Mechanics, 1981, 48(4): 809-815.

[65] 徐娜. 钢筋混凝土构件损伤的识别与判定[D]. 哈尔滨: 哈尔滨工业大学硕士学位论文, 2008.

[66] 李淑春, 刁波, 叶英华. 反复荷载作用下的混凝土损伤本构模型[J]. 铁道科学与工程学报, 2006, 04: 12-17.

[67] 马震岳, 董毓新. 水电站机组及厂房振动的研究与治理[M]. 北京: 中国水利水电出版社, 2004.

第7章 总结与展望

7.1 研究内容与主要结论

本书通过相关研究，得出的主要结论如下。

(1) 电磁与水力振源耦合作用下机组轴系振动特性。基于发电机偏心转子的气隙磁场能表达式推导电磁刚度矩阵，建立水轮发电机偏心转子振动分析模型，研究了电磁刚度和水力振源对系统弯振和扭振影响规律，得出了一些结论：电磁刚度会导致系统临界失稳转速降低，水力密封参数中的轴向流速、密封长度和密封半径的增大对稳定不利，对于抵抗电磁刚度引起的临界转速下降，增大导轴承刚度作用不大，增加大轴外径比增大导轴承刚度对于抵抗电磁刚度引起的系统稳定性下降效果更好；在水力激励同时含有轴系扭振零阶和一阶频率时，各机电参数与扭振幅值耦合更为强烈，激磁电流的增大及内功率角接近90°对扭振稳定有利。

(2) 水电机组轴系多维耦合振动分析。通过对导轴承和推力轴承动特性系数进行插值求解，建立了表征导轴承动力特性系数随轴颈偏心距和偏位角的非线性变化和推力轴承动力或动力矩系数随转子倾斜参数的非线性变化的数学模型。研究了机组轴系的横纵耦合、弯扭耦合振动特性：推力轴承对转子振动稳定有利；转子转动惯量增大对弯扭耦合振动有利，陀螺力矩不利于弯扭耦合振动，随导轴承刚度的增大，弯曲和扭转电磁刚度与弯扭振动响应耦合作用逐渐减弱，弯曲电磁刚度影响程度降低至与扭转电磁刚度相当，轴承处的弯曲集中阻尼影响程度逐渐降低至与扭转集中阻尼相当。此外，还分析了水轮发电机转子定子弯扭耦合碰摩现象，给出了电磁刚度、转子质量偏心、阻尼等对弯、扭转幅频的影响规律，以及碰摩时的参数与响应耦合特性和规律。

(3) 水电站机组与厂房耦合振动及荷载施加方法研究。结合导轴承油膜动特性系数非线性表征方法，建立了机组与厂房耦合振动模型，分析提出了机组径向、竖向动荷载的计算、分配和施加方法，讨论并验证了基于流体动力学计算脉动压力的水力振源精细施加方法的可行性及必要性，揭示了厂房作为支承边界其动响应影响机组轴系统动特性，机组轴系统动特性变化导致作为厂房激励的机组电磁、机械、水力振源的变化，以及振源的变化导致作为机组支承边界的厂房结构动响应变化的循环耦合机理。得出了如下一些结论。①导轴承动力特性系数随机组轴心偏心距和偏位角的改变而产生的非线性变化对机组轴心振动起有利的约束作用；机架、机墩及厂房的耦联振动作用使机组轴系稳定性降低，轴心轨迹更加复杂和紊乱。②机架支臂的刚度变化对厂房结构动力响应有较大影响，而机组动荷载随大轴摆度变化而变化对动力响应的影响不大。③机组动荷载作为内源荷载一般不会激起厂房整体振型，故刚体振型对应的频率与激励遇合，引起共振的可能性不大，详细区分动荷载产生原因、幅值及其对应的频率成分，按照分频进行施加是非常必要的。④基于流体动力学计算的水轮机脉动压力精确模拟施加方法考虑了厂房蜗壳和尾水管流道内壁各点脉动振源的幅值、频率差异的影响，厂房响应更趋于合理。

(4) 水电站机组与厂房振动测试及参数识别。深入分析了机组及厂房结构的联合振动测试数据，讨论了振动评价标准，针对机组与厂房振动响应传递规律，进行了反馈计算和研究，分析总结了机组各种振源及可能频率，引入遗传算法、正交多项式分解等智能算法并加以改进，对景洪水电站进行了机组轴系模态参数识别、轴承油膜动态特性系数识别、水轮机竖向动荷载识别和厂房响应预测。

(5) 水电站厂房地震响应分析中，提出了依据振型参与质量确定对结构总体动力反应有显著贡献的模态阶次，以振型参与质量最大的两阶模态自振频率为参考确定瑞利阻尼系数的方法；引入了无限元人工边界，减少了设置黏弹性边界的前处理工作量，编写程序实现等效节点力自动计算与施加，解决了无限元边界地震动输入问题；在此两者基础上，建立了水电站厂房地震动响应分析有限元-无限元耦合模型，分析了水电站厂房非线性地震动响应特性，研究了基于性能的水电站厂房抗震设计影响因素，探讨了厂房薄弱构件的混凝土损伤演化发展破坏机理。

7.2　展　　望

水电站机组及厂房结构的耦合动力特性研究是一个非常复杂且涉及面很广的课题，研究对象是由水轮发电机主轴、轴承、机架和混凝土支承结构组成的复杂系统，还应考虑水力、电磁等与上述系统之间的相互作用。研究课题涉及结构力学、电磁动力学、流体力学等多学科的交叉。研究方法上，既要对各部件组成的系统进行综合分析，又要考虑各部件之间的相互作用。再加上水电站厂房结构复杂、荷载和结构参数以及边界条件等的不确定性，对机组与厂房连接及相互耦合振动起关键作用的导轴承油膜的非线性特性等所有这些给精确分析模型的建立、荷载的精确模拟施加、机组厂房结构振动的预测和评价增加难度。因此，水电站机组及厂房的振动问题还有很多值得研究和探讨的地方，本书工作仅仅是为了尽量符合实际情况而进行的初步尝试。基于研究体会和文献阅读，认为未来的研究发展方向应该包括如下内容。

(1) 多振源耦合激励下机组与厂房结构相互作用研究。开展机组与厂房结构动力相互作用研究，讨论各种振源、结构支承等参数扰动与机组轴系非线性动力行为表现的内在关系，揭示机组轴系在多振源耦合作用下与厂房结构相互作用的机理。探讨厂房结构多振源多场耦合激励输入模式，分析厂房结构振动响应的发生、传导路径和振动传递放大的机理与规律，并关注其对机组非线性振动的反馈影响，扩展机组与厂房联合动力优化设计与振动控制研究。

(2) 水电站厂房抗震研究。开展考虑水轮发电机组设备动力耦合的水电站厂房抗震研究。从地震动输入机制、边界条件、流体-固体耦合、设备-结构耦合、振源-结构耦合、结构材料本构及动态性能、数值、模型及原型试验等方面，探讨水电站厂房作为水轮发电机组设备的载体，承担着水电机组内源振动荷载，电站厂房机墩、风罩、楼板、上部框架在地震动作用下的响应又影响着厂房作为结构自身的承载能力极限性能和作为仪器设备基础的正常使用极限性能，探讨基于性能的水电站厂房抗震分析及安全评价。

(3) 现场真机试验及反馈研究。现场真机试验是研究机组厂房结构振动、检验计算理论方法和探讨机理总结规律的必要手段，通过现场试验可以获得真实丰富的数据和工程实践经验，既可以补充、检验和完善理论分析和数值模拟，又可以通过反分析获得振源和动力反应特性，深入了解和掌握各种耦合振动的现象和发生机理，从而为振动故障诊断和治理提供帮助。